建设部、人事部、国家文物局联合资助项目

王瑞珠 编著

世界建筑史

俄罗斯古代卷

·中册·

中国建筑工业出版社

第四章
17世纪建筑

第一节 17世纪上半叶

一、教堂建筑

1613年罗曼诺夫王朝的确立和"混乱时期"之后俄罗斯经济的复苏，特别是在抗击外敌入侵时凝聚和发扬起来的民族精神，都对新教堂的建设起到了一定的激励和推动作用。这些新建筑大都具有纪念品性和庆功性质，以16世纪的作品为榜样，采用塔楼式构图和戈杜诺夫时代典型的装饰风格。尽管戈杜诺夫在宫廷斗争中的胜出导致罗曼诺夫家族[1]的流放，在动乱之后登上权力宝座更使其名声蒙上了一层暗影，乃至成为各种流言的中心，但这并不妨碍他建造的那些设计紧凑、装饰华美、往往不设室内柱墩的教堂在整个17世纪期间成为莫斯科教区教堂的原型和范本。

莫斯科鲁布佐沃的砖构圣母代祷教堂（平面、立面及剖面：图4-1；外景：图4-2~4-4），是利用戈杜诺夫风格达到宏伟纪念效果的突出实例。由沙皇米哈伊尔·罗曼诺夫（米哈伊尔一世；图4-5）建于1619

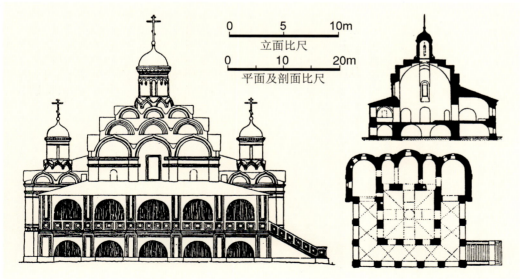

（下）图4-1 莫斯科 鲁布佐沃圣母代祷教堂（1619年）。平面、立面及剖面（据V.Suslov）

（上）图4-2 莫斯科 鲁布佐沃圣母代祷教堂。西南侧景色

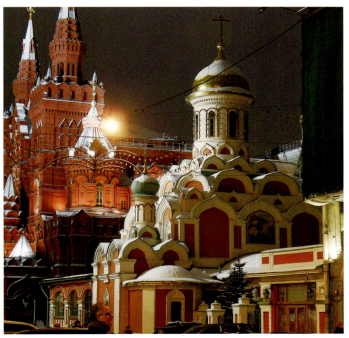

左页：

（上）图4-3莫斯科 鲁布佐沃圣母代祷教堂。东南侧全景

（左下）图4-4莫斯科 鲁布佐沃圣母代祷教堂。穹顶近景

（右下）图4-5沙皇米哈伊尔一世·罗曼诺夫（1596~1645年）

本页：

（左两幅）图4-6莫斯科 红场。喀山圣母圣像大教堂（喀山大教堂，17世纪30年代，1990~1993年重建），东侧景色

（右）图4-7莫斯科 梅德韦杰科沃。圣母代祷教堂（圣母庇护教堂，1634~1635年），平面、立面及剖面（取自William Craft Brumfield：《A History of Russian Architecture》，Cambridge University Press，1997年；西立面复原图作者V.Kozlov）

年的这个教堂，系为了纪念10月1日代祷节那天击退波兰人的最后一次进犯。代祷的意义使人联想到红场大教堂，但鲁布佐沃这座建筑的设计并不是来自塔楼式还愿教堂，而是源于顿河修道院大教堂，正是在那里，一次决定性的战役挡住了波兰人的进攻势头，

1591年，克里米亚鞑靼人也是在那里被击退。在这个位于城市相对端头（东北角）的修道院教堂里采用顿河修道院的设计，显然是出于颂扬一系列军事行动的类似意图。鲁布佐沃教堂可视为若干戈杜诺夫式教堂的集合，由两个附属教堂及一个高起的台地组成，只

第四章 17世纪建筑·769

（左）图4-8莫斯科 梅德韦杰科沃。圣母代祷教堂（圣母庇护教堂），西北侧全景

（右）图4-9莫斯科 梅德韦杰科沃。圣母代祷教堂（圣母庇护教堂），西南侧全景

是单一穹顶下金字塔式的拱形山墙构图更类似顿河修道院的做法。

从建于17世纪20年代的喀山圣母圣像大教堂（或简称喀山大教堂）可进一步看到配有数层拱形山墙的立方体结构的装饰潜力。这座还愿教堂原位于红场东北角，其捐赠者德米特里·米哈伊洛维奇·波扎尔斯基（1577~1642年）王公是1611~1612年抗击波兰入侵的著名军事首领和俄罗斯民族解放运动的英雄。他认为其成功来自他向喀山圣母圣像（Icon Theotokos of Kazan）的祈祷和由此得到的神助，因此个人出资在红场边上建造了这个供奉喀山圣母的木构教堂。最初的这座教堂除了纪念收复被波兰和立陶宛占据的莫斯

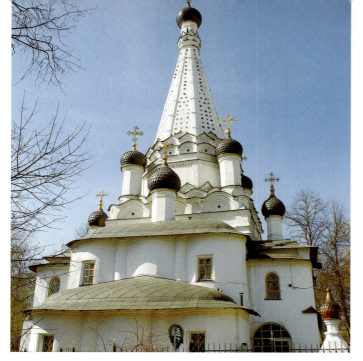

（左上）图4-10 莫斯科 梅德韦杰科沃。圣母代祷教堂（圣母庇护教堂），东侧现状

（右上）图4-11 莫斯科 梅德韦杰科沃。圣母代祷教堂（圣母庇护教堂），东北侧景色

（下）图4-12 莫斯科 梅德韦杰科沃。圣母代祷教堂（圣母庇护教堂），北侧全景

第四章 17世纪建筑·771

本页:

(上)图4-13莫斯科 梅德韦杰科沃。圣母代祷教堂(圣母庇护教堂),西北侧近景

(下)图4-14乌格利奇 圣阿列克西修道院。圣母安息餐厅教堂(1628年),平面及剖面(据P.Baranovskii)

右页:

(左上)图4-15乌格利奇 圣阿列克西修道院。圣母安息餐厅教堂,西南侧地段景色

(左中)图4-16乌格利奇 圣阿列克西修道院。圣母安息餐厅教堂,东南侧全景

(左下)图4-17乌格利奇 圣阿列克西修道院。圣母安息餐厅教堂,东北侧景色

(右)图4-18扎戈尔斯克 圣谢尔久斯三一修道院。圣佐西马和圣萨瓦季教堂(1635~1637年),东北侧景色

科外,同时也包含了对伊凡雷帝战胜喀山的追念。事实上,代表顿河圣母的喀山圣像已是俄罗斯在抗击被视为异教徒的外敌入侵时得到上帝保佑的象征。

有关这个小型木构教堂的最早文献记载见于1625年。1632年它在一场火灾中被毁。沙皇米哈伊尔一世遂下令用一个砖构教堂替代它。直到1636(或1637)年才完成的这座新的砖砌教堂是个单穹顶建筑,设几层拱形山墙,一道宽阔的廊厅和一个带帐篷顶的钟楼,其综合五层拱形山墙的构图很可能影响到中国城

地区其他教堂的装饰方式，如尼基特尼基三一教堂（见图4-60~4-67）。

新教堂被认为是莫斯科最重要的这类建筑之一。每年在莫斯科解放纪念日都要在大主教和沙皇带领下在这里举行盛大的庆典和游行。至17世纪末，教堂进行了扩建，增建了钟塔，重新设计了入口。在俄罗斯帝国时期，特别是1801、1805和1865年，又多次进行更新，很多原有特色已被后期增建掩盖。

1929~1932年，在著名俄罗斯修复专家彼得·巴拉诺夫斯基监督下，按教堂最初设计对外部进行了全面修复，当然，也有专家对这次修复的准确性表示怀疑。1936年，苏联准备在红场举行阅兵典礼，斯大林下令清除广场周围的教堂，尽管巴拉诺夫斯基极力劝

阻，但仅保下了圣瓦西里大教堂，却无法改变喀山大教堂被拆除的命运。

苏联解体后，在被苏共破坏的教堂中，第一个得到全面重建的即喀山大教堂（1990~1993年；图4-6），其主持机构为全俄历史保护及文化组织协会（All-Russian Society for Historic Preservation and Cultural Organization）莫斯科分会，重建系根据最初教堂的详细测绘图纸及照片，但修复后大教堂内保存的

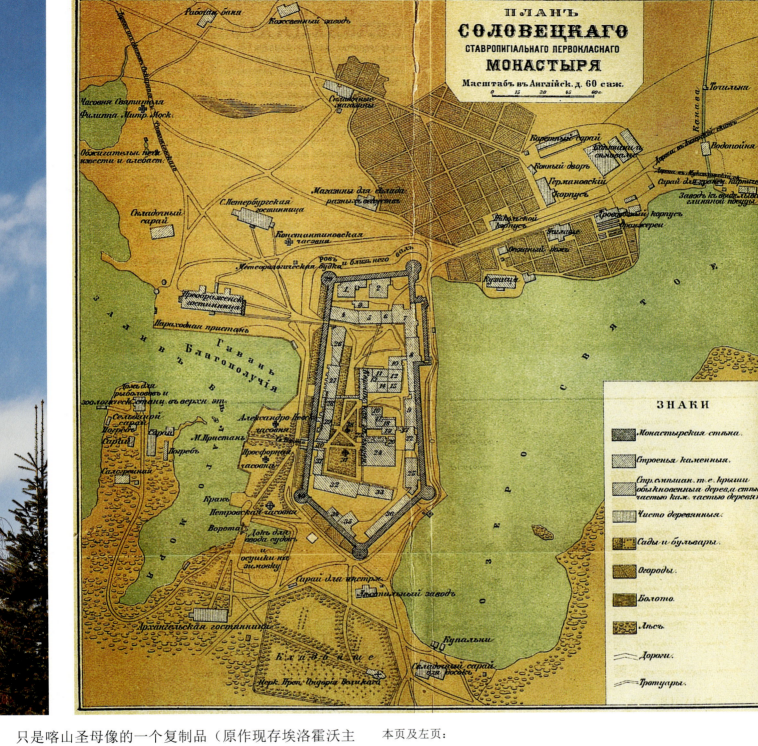

只是喀山圣母像的一个复制品（原作现存埃洛霍沃主显大教堂内）。

位于梅德韦杰科沃（为莫斯科北部波扎尔斯基新近扩大的领地）的圣母代祷教堂是另一个纪念这次解放战争的建筑，建于1620年左右的教堂原为木构，具有引人注目的塔楼造型。它不仅是纪念17世纪初的事件，同样也是间接赞扬波扎尔斯基对光复俄罗斯的贡献。正如戈杜诺夫的荣光和政治资本来自1591年战胜

本页及左页：

（左上）图4-19 扎戈尔斯克 圣谢尔久斯三一修道院。圣佐西马和圣萨瓦季教堂，东南侧全景

（中）图4-20 扎戈尔斯克 圣谢尔久斯三一修道院。圣佐西马和圣萨瓦季教堂，东南侧近景

（右）图4-21 索洛维茨克岛 显容修道院。总平面（1899年）

（左下）图4-22 索洛维茨克岛 显容修道院。18世纪景象（彩画，1780年代，作者Jean-Balthasar de la Traverse）

第四章 17世纪建筑·775

（上）图4-23索洛维茨克岛 显容修道院。19世纪景观［版画，1886年，作者Thomas Wallace Knox（1835~1896年）］

（中）图4-24索洛维茨克岛显容修道院。东侧景观

（下）图4-25索洛维茨克岛显容修道院。西侧全景

（上）图4-26莫斯科 特罗伊茨科-戈列尼谢沃。三一教堂（1644~1646年），东南侧全景

（下）图4-27莫斯科 特罗伊茨科-戈列尼谢沃。三一教堂，东侧全景

图4-28莫斯科 特罗伊茨科-戈列尼谢沃。三一教堂,东北侧景观

鞑靼人一样,出身苏兹达尔的小贵族波扎尔斯基也是借助战功晋身波维尔阶层(在沙俄贵族中,其地位仅次于王公)并得到大量封地,他不仅利用它们作为生产资料,同时也用于建造教堂。靠近通往圣谢尔久斯三一修道院大路的梅德韦杰科沃领地是1612年波扎尔斯基解放莫斯科前的最后一个宿营地,因此作为历史遗址被赋予更多的意义。据地方志记载,这座木构教堂上为帐篷顶。

（上）图4-29莫斯科 特罗伊茨科-戈列尼谢沃。三一教堂，西北侧景色

（左下）图4-30莫斯科 特罗伊茨科-戈列尼谢沃。三一教堂，西南侧景色

（右中及右下）图4-31莫斯科 特罗伊茨科-戈列尼谢沃。三一教堂，南侧各入口近景

第四章 17世纪建筑·779

（上）图4-32莫斯科特罗伊茨科-戈列尼谢沃。三一教堂，东侧，仰视近景

（左下）图4-33莫斯科特罗伊茨科-戈列尼谢沃。三一教堂，主帐篷顶，西侧近景

（右下）图4-34莫斯科特罗伊茨科-戈列尼谢沃。三一教堂，东侧礼拜堂，屋顶近观

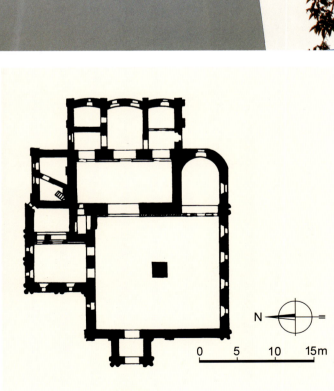

由于在17世纪20年代波扎尔斯基仍有大量军务缠身，这时期他很少到梅德韦杰科沃来，砖构塔楼的改建一直拖到1634年。是年德利诺停战协定（Truce of Deulino）被波利亚诺沃和约（Peace Treaty of Polianovo）取代，波兰国王放弃了对俄国和莫斯科王位的要求，这一外交上的胜利推动了人们用更坚实的材料改建教堂。后建的这座砖构塔楼于立方形和八角体主体

（左上）图4-35莫斯科 特罗伊茨科-戈列尼谢沃。三一教堂，钟楼，仰视近景

（右上）图4-36莫斯科 特罗伊茨科-戈列尼谢沃。三一教堂，内景

（左下）图4-37莫斯科 普京基圣母圣诞教堂（1649~1652年）。平面（据Nekrasov）

第四章 17世纪建筑·781

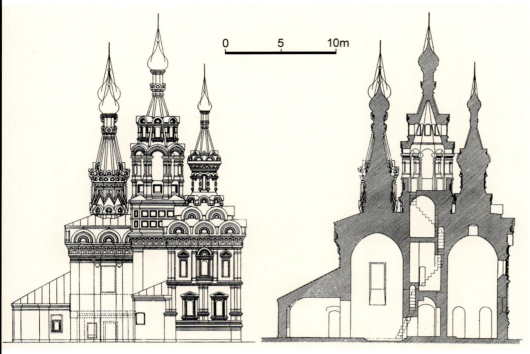

结构上起成排的拱形山墙和帐篷顶（平面、立面及剖面：图4-7；外景：图4-8~4-13），使人想起16世纪后期教堂的造型。八角形基座边上的四个穹顶和附属礼拜堂（以后为周围的廊道遮挡）则类似红场边上的同名教堂。

左页：

（左上）图4-38莫斯科 普京基圣母圣诞教堂。北立面及东-西剖面（图版，据S.U.Solovyov，1890年代）

（右上）图4-39莫斯科 普京基圣母圣诞教堂。平面及西立面复原图（取自William Craft Brumfield：《A History of Russian Architecture》，Cambridge University Press，1997年）

（左下）图4-40莫斯科 普京基圣母圣诞教堂。19世纪景色[绘画，1889年，作者Nikolay Alexandrovich Martynov（1822~1895年）]

（右下）图4-41莫斯科 普京基圣母圣诞教堂。20世纪初景色（老照片，1900年代）

本页：

（上）图4-42莫斯科 普京基圣母圣诞教堂。西南侧现状

（下）图4-43莫斯科 普京基圣母圣诞教堂。西侧全景

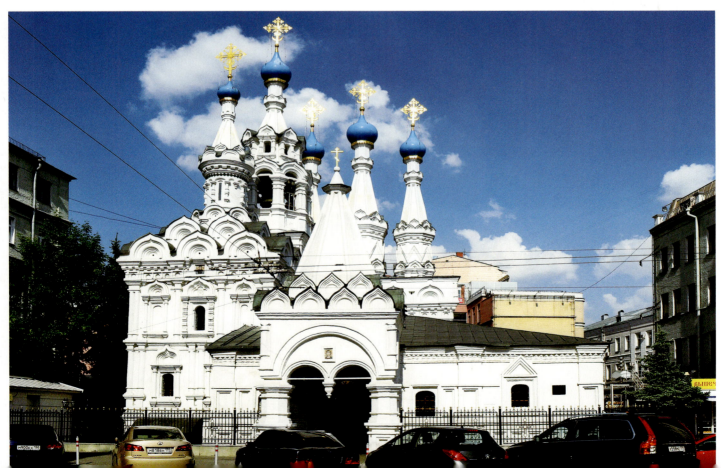

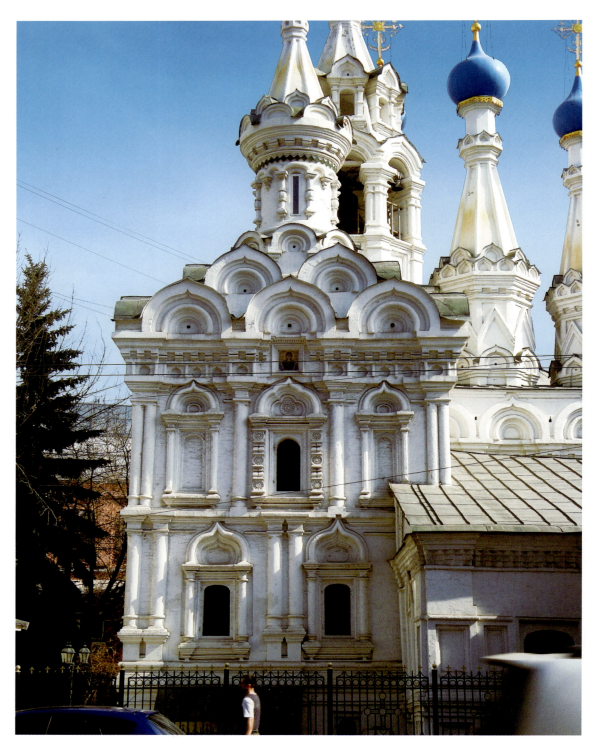

通过采用帐篷顶使建筑具有宏伟纪念品性的做法很快流行于整个俄罗斯，特别在建造新教堂时。除莫斯科外，下诺夫哥罗德亦属首批建筑活动得到迅速恢复和发展的城市，一方面是因为城市处在伏尔加河上的战略要地，二是由于下诺夫哥罗德在民族解放运动中起到了重要的作用，因而如圣谢尔久斯三一修道院一样，不仅获得了宫廷可观的资金投入，同样也得到来自私人的许多捐助，因而能有大量的资金用于建造教堂和扩建地方的修道院。在这一地区，17世纪20~50年代涌现出大量的纪念性教堂，这时期重建的几个教堂中，不论是采用木结构还是以砖石砌造，立面大都有带帐篷顶的塔楼。

17世纪早期砖构塔楼教堂的精炼造型集中体现在乌格利奇圣阿列克西修道院的圣母安息餐厅教堂里（1628年）。在当时人们的记载中被称为"奇妙"（Divnaia）的这座建筑配有三个位于中央形体上的

本页及左页：

（左）图4-44 莫斯科 普京基圣母圣诞教堂。西侧（早期部分）

（右上）图4-45 莫斯科 普京基圣母圣诞教堂。西北侧全景

（中）图4-46 莫斯科 普京基圣母圣诞教堂。东南侧近景

（右下）图4-47 莫斯科 普京基圣母圣诞教堂。入口塔楼，西南侧近景

第四章 17世纪建筑 · 785

本页及右页：
（左上）图4-48莫斯科 普京基圣母圣诞教堂。塔楼，西南侧景观
（中）图4-49莫斯科 普京基圣母圣诞教堂。尖塔，东南侧近观
（左下）图4-50莫斯科 普京基圣母圣诞教堂。内景
（右）图4-51梁赞 圣灵教堂（1642年）。南侧俯视全景

帐篷式尖塔，东端的两个侧面礼拜堂和主要圣所一起象征性地表现三位一体（平面及剖面：图4-14；外景：图4-15～4-17）。虽然教堂没有特定的供奉对象，但作为在抵抗波兰人入侵时被毁的修道院改建工程的一部分，这一事实本身就足以使它成为另一个民族解放的纪念碑（这些塔楼狭窄简朴的室内几乎没有采光，其外观并不像科洛缅斯克教堂，而是接近帐篷顶类型）。西面和教堂相连的是一个大餐厅，以其简单的矩形体量起到均衡整个构图的作用。

在圣谢尔久斯三一修道院的圣佐西马和圣萨瓦

季教堂（1635～1637年）里，带肋骨的帐篷式塔楼得到了更充分的发展（图4-18～4-20）。在1608年9月到1610年1月抗击波兰军队围困期间，修道院结构遭到很大破坏，动乱结束之后，修道院得到大批赞助用于修复和扩建。教堂尊崇的两位修士佐西马和萨瓦季曾于15世纪上半叶创立了白海索洛维茨克岛显容修道院（总平面：图4-21；历史图景：图4-22、4-23；全景：图4-24、4-25）。因而，这座教堂在祭祀对象、造型和位置上均具有独特的纪念意义。位于俄罗斯通向北方及欧洲干道上的这两个修道院有着长期的

本页：

（上）图4-52 梁赞 圣灵教堂。西侧景色

（下）图4-53 梁赞 圣灵教堂。东北侧景观

右页：

（左上）图4-54 雅罗斯拉夫尔 先知以利亚教堂（1647~1650年）。平面（取自William Craft Brumfield：《A History of Russian Architecture》，Cambridge University Press，1997年）

（右上）图4-55 雅罗斯拉夫尔 先知以利亚教堂。西侧全景

（下）图4-56 雅罗斯拉夫尔 先知以利亚教堂。西南侧主立面

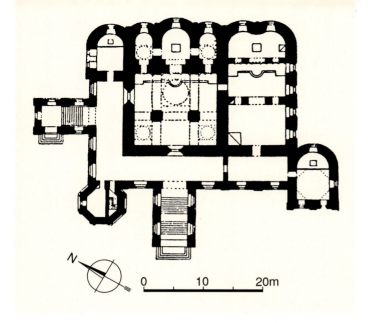

协作关系,索洛维茨克修道院的创立是在圣谢尔久斯精神鼓舞下修道院复兴的直接产物,同时它又向三一修道院输送了一批有才干的修士和管理人员,包括编纂了圣谢尔久斯三一修道院被波兰人围困期间(1608~1610年)详尽日志的阿夫拉米·帕利岑。

此外,圣佐西马和圣萨瓦季教堂的位置(自修道院医院二层中间起建)也具有昭显修士慈善情怀的意义(1611年3月一次市民起义遭到波兰人镇压,修道院收容和救治了大批伤员)。实际上,波扎尔斯基王公最初也是在这里自重伤中康复,回到自己领地后重整旗鼓组织了一支民族解放军。位于西北(即索洛维茨克方向)墙体上的帐篷顶不仅是追念历次战役中的

伤亡将士，也包括保卫修道院自身的修士及其他人员（在装饰帐篷顶的绿色釉瓦上有若干军士和大炮的形象）。由于帐篷顶和结构其他部分通过位于拱形山墙基部的拱顶天棚分开，设计的纪念特色更觉突出。

某些教会高层人士的建筑，也采用了这种帐篷顶的形式，如位于莫斯科南部特罗伊茨科-戈列尼谢沃城市大主教夏宫内的三一教堂（1644～1646年；外景：图4-26～4-30；近景及细部：图4-31～4-35；内景：图4-36），其建筑师为克里姆林宫阁楼宫的主持

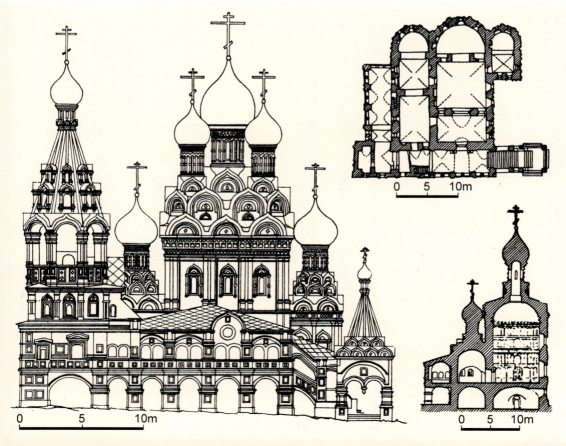

（左上）图4-57雅罗斯拉夫尔先知以利亚教堂。东南侧景色

（左中）图4-58雅罗斯拉夫尔先知以利亚教堂。北侧全景

（右上）图4-59雅罗斯拉夫尔先知以利亚教堂。西北侧全景

（下）图4-60莫斯科 尼基特尼基三一教堂（1628～1651年）。平面、立面及剖面（图版，取自Академия Строительства и Архитестуры СССР：《Всеобщая История Архитестуры》，II，Москва，1963年；西立面据V.Suslov）

（上）图4-61莫斯科 尼基特尼基三一教堂。西南侧全景

（下）图4-62莫斯科 尼基特尼基三一教堂。东南侧近景

本页及左页：

（左上）图4-63莫斯科 尼基特尼基三一教堂。南侧近景，前景为武士尼基塔（圣尼切塔）礼拜堂

（左下）图4-64莫斯科 尼基特尼基三一教堂。南侧武士尼基塔（圣尼切塔）礼拜堂近景

（中上）图4-65莫斯科 尼基特尼基三一教堂。山墙及穹顶，西南侧近景

（中下）图4-66莫斯科 尼基特尼基三一教堂。西南侧近景（2008年正在修缮时情景）

（右）图4-67莫斯科 尼基特尼基三一教堂。山墙细部

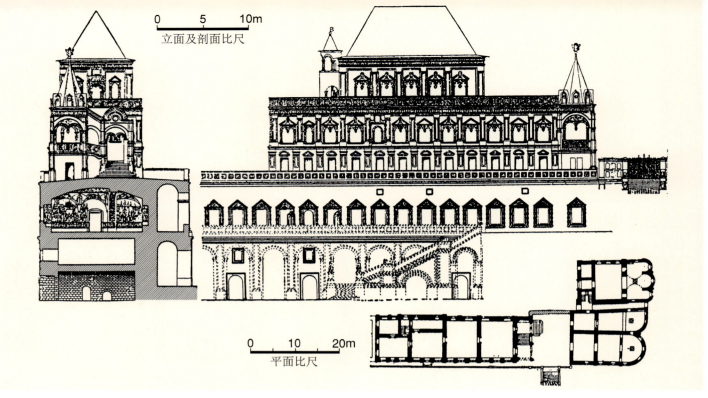

794·世界建筑史 俄罗斯古代卷

左页：

（上）图4-68莫斯科 克里姆林宫。阁楼宫（1635~1636年），平面、立面及剖面（取自William Craft Brumfield：《A History of Russian Architecture》，Cambridge University Press，1997年；南立面据F.Rikhter）

（左中）图4-69莫斯科 克里姆林宫。阁楼宫，18世纪景色[版画，1780年代，作者Friedrich Durfeldt（1765~1827年）]

（左下）图4-70莫斯科 克里姆林宫。阁楼宫，18世纪景色（彩画，1797年，取自G.Quarenghi：《Views of Moscow and its Environs》）

（右中两幅）图4-71莫斯科 克里姆林宫。阁楼宫，19世纪初景色（绘画，作者Фёдор Яковлевич Алексéев，上下两幅分别绘于1800和1810年代）

（右下）图4-72莫斯科 克里姆林宫。阁楼宫，19世纪景色[版画，1839年，作者Andre Durant（1807~1867年）]

本页：

（上）图4-73莫斯科 克里姆林宫。阁楼宫，19世纪后半叶，外景局部（油画，1877年，作者Vasiliy Polenov）

（下）图4-74莫斯科 克里姆林宫。阁楼宫，西南侧全景

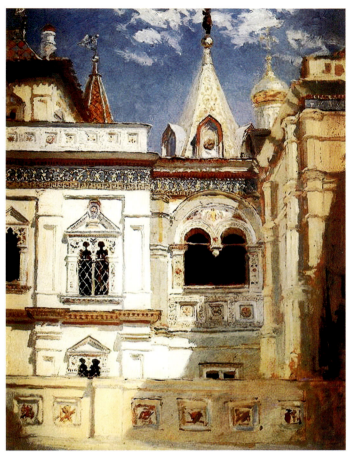

人安季普·康士坦丁诺夫。教堂配有侧面礼拜堂及围廊（每个礼拜堂均带小帐篷顶）。在莫斯科中心区，普京基的圣母圣诞教堂（1649~1652年；平面、立面及剖面：图4-37~4-39；历史图景：图4-40、4-41；外景：图4-42~4-45；近景：图4-46~4-49；内景：图4-50）是采用帐篷式塔楼造型的最华美实例，这类塔楼中三个位于主教堂上（但没有一个与结构内部相通），另三个不同尺寸的分别位于入口门廊、钟楼和一个供奉卫矛（Burning Bush）的次级教堂上。应沙皇阿列克谢·米哈伊洛维奇之命建造的这座建筑系取代了一个1648年焚毁的木构教堂（后者同样有三个帐篷式塔楼）。尽管帐篷顶可能起源于砖石建筑，但在砖砌教堂中越来越多地出于装饰的目的采用这种形式，显然是受到其木构造型的影响。这个小型组群别具一格的生动外廓，以及不对称的平面布局（最后又增加了一个低矮的前厅和另一个礼拜堂），可能也是来自其木构原型。

这种装饰性的帐篷顶可在许多小型教堂中看到，如梁赞城堡（克里姆林）北墙外的圣灵教堂（1642年，有两个塔楼；图4-51~4-53）。但普京基的圣诞教堂是最后一个在主体结构上采用帐篷式塔楼的莫斯科教堂。其华美的非对称构图表明，教会上层人士已开始偏离了基督教的信条，将教堂建筑变为炫耀装饰的载体。在帐篷顶教堂的建造上，世俗力量的推动从一开始就表现得非常明显；直到17世纪中叶，俄罗斯

本页及右页：

（左上）图4-75莫斯科 克里姆林宫。阁楼宫，东南侧景色

（中两幅）图4-76莫斯科 克里姆林宫。阁楼宫，西南侧近景及立面细部

（右上）图4-77莫斯科 克里姆林宫。阁楼宫，上层近景

（右下）图4-78莫斯科 克里姆林宫。阁楼宫，内景（1836~1849年改建后状态，建筑画，1840年代后期，作者Шадурский）

主教才开始大张旗鼓重振教会的权威，清理与教义相抵牾的表现。在这种形势下，帐篷顶的采用遂变得不合时宜；但在附属钟楼的设计上，人们对这种形式的爱好仍难以割舍，况且城市的繁荣也需要这类华美的建筑作为点缀。

应用帐篷式塔楼的变化可从雅罗斯拉夫尔的先知以利亚教堂中看出来，在俄罗斯建筑中，这是一个装饰华美、给人印象极为深刻的例证（平面：图4-54；外景：图4-55~4-59）。自伊凡雷帝时代以来，作为从白海到西伯利亚和东方商路上的战略要地，雅罗斯

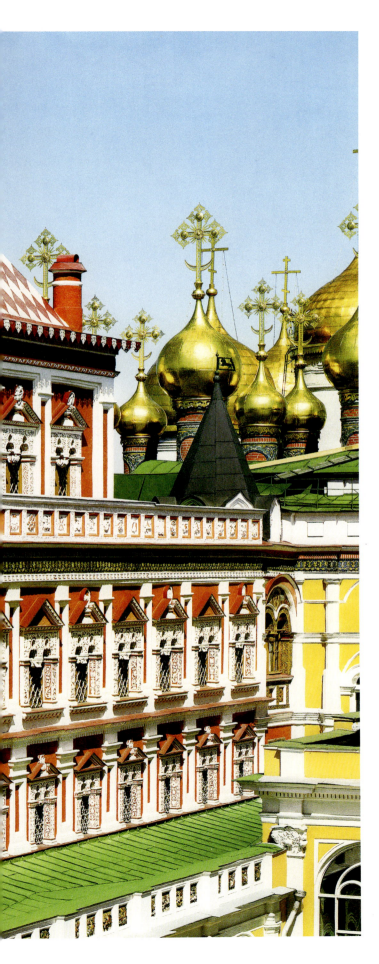

第四章 17世纪建筑·797

拉夫尔对俄罗斯和外国（英国、荷兰和德国）商人都具有很大的吸引力，商业的繁荣使地方具有雄厚的资源用于教堂的建造和装修。以利亚教堂的施主斯克里平兄弟是从事西伯利亚毛皮贸易的富商，和沙皇及大

本页：

（左上）图4-79莫斯科 克里姆林宫。阁楼宫，御座厅，内景

（右上及下）图4-80莫斯科 克里姆林宫。阁楼宫，御座厅柱饰，起拱石上饰象征皇权的双头鹰

右页：

（上）图4-81莫斯科 克里姆林宫。阁楼宫，杜马厅，为沙皇时期贵族的议事处

（下）图4-82莫斯科 克里姆林宫。阁楼宫，十字厅，内景

主教的关系都很密切。1647年，他们在雅罗斯拉夫尔中心区投资建造了这座带五个穹顶的砖构教堂，建筑所在的高基座同样支撑着一个围廊（见图4-54）。主要结构的屋顶线最初依从拱形山墙的外廓，18世纪期间屋顶设计进行了简化，但拱形山墙仍可以看到。

建筑于1650年完成，30年后，斯克里平兄弟之一的遗孀委托著名艺术家古里·尼基京和西拉·萨温为主教堂室内绘制壁画。这批精彩的壁画属俄罗斯保存最好的此类作品，从中不难看出，到17世纪后期，俄罗斯宗教艺术越来越多地受到世俗的影响。教堂外部也出现了彩绘装饰，颇似同时期莫斯科壕沟边圣母代祷

本页：

（上）图4-83莫斯科 克里姆林宫。阁楼宫，卧室

（下）图4-84莫斯科 克里姆林宫。阁楼宫，配哥特式窗户的过厅

右页：

（左）图4-85莫斯科 克里姆林宫。阁楼宫，金门槛（Golden Threshold），柱子形式和装饰母题表现出自木构做法向石建筑过渡的特色

（右上）图4-86莫斯科 克里姆林宫。阁楼宫，室内墙面及拱脚装饰

（右下）图4-87莫斯科 克里姆林宫。阁楼宫，门饰细部

大教堂的增建部分，充分表现出"商人的情趣"。

和这时期许多教堂一样，以利亚教堂东头半圆室两侧亦设礼拜堂，其中北侧礼拜堂实际上是个小型的完整教堂，穹顶下由拱形山墙构成金字塔式的构图。不对称的组群由于结构西面附加的两个塔楼取得了均衡的效果（西北角为钟楼；西南角是一个独立的圣袍礼拜堂，后者通过一个高廊道的延伸部分与主体结构相连，规模适中的平面上耸起一个高大的帐篷顶塔楼，可能是最后一个位于教堂上的这类结构）。实际上，帐篷顶在这里并不是主要教堂上的组成部分，其

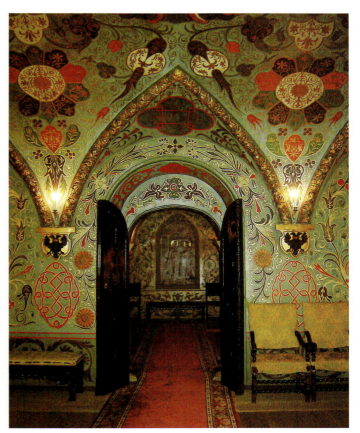

出现似乎是越来越背离了东正教会认可的结构模式。

二、新的装饰形式

到17世纪中叶，以利亚教堂的装饰要素在俄罗斯建筑中已用得相当广泛，并成为动乱时期之后新的民族自信心的象征。从位于莫斯科中国城一条小街道上的尼基特尼基三一教堂（平面、立面及剖面：图4-60；外景及细部：图4-61～4-67）可看出这种装饰风格所倚赖的经济基础。建筑的施主为富商格里戈里·尼基特尼科夫，其巨大的财富使他可偶尔扮演沙

皇银行家的角色。教堂于1634年完成,最初的五穹顶结构由中央立方形体和前厅组成,在接下来的20年里又增添了两个分别位于东北和东南角的礼拜堂以及一个封闭的廊道(通向西北角带帐篷顶的钟楼,见图4-60)。这是将钟楼布置在教堂组群内的最早实例,

左页:

(上下两幅)图4-88莫斯科 克里姆林宫。阁楼宫,阁楼教堂,穹顶,东侧全景

本页:

图4-89莫斯科 克里姆林宫。阁楼宫,阁楼教堂,穹顶近景

第四章 17世纪建筑·803

17世纪期间，这种做法很快在教区教堂里得到普及。在钟塔角上，廊道拐直角后经一个带顶楼梯向下与位于西南角的门廊相通，后者上冠拱形山墙和金字塔式的屋顶。华丽的南礼拜堂[武士尼基塔（圣尼切塔）礼拜堂]造型上和主要教堂呼应，系作为家族的葬仪祠堂。

这种形式和布局使一些专家认为，其原型来自俄罗斯乡间的木结构组群和某些领地教堂（像奥斯特罗

（上）图4-90莫斯科 奥斯托任卡复活教堂（1670年代，现已无存）。构造体系示意（取自William Craft Brumfield:《A History of Russian Architecture》，Cambridge University Press，1997年）

（左下）图4-91莫斯科 "陶匠区" 圣母安息教堂（1654年，钟塔18世纪中叶增建）。19世纪景色[老照片，1882年，取自Nikolay Naidenov（1834~1905年）系列图集]

（右下）图4-92莫斯科 "陶匠区" 圣母安息教堂。东北侧地段形势

图4-93 莫斯科"陶匠区"圣母安息教堂。西北侧景色

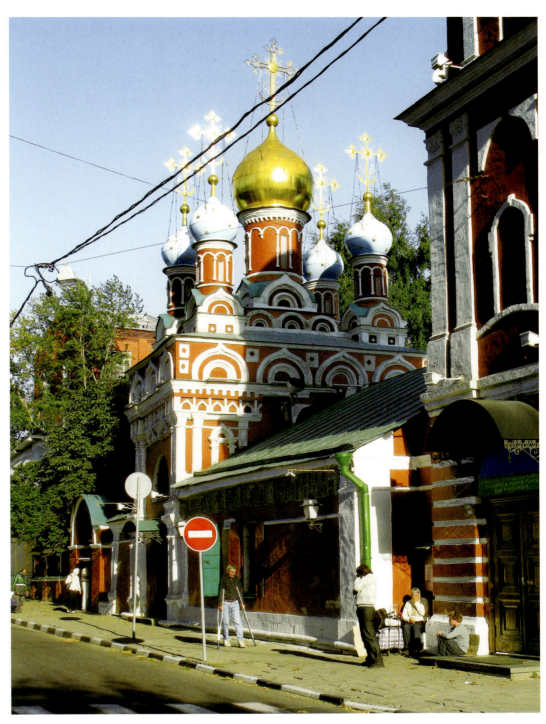

夫的显容教堂），只是在这里，建筑设计进一步受到城市环境的制约。当从西南角望去或自入口拾级而上进入圣所的时候，不同形式的协调、向外突出的礼拜堂及廊道的均衡布局都给人们留下了深刻的印象，构图的明确和设计的逻辑性也令人叹为观止；正是通过这样的设计，建筑师实现了自街道所在的南侧向东正教教堂东西向主轴的过渡。

三一教堂的华丽装饰和它的结构一样，是在若干年时间内逐渐完成，尼基特尼科夫利用这时机动用沙皇的匠师为自己服务，接下来这批匠师又完成了克里姆林宫阁楼宫的建设任务（平面、立面及剖面：图4-68；历史图景：图4-69~4-73；外景及细部：图4-74~4-77；内景：图4-78~4-87；阁楼教堂穹顶：图4-88、4-89）。后者在安季普·康士坦丁诺夫、巴任·奥古尔佐夫、特列菲尔·沙鲁京和拉里翁·乌沙科夫的监督下建于1635~1636年，其装饰要素明显类似三一教堂的室外细部（特别是窗户周边的部件），从中可以看到世俗文化和俄罗斯东正教建筑设计上

第四章 17世纪建筑·805

本页及右页：

（左）图4-94莫斯科"陶匠区"圣母安息教堂。钟楼，西北侧现状

（中上）图4-95莫斯科"陶匠区"圣母安息教堂。西南侧景色

（右上）图4-96莫斯科"陶匠区"圣母安息教堂。圣母像（1716年）及边饰细部

（右下）图4-97莫斯科"陶匠区"圣母安息教堂。彩釉装饰细部

的紧密联系。三一教堂的立面可说集17世纪俄国建筑装饰部件之大成，如以石灰石雕制的罗曼或摩尔样式的窗框（nalichniki, наличники，见图4-63）、石灰石制作的窗户山墙、深深凹进的方格（shirinki, ширинки）、带透视拱券的尖券山墙（kokoshniki）、石灰石垂饰（girki，位于入口拱券内）、附墙柱、壁柱、穹顶鼓座的盲券拱廊、各种各样的拱券等，所有这些白色或其他色彩的部件及图案均布置在红色底面上。但人们对这些形式并没有深入的理解，使用上往往也很随意。尽管俄罗斯匠师们学到了西方建筑柱式的某些细部（如柱头），但常常不顾及——或根本不知道——其产生背景，如在同一个立面上

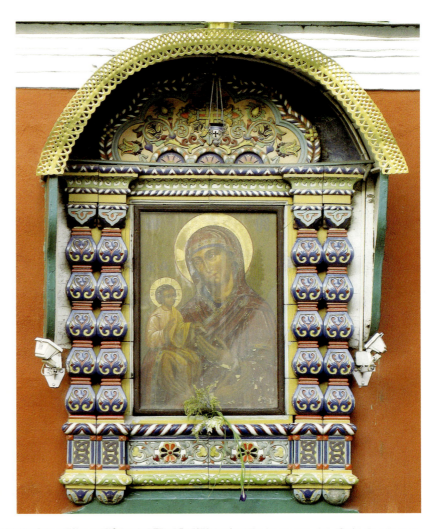

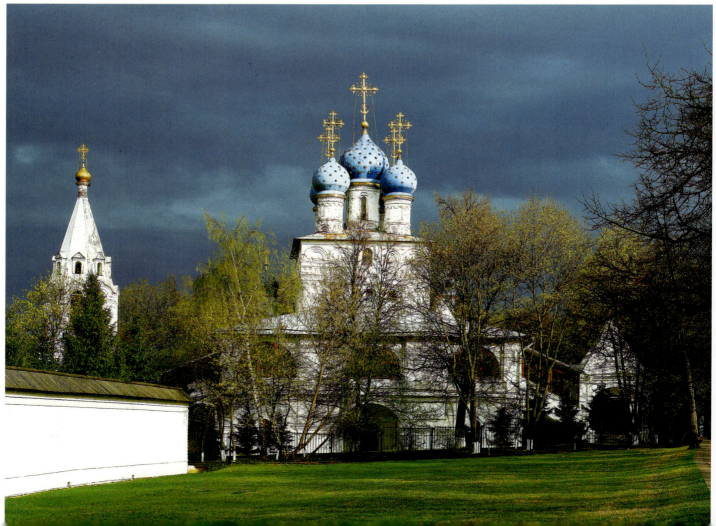

既有古典风格的窗户山墙，又可看到哥特式的系列尖券。

三一教堂主体部分室内没有柱墩，自然采光主要通过南立面和主要鼓座上的窗户。边侧的鼓座不开窗，由单一的穹式拱顶封闭，上承屋顶。室内壁画绘于1652~1658年，和早期的俄罗斯作品相比，采用了更多的世俗细部和更自然（即西式）的表现方式。参与工作的画师可能来自17世纪中叶重绘克里姆林宫主要教堂（特别是大天使米迦勒大教堂）的那批艺术家。其中较有名气的有奥西普·弗拉基米罗夫和小西蒙·乌沙科夫（1626~1686年，为17世纪最杰出的圣像

左页：

（上）图4-98莫斯科 科洛缅斯克。喀山圣母教堂（1649~1653年），西侧远景

（下）图4-99莫斯科 科洛缅斯克。喀山圣母教堂，西立面全景

本页：

（上）图4-100莫斯科 科洛缅斯克。喀山圣母教堂，西南侧景观

（下）图4-101莫斯科 科洛缅斯克。喀山圣母教堂，南侧现状

本页：

（上）图4-102莫斯科 科洛缅斯克。喀山圣母教堂，东南侧景色

（下）图4-103莫斯科 科洛缅斯克。喀山圣母教堂，东北侧景色

右页：

（上）图4-104莫斯科 科洛缅斯克。喀山圣母教堂，东北角穹顶近景

（下）图4-105莫斯科 别尔舍内夫卡圣尼古拉教堂（三一教堂，1656~1657年）及阿韦尔基·基里洛夫宫。组群平面、北立面及剖面（取自Академия Стройтельства и Архитестуры СССР：《Всеобщая История Архитестуры》，II, Москва, 1963年；平面复原图据D.Razov）

画家)。

早在兹韦尼哥罗德大教堂的装饰条带中已经出现过的俄国装饰要素和来自西方的装饰部件之间的矛盾及冲突直到18世纪期间才得出结果,外来的风格终于占据了上风。不过,在这之前,莫斯科的建筑师和工匠仍拥有足够的资金,制作像尼基特尼基三一教堂那样的装饰。在沙皇阿列克谢·米哈伊洛维奇统治的30多年期间(1645~1676年),相对和平的环境促进了砖构教堂的繁荣(无论是在城市还是乡间),这些建筑均具有亮丽的彩色部件。尽管采用了大量装饰,但教堂的总体设计仍保持了均衡和稳定;除立方体的主要结构外,通常还配有一个较低的宽敞半圆室,沿同一轴线自西立面向外延伸的低矮前厅(trapeza)和一个带帐篷顶的钟塔,这种设计被称为"船式"构图(如图4-115的样式):钟塔好似船帆,五个穹顶通常镀金或饰有光亮的金属星。

尽管最初复归五穹顶构图的可能是梅德韦杰科沃的圣母代祷教堂(围绕中央帐篷顶塔楼布置四个穹顶,见图4-7~4-13),但尼基特尼基的三一教堂是第一个将戈杜诺夫时期小型教堂的无阻碍空间(立方体室内无柱墩,采用简化的拱顶结构)和五个装饰性穹顶及附加钟塔相结合的作品。在这里,特别要强调的是,帐篷顶自中央结构转向用于塔楼实际上是在17

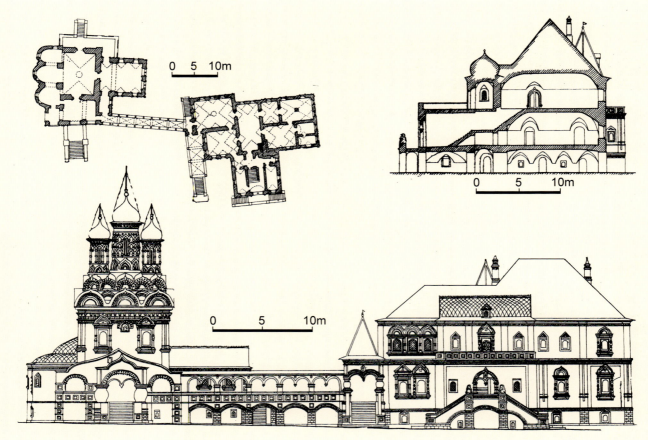

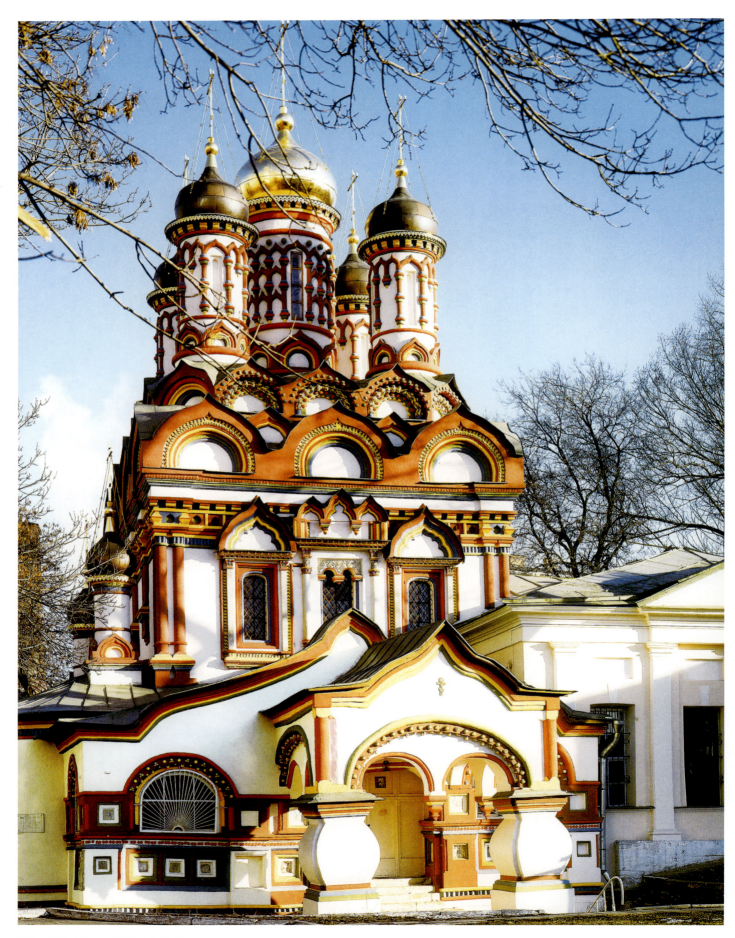

左页：

图4-106莫斯科 别尔舍内夫卡圣尼古拉教堂（三一教堂）。东北侧全景

本页：

（上下两幅）图4-107莫斯科 别尔舍内夫卡圣尼古拉教堂（三一教堂）。东南侧近景

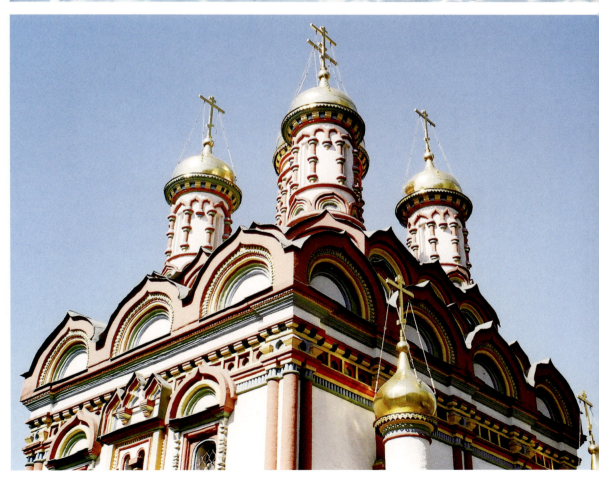

世纪中叶教堂本身不再使用这种形式之前。这一变换看来是出自结构方面的考虑，即减轻拱顶负荷和扩大中央空间（这部分墙体已通过橡木梁和铁拉杆加固，如奥斯托任卡复活教堂的做法，图4-90）。就造型而言，在较小的装饰尺度上复兴五穹顶的形制，自然有助于加强主体教堂的构图效果和进一步发掘其装饰潜

第四章 17世纪建筑 · 813

(上)图4-108莫斯科别尔舍内夫卡圣尼古拉教堂(三一教堂)。主入口近景

(下)图4-109莫斯科别尔舍内夫卡圣尼古拉教堂(三一教堂)。北立面细部

力(特别在附属结构保留帐篷顶的时候)。

从城市环境上看,这些教堂往往构成了周围木结构房屋的中心,围绕着它形成行会匠师的聚居点,许多莫斯科教堂的延展名即由此而来,如"陶匠区"圣母安息教堂(建于1654年,18世纪中叶增建了钟塔;历史图景:图4-91;外景及细部:图4-92~4-97)。这个教堂尽管规模不大,但它很可能是已知最早在带装饰性尖券山墙(kokoshniki)的水平檐口之上布置坡屋顶的实例。这种更为简化的设计很快在整个俄罗斯得到推广,最初由拱形山墙确定的上部墙体廊线大都进

（上）图4-110 莫斯科别尔舍内夫卡圣尼古拉教堂（三一教堂）。穹顶近景

（下）图4-111 莫斯科别尔舍内夫卡圣尼古拉教堂（三一教堂）。东北角檐口、山墙及小穹顶细部

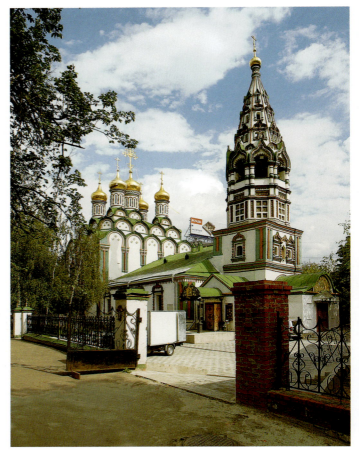

（左上）图4-112莫斯科 哈莫夫尼基圣尼古拉教堂（1679~1682年）。南侧景色

（右上）图4-113莫斯科 哈莫夫尼基圣尼古拉教堂。西北侧全景

（下）图4-114莫斯科 哈莫夫尼基圣尼古拉教堂。东北侧全景

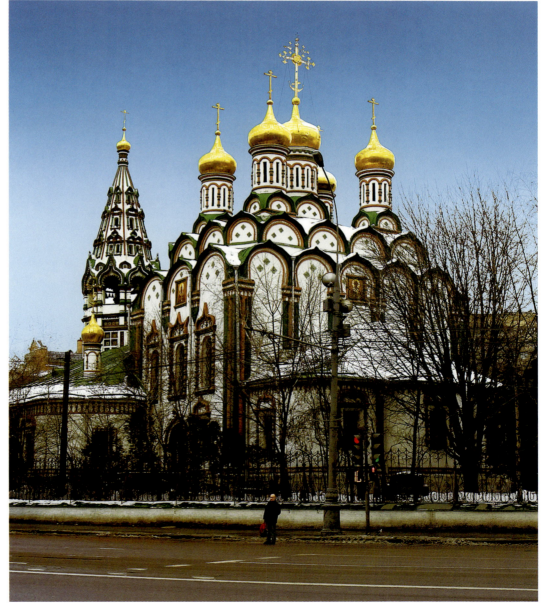

（左上）图4-115莫斯科 哈莫夫尼基圣尼古拉教堂。东南侧全景

（下）图4-116莫斯科 哈莫夫尼基圣尼古拉教堂。东南侧近景

（右上）图4-117莫斯科 哈莫夫尼基圣尼古拉教堂。穹顶及山墙细部

第四章 17世纪建筑·817

行了改造。教堂另一个引人注目的特色是沿前厅上部墙面布置彩釉装饰条带，1702年于教堂南侧增建的圣吉洪礼拜堂鼓座上加了彩釉圣像。

这种三分式平面（主体结构、前厅、钟塔）的应用绝不仅限于邻近地区的教堂。与科洛缅斯克沙皇宫邸相邻的喀山圣母教堂（砖砌，建于1649~1653年；图4-98~4-104）基本上就采用了类似的模式。实际上，在基督教刚刚传入俄罗斯后不久，贵族们就开始

图4-118莫斯科 哈莫夫尼基圣尼古拉教堂。穹顶近景

（上）图4-119莫斯科 普斯科夫山圣乔治教堂（1657年）。东北侧地段形势

（下两幅）图4-120莫斯科 普斯科夫山圣乔治教堂。东侧景色

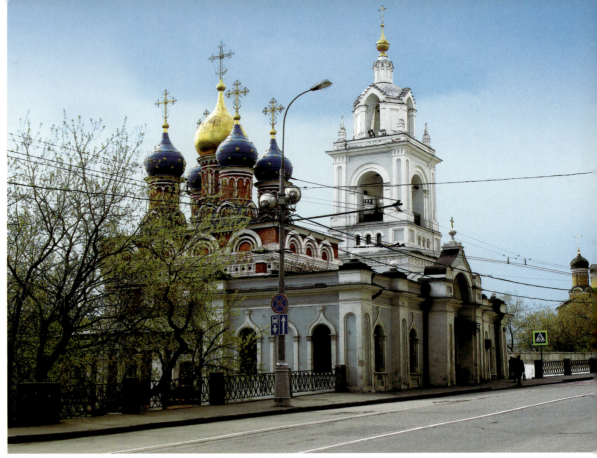

第四章 17世纪建筑·819

（上）图4-121莫斯科普斯科夫山圣乔治教堂。南侧现状

（下）图4-122莫斯科普斯科夫山圣乔治教堂。西南侧全景

(上)图4-123莫斯科 普斯科夫山圣乔治教堂。西北侧现状

(下)图4-124莫斯科 普斯科夫山圣乔治教堂。穹顶近景

在自己的宫邸（通常都是木构）边上建造砖石教堂；到17世纪，这种做法在有权势和财富的市民中也开始风行。如尼基特尼基的三一教堂，最初就位于尼基特尼科夫宫邸边上（后者于1657年拆除）。1656年，莫斯科著名的政治家、官员和商业精英阿韦尔基·基里洛夫（1622~1682年）将他位于莫斯科河边城市领地内的圣尼古拉木构教堂用一座供奉三位一体的砖构教堂取代（但一般均称其为别尔舍内夫卡圣尼古拉教堂）。于次年完成的这座教堂属莫斯科17世纪私人砖构建筑的罕有实例（平面、立面及剖面：图4-105；外景及细部：图4-106~4-111）。建筑后经大规模改造（包括教堂附属部分），但中央部分得到很好修复（特别是屋顶部分，见图4-105）。

尽管这时期教堂设计上发生了很大的变化，但这种"船式"教堂仍然沿用到18世纪。首先它是一种适应性很强的模式，不仅可用于乡村，也可用于有限的城市地段；同时还能在细部上有各种各样的变化。这种形式的一个最典型实例是哈莫夫尼基（莫斯科西

南的一个富足的纺织匠师居住区）的圣尼古拉教堂（1679~1682年；图4-112~4-118），采用类似总体构图模式的尚有莫斯科普斯科夫山上的圣乔治教堂（建于1657年；外景：图4-119~4-123；近景及细部：图4-124、4-125）。从圣尼古拉教堂的装饰上可看到这个行业的繁荣，其主体结构上仍保留了复杂的层叠拱形山墙。支撑拱形山墙的附墙柱和挑腿，以及装饰性的窗框，全都在刷白灰的砖墙背景上以亮丽的色彩显现出来。同样的色彩配置一直延伸到宏伟的钟塔处，这是莫斯科与教堂相连的最高钟塔之一，其高度不仅可使钟声传播得更远，同时也为装饰的展现提供了更多的可能（如位于塔楼帐篷顶上装饰华美的窗户）。类似的特色另见于17世纪80年代改建的壕沟边圣母代祷大教堂东南角的钟塔。

左页：
（左上）图4-125莫斯科 普斯科夫山圣乔治教堂。窗饰细部
（下）图4-126莫斯科 奥斯坦基诺。全景画（作者N.Podklioutchnikov，1856年）
（右上）图4-127莫斯科 奥斯坦基诺。19世纪景色（版画）
（右中）图4-128莫斯科 奥斯坦基诺。西南侧俯视全景

本页：
（上）图4-129莫斯科 奥斯坦基诺。南侧远景（中为三一教堂，宫殿位于右侧）
（左下）图4-130莫斯科 奥斯坦基诺。三一教堂（1678~1683年），19世纪景色（老照片，1888年，取自Nikolay Naidenov系列图集）
（右下）图4-131莫斯科 奥斯坦基诺。三一教堂，南侧全景

第四章 17世纪建筑·823

(上)图4-132莫斯科奥斯坦基诺。三一教堂,东南侧全景

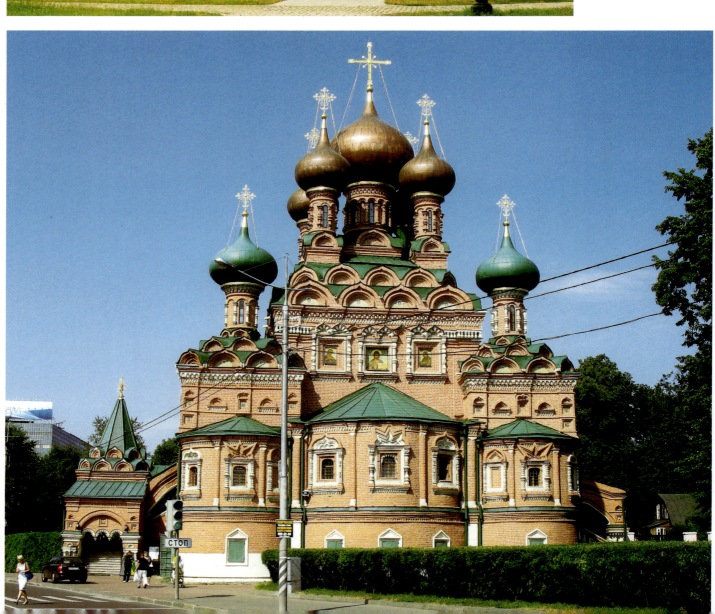

(下)图4-133莫斯科奥斯坦基诺。三一教堂,东侧现状

图4-134 莫斯科 奥斯坦基诺。三一教堂，北侧全景

莫斯科北面的奥斯坦基诺（旧译奥斯坦金诺），为切尔卡斯基家族的领地（历史图景：图4-126、4-127；俯视全景：图4-128；远景：图4-129）。其三一教堂（1678~1683年）采用了另一种处理装饰及表面质地的方式。建筑的主持人现被确认为农奴出身的匠师帕维尔·波捷欣，他充分利用了型砖和石灰石细部的装饰对比效果，特别在窗户周围的花饰和东立面的结构细部上，表现最为突出（历史图景：图4-130；外景：图4-131~4-136；近景及细部：图4-137~4-139）。奥斯坦基诺教堂引人注目之处不仅表现在尺寸上（对领地教堂来说，这样的规模已算很大了），同时也表现在它紧跟时代潮流的风格上。其他领地教堂则大都沿袭半个世纪之前的设计，如莫斯科附近阿尔汉格尔斯克庄园的大天使米迦勒教堂（1667年；图4-140~4-144），其装饰性尖券山墙使人想起戈杜诺夫时期的作品。室内的奇特设计更加深

第四章 17世纪建筑·825

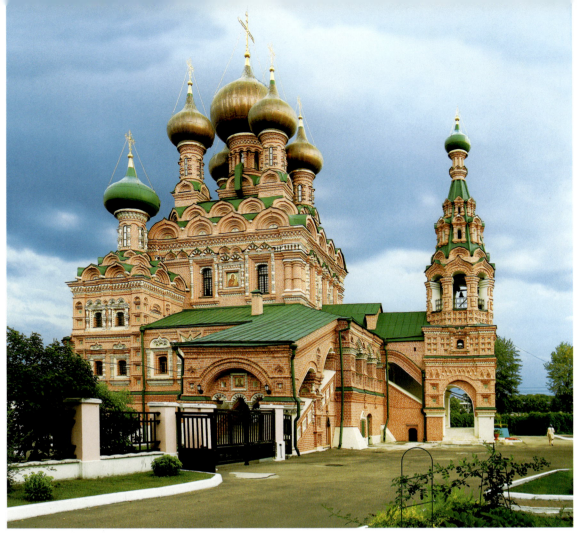

（上）图4-135莫斯科奥斯坦基诺。三一教堂，西北侧景色

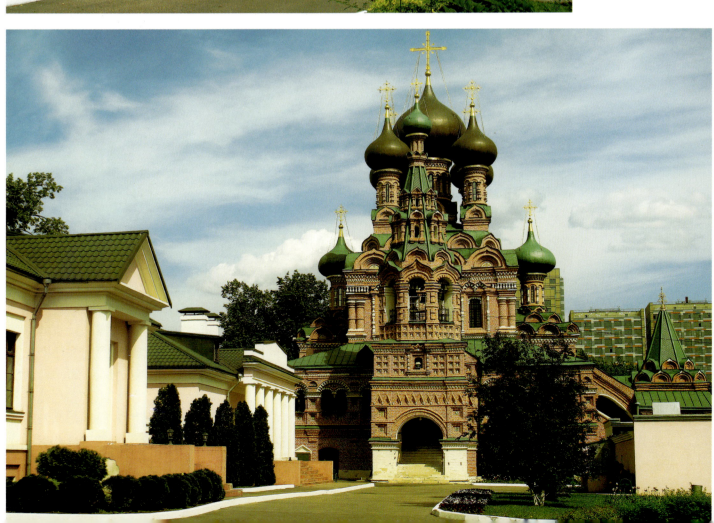

（下）图4-136莫斯科奥斯坦基诺。三一教堂，西侧全景

（上）图4-137莫斯科奥斯坦基诺。三一教堂，东侧，墙面细部

（下）图4-138莫斯科奥斯坦基诺。三一教堂，北侧，入口近景

了这种不合潮流的感觉（内部由两个柱墩支撑主要结构西部的拱顶和东部的穹式拱顶）。这座教堂较小的规模和特殊的设计可能是因为地产所有者的变换：其最初投资者为自17世纪60年代至1681年拥有这块地产的Ia.N.奥多耶夫斯基，此后所有权便转让给了米哈伊尔·切尔卡斯基。

不过，这时期最大的领地教堂仍为沙皇投资建造，如1675~1677年建造的莫斯科城郊泰宁斯克（为

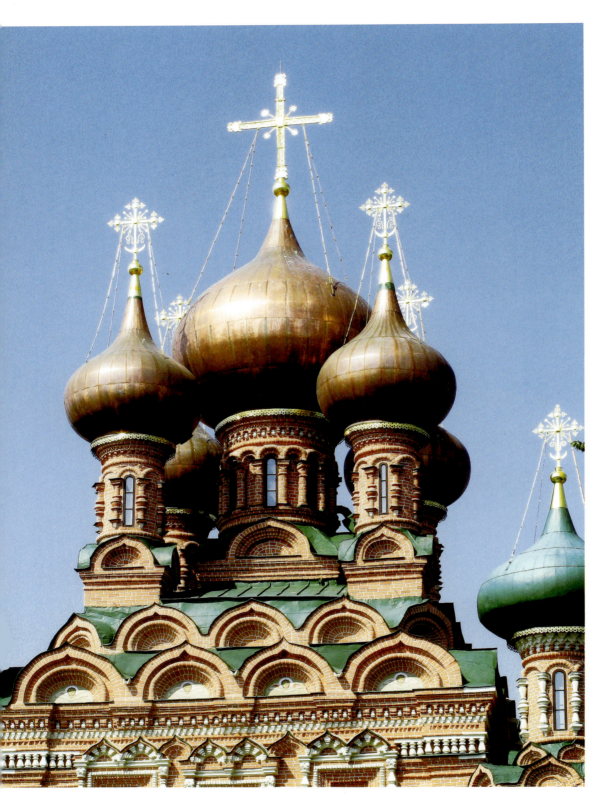

图4-139莫斯科 奥斯坦基诺。三一教堂，穹顶，东侧景观

沙皇费奥多尔·阿列克谢耶维奇的领地）的天使报喜教堂（图4-145～4-150）。在费奥多尔短暂的统治期间（1676～1682年），人们继续沿用阿列克谢·米哈伊洛维奇时期确立的风格，但泰宁斯克教堂已开始背离了所谓"船式"构图。很可能，虔诚的费奥多尔是想把这个位于莫斯科到圣谢尔久斯三一修道院大道边上的教堂建成朝圣路上的停靠站，设计上的某些特征（特别是西部）亦反映了仪式队列的要求。前厅被围在廊道内，由粗壮的装饰性柱墩支撑，于西立面两端通向下行的楼梯（见图4-145）。在西立面中部两侧交会处，为一个开敞的巨大尖券拱顶。这座宏伟的皇家教堂未设内部柱墩，通过两层周围带装饰条带的大窗突

（上）图4-140阿尔汉格尔斯克庄园（莫斯科附近）大天使米迦勒教堂（1667年）。西南侧景色

（下）图4-141阿尔汉格尔斯克庄园 大天使米迦勒教堂。东南侧现状

（左上）图4-142阿尔汉格尔斯克庄园 大天使米迦勒教堂。东立面全景

（右上）图4-143阿尔汉格尔斯克庄园 大天使米迦勒教堂。东北侧景观

（下）图4-144阿尔汉格尔斯克庄园 大天使米迦勒教堂。北侧全景

（右中）图4-145莫斯科泰宁斯克。天使报喜教堂（1675~1677年），西立面全景

（左上）图4-146莫斯科 泰宁斯克。天使报喜教堂，西南侧全景
（左下）图4-147莫斯科 泰宁斯克。天使报喜教堂，南侧全景
（右上）图4-148莫斯科 泰宁斯克。天使报喜教堂，东南侧全景
（右下）图4-149莫斯科 泰宁斯克。天使报喜教堂，东北侧全景

出其垂向构图，由此向上至数层拱形山墙，上承细高的鼓座和五个穹顶。

实际上，该世纪最后10年的实践表明，"船式"设计完全能够适应装饰方面的新变化。特罗帕列沃（属新圣女修道院的一个村落）的大天使米迦勒教堂在基本构成上即属这样的模式（图4-151~4-153），但马

第四章 17世纪建筑·831

（左上）图4-150莫斯科 泰宁斯克。天使报喜教堂，山墙及穹顶细部

（左中）图4-151莫斯科 特罗帕列沃。大天使米迦勒教堂（1693年），南侧全景

（右上）图4-152莫斯科 特罗帕列沃。大天使米迦勒教堂，北侧近景

（右中）图4-153莫斯科 特罗帕列沃。大天使米迦勒教堂，窗饰细部

（下）图4-154莫斯科 卡达希耶稣复活教堂（1687~1695年）。东立面及纵剖面（据G.Alferova）

图4-155 莫斯科 卡达希耶稣复活教堂，西北侧全景

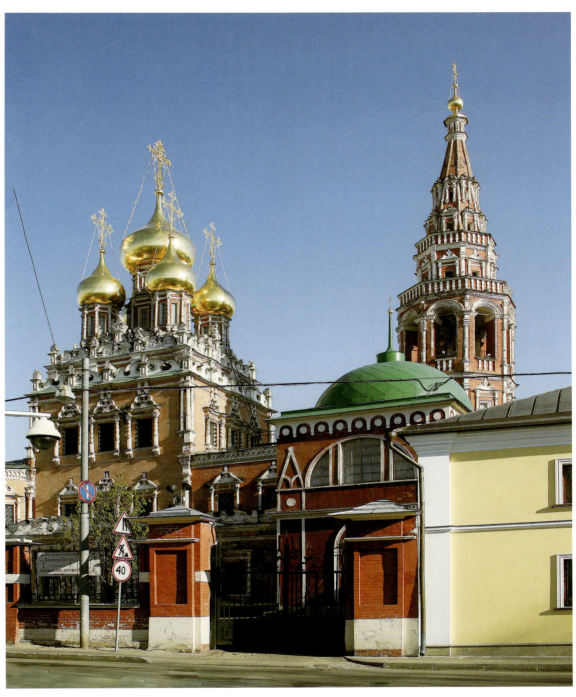

蹄状拱形山墙和双重多边形鼓座是它独具的特色，后者凹进的形式使其显得更为高耸，颇似巴洛克早期"手法主义"的表现。事实上，其建造年代（1693年）已属所谓"莫斯科巴洛克"（Moscow baroque）时期（见下文），窗户边饰的断裂山墙更是这种风格的特有部件；和早先的教堂建筑相比，设计和装饰上的柱式要素更多，但和西方柱式体系相比，还有一段距离。

采用这种装饰体系的另一个重要建筑即莫斯科河南岸的耶稣复活教堂（1687～1695年；立面及剖面：图4-154；外景及细部：图4-155～4-160）。建筑位于卡达希区（为沙皇宫廷纺织工匠的聚居区）中心，与克里姆林宫隔河相望。由于19世纪的增建，教堂外观已有所改变，视线也部分为一个罐头食品厂阻挡，但尺度宏大比例协调的这座教堂，目前仍和几个世纪前一样，高耸在周围地区之上。建筑师谢尔盖·图尔恰尼诺夫仍然沿用传统的"船式"设计（见图4-154），只是钟塔直到1695年才建。其造型类似17世纪后期克里姆林宫塔楼上的尖塔，同时也和17世纪中欧和西欧（如阿姆斯特丹）的巴洛克钟楼相近。

第四章 17世纪建筑 · 833

卡达希教堂最突出的特色是其复杂的石灰石装饰，其雕刻显然是以这些宫廷纺织匠师的财富为后盾。除了这些镂空的雕饰作品外（这种装饰在更具有创新意识的"莫斯科巴洛克"塔楼式教堂中也可见到），从主要立方形体向五个鼓座及穹顶过渡的拱形山墙亦被石灰石装饰取代（对称的三层雕饰由涡券状山墙、扇贝饰及其他部件组成）。最初的结构设计要更为明确简洁，于首层拱廊上布置开敞的台地和栏杆（如立面图所示）。通向台地的台阶由三跑组成，分别与北面、西面和南面的门廊相通。这一设计对"莫

（左上）图4-156 莫斯科 卡达希耶稣复活教堂，西南侧全景
（右）图4-157 莫斯科 卡达希耶稣复活教堂，西南侧钟楼近景
（左下）图4-158 莫斯科 卡达希耶稣复活教堂，西南侧教堂近景

（右）图4-159莫斯科 卡达希耶稣复活教堂，东侧半圆室近景
（左）图4-160莫斯科 卡达希耶稣复活教堂，穹顶，西南侧近景

斯科巴洛克"塔楼式教堂室外装饰性大台阶的发展具有深远的影响，只是在建造了钟塔之后，形制已彻底改变，19世纪期间，外观上又有所变化，最初的效果已很难觉察。

第二节 17世纪下半叶

一、雅罗斯拉夫尔的教堂建筑

在17世纪的最后几十年，尽管莫斯科砖构教区教堂已有了各种变化，但只是在雅罗斯拉夫尔，才能看到传统教堂建筑形式的极致表现，这些具有华丽装饰的教堂系由富商、城市社区和商会共同建造和维系。自14世纪末和15世纪初诺夫哥罗德以来，没有一处能像17世纪的雅罗斯拉夫尔教堂那样，集中体现社区的凝聚力量、繁荣和人们的自信，其时在雅罗斯拉夫尔地区的35个教区内，共建了44座砖石教堂，且其中大多数都具有相当的规模。这时期给人印象最深的单体建筑当属先知以利亚教堂（见图4-54~4-59），它构成了日后城市社区教堂发展的原型（其中最典型的为三面带附加廊道，另有一排附属建筑）。实际上，从结构的观点来看，与17世纪下半叶俄国其他地区采用

图4-161雅罗斯拉夫尔 克罗夫尼基。教堂组群（17世纪下半叶），立面图（水彩渲染，1845年，作者И.Белоногов，画面自左至右分别为圣约翰·克里索斯托教堂、钟塔及弗拉基米尔圣母教堂）

（左上）图4-162雅罗斯拉夫尔 克罗夫尼基。教堂组群，西北侧全景（老照片，1911年）

（右上）图4-163雅罗斯拉夫尔 克罗夫尼基。教堂组群，东北侧远景（自左至右分别为弗拉基米尔圣母教堂、圣约翰·克里索斯托教堂及钟塔）

（中）图4-164雅罗斯拉夫尔 克罗夫尼基。教堂组群，东南侧外景（前景为圣门，后为圣约翰·克里索斯托教堂，左侧可看到钟塔）

（下）图4-165雅罗斯拉夫尔 克罗夫尼基。圣约翰·克里索斯托教堂（1649~1654年），平面、立面及剖面（西立面据A.Pavlinov；平面及纵剖面取自Академия Стройтельства и Архитестуры СССР:《Всеобщая История Архитестуры》, II, Москва, 1963年）

836·世界建筑史 俄罗斯古代卷

（上）图4-166雅罗斯拉夫尔 克罗夫尼基。圣约翰·克里索斯托教堂，东北侧全景

（下）图4-167雅罗斯拉夫尔 克罗夫尼基。圣约翰·克里索斯托教堂，东侧地段形势

第四章 17世纪建筑·837

的那种更为灵活的"船式"构图相比，雅罗斯拉夫尔教堂核心部位的设计应该说更接近所谓"古制"。

如果说以利亚教堂可视为过渡类型和雅罗斯拉夫尔教堂建筑学派原型的话，那么，其后继者很快就发展出一套完整的体系，将附属结构纳入到一个对称均衡的设计中去。这一过程的最早——在某种意义上说

本页及左页：

（左上）图4-168雅罗斯拉夫尔 克罗夫尼基。圣约翰·克里索斯托教堂，东侧全景

（中）图4-169雅罗斯拉夫尔 克罗夫尼基。圣约翰·克里索斯托教堂，东南侧景色

（右）图4-170雅罗斯拉夫尔 克罗夫尼基。圣约翰·克里索斯托教堂，西南侧全景（1978年照片）

（左下）图4-171雅罗斯拉夫尔 克罗夫尼基。圣约翰·克里索斯托教堂，西北侧全景

也是给人印象最深刻——的表现是克罗夫尼基的教堂组群（位于城市郊区，靠近一条名科托罗斯利的小河和伏尔加河的汇交处）。这一地区本系牧场，其名称来自俄语"乳牛"（корова），但其居民同样从事制陶和烧砖，这两个行业在这个教堂组群的建造和装修上都起到了重要的作用（组群由两座教堂组成，两者之

第四章 17世纪建筑·839

本页及右页：

（左上）图4-172雅罗斯拉夫尔克罗夫尼基。圣约翰·克里索斯托教堂，北侧景观

（左下）图4-173雅罗斯拉夫尔克罗夫尼基。圣约翰·克里索斯托教堂，北侧门楼（自西北方向望去的景色）

（中上）图4-174雅罗斯拉夫尔克罗夫尼基。圣约翰·克里索斯托教堂，西门楼细部

（中下）图4-175雅罗斯拉夫尔克罗夫尼基。圣约翰·克里索斯托教堂，东侧半圆室窗饰

（右）图4-176雅罗斯拉夫尔克罗夫尼基。圣约翰·克里索斯托教堂，角柱细部

间西面立一大型独立钟塔；组群立面：图4-161；组群外景：图4-162~4-164）。

克罗夫尼基组群的主要建筑是圣约翰·克里索斯托教堂，其投资人富商伊万和费奥多尔·涅日丹诺夫就葬在教堂南廊里。建于1649~1654年的教堂于该世纪80年代改造时增添了更为精美的装饰，因此成为两个时代的混合产物。但中央部分平面基本未变，为回归早期"古典"教堂形制（内部配四根柱墩）的典型例证（平面、立面及剖面：图4-165；外景：图4-166~4-172；近景及细部：图4-173~4-176；内景：图4-177~4-179）。和传统做法相比，平面上最重要的变化是东西两面的柱墩均自中心处外移，因此在中央鼓座下形成一个扩展的矩形空间，大大增加了教堂的长度。四柱墩结构的延伸本身又引起了构造系统的变化，特别是檐口和屋顶的结构。加固拱顶的新方式

(上)图4-177 雅罗斯拉夫尔 克罗夫尼基。圣约翰·克里索斯托教堂,内景,壁画及圣像(前景圣像已失,框架现存雅罗斯拉夫尔艺术博物馆)

(下)图4-178 雅罗斯拉夫尔 克罗夫尼基。圣约翰·克里索斯托教堂,北墙下部壁画

（左上）图4-179雅罗斯拉夫尔 克罗夫尼基。圣约翰·克里索斯托教堂，祭坛十字架

（下）图4-180雅罗斯拉夫尔 克罗夫尼基。弗拉基米尔圣母教堂，东北侧外景（右侧前景为圣约翰·克里索斯托教堂，中间为组群围墙圣门）

（右上）图4-181雅罗斯拉夫尔 克罗夫尼基。钟塔（17世纪80年代），外景（1978年照片）

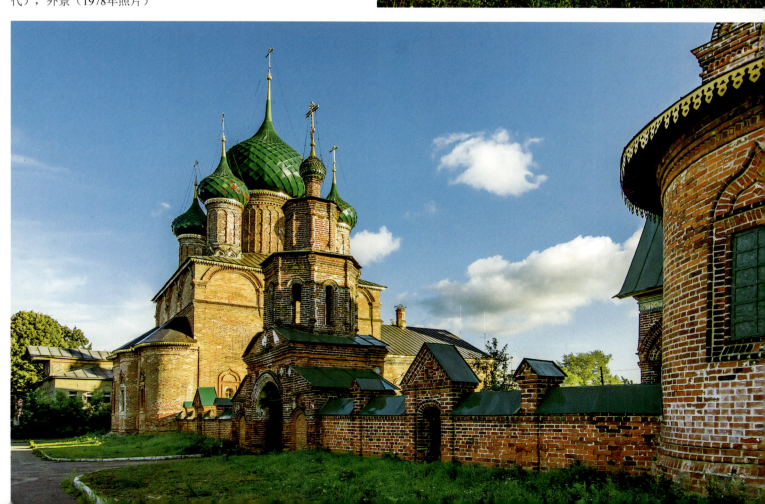

图4-182雅罗斯拉夫尔 克罗夫尼基。钟塔,现状

使拱形山墙不再具有结构作用,坡屋顶下的檐口遂在更大程度上演变成装饰部件。

克里索斯托教堂两侧布置廊道,其东端通向带帐篷顶塔楼的附属礼拜堂;后者的半圆室和主体结构的合在一起形成东部由五个半圆室组成的结构体系(见图4-169)。雅罗斯拉夫尔的许多大型社区教堂均通过这种方式将侧面礼拜堂纳入到主体结构内(实际上,其基本要素已在戈杜诺夫时期维亚济奥梅教堂的

（上）图4-183 雅罗斯拉夫尔 托尔奇科沃。施洗者约翰教堂（1671~1687年），东北侧全景

（下）图4-184 雅罗斯拉夫尔 托尔奇科沃。施洗者约翰教堂，西立面，现状

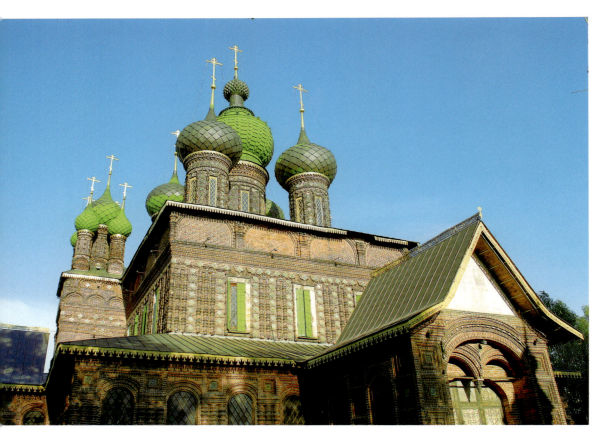

本页：
（上）图4-185雅罗斯拉夫尔 托尔奇科沃。施洗者约翰教堂，西北侧近景

（下）图4-186雅罗斯拉夫尔 托尔奇科沃。施洗者约翰教堂，东侧近景

右页：
（右上）图4-187雅罗斯拉夫尔 托尔奇科沃。施洗者约翰教堂，釉砖细部

（左及右下）图4-188雅罗斯拉夫尔 托尔奇科沃。施洗者约翰教堂，室内，壁画

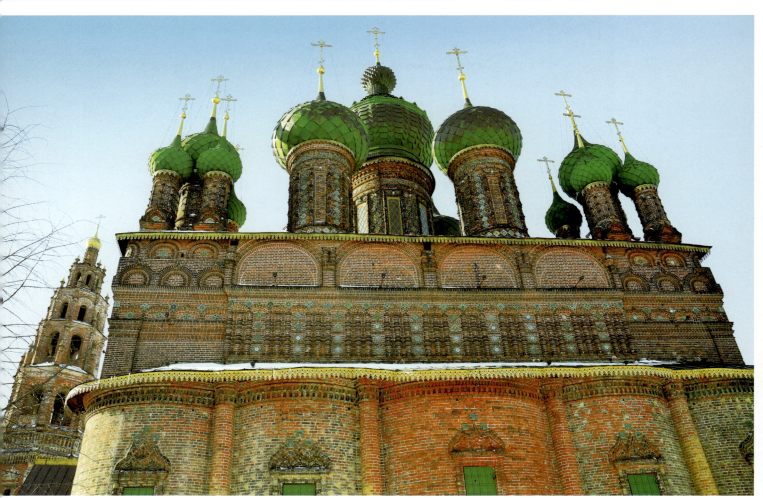

平面上有所表现，见图3-171），但雅罗斯拉夫尔教堂的外观完全不同，不仅是未抹灰的砖构墙体质地有所区别，围绕着中央五穹顶主体的形式亦有诸多变化：鼓座和穹顶的高度均超过主要结构本身（见图 4-165），三面廊道入口处设与主体结构相连且上置坡屋顶的门斗（属17世纪80年代增建）。当从西面或东面望去时，整体形成金字塔式的渐进构图，中央立方体结构亦被纳入其中。

（左）图4-189雅罗斯拉夫尔 托尔奇科沃。施洗者约翰教堂，钟塔（17世纪后期），现状全景

（右）图4-190雅罗斯拉夫尔 托尔奇科沃。施洗者约翰教堂，钟塔，上部近景

在分部的均衡上，克里索斯托教堂要比其前身以利亚教堂更为简洁，但在装饰上体现了不同的路数。以利亚教堂的外部装饰由灰泥上绘制的图案组成，克罗夫尼基建筑群则采用了更为复杂的彩陶装饰，是这方面的初始实例并成为17世纪后期俄罗斯教堂豪华装饰和技艺的见证。在雅罗斯拉夫尔，它实际上只具有附加功能，即令保守的四柱墩结构在外观上更加丰富。雅罗斯拉夫尔的匠师们通过顶部向上飞升的穹顶

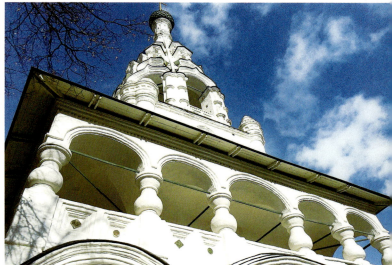

组群和在关键的结构部位施加彩色装饰,克服了结构的单调感觉。在克里索斯托教堂,特别值得一提的是围绕着中央半圆室的窗户(见图4-168),其巨大的尺寸可使人们从伏尔加河上欣赏它,这也是观赏教堂总体效果的最佳角度。

实际上,在当时,通向克罗夫尼基各教堂的路径

(右上)图4-191雅罗斯拉夫尔 基督诞生教堂(圣诞教堂,1644年,1658年后扩建)。西南侧全景

(左上)图4-192雅罗斯拉夫尔 基督诞生教堂(圣诞教堂)。东北侧近景(粉刷前)

(左中)图4-193雅罗斯拉夫尔 基督诞生教堂(圣诞教堂)。钟楼,北侧景色

(左下)图4-194雅罗斯拉夫尔 基督诞生教堂(圣诞教堂)。钟楼,西南侧景色

(右下)图4-195雅罗斯拉夫尔 基督诞生教堂(圣诞教堂)。钟楼,西侧仰视景观

主要通过东面的河道，因此历代匠师都竭力设法使建筑东侧具有宏伟的外观。克罗夫尼基组群的第二个配对的教堂（弗拉基米尔圣母教堂，图4-180）和克里索斯托教堂相比，结构和装饰上都要更为朴实，主体部分构图均衡，特别从东面望去的时候。建于1669年供奉弗拉基米尔圣母圣像的这座教堂主要供冬天使用（亦称冬季教堂，克里索斯托教堂又称夏季教堂），

本页及右页：
（左）图4-196雅罗斯拉夫尔 大天使米迦勒教堂（1658年）。西南侧全景（1978年照片，摄于粉刷整修前）
（中上）图4-197雅罗斯拉夫尔 大天使米迦勒教堂。西南侧，现状俯视景色
（中下）图4-198雅罗斯拉夫尔 大天使米迦勒教堂。西南侧，立面全景
（右两幅）图4-199雅罗斯拉夫尔 大天使米迦勒教堂。南侧，远景及近景

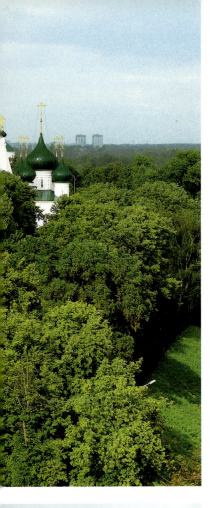

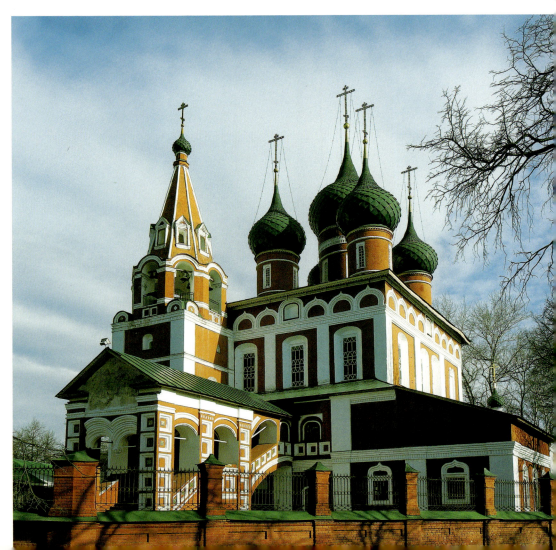

在第一和第二层之间设置了分开的拱顶天棚,以利于保温。主要形体整个上层(包括鼓座及穹顶)均和室内空间隔绝,东立面实际上只是作为克里索斯托教堂的补充,在外观上起均衡作用。西面向外延伸,出单层前厅,处理上稍嫌笨拙,好在从河道方向看不见。这种三度"透视幻觉"(trompe l'oeil,立体画)可视为从外部效果出发采用像帐篷顶这样一些大型结构部件的进一步发展和延伸(试比较圣佐西马和圣萨瓦季教

本页:

(右上)图4-200雅罗斯拉夫尔 大天使米迦勒教堂。西南侧门廊,近景(自南侧望去的情景)

(左上)图4-201雅罗斯拉夫尔 大天使米迦勒教堂。穹顶,西南侧近景

(下)图4-202雅罗斯拉夫尔 主显教堂(1684~1693年)。东南侧景观

右页:

(左上)图4-203雅罗斯拉夫尔 主显教堂。东侧景色

(右上)图4-204雅罗斯拉夫尔 主显教堂。东北侧全景

(右下)图4-205雅罗斯拉夫尔 主显教堂。西南侧全景

(左下)图4-206科斯特罗马 格罗夫耶稣复活教堂(可能1649~1652年)。西南侧全景

堂），表明建筑师的设计构思已开始扩大到范围更大的建筑环境。

随着17世纪80年代钟塔的建造（高37米；图4-181、4-182），克罗夫尼基组群增添了一个垂向构图要素，在这个近于农村的环境里出现这样的建筑可谓不同寻常（具有这样规模的钟塔通常都位于修道院内）。在雅罗斯拉夫尔，除了独立钟楼外，克罗夫尼基组群的最后组成要素中，还包括一个装饰性的"圣

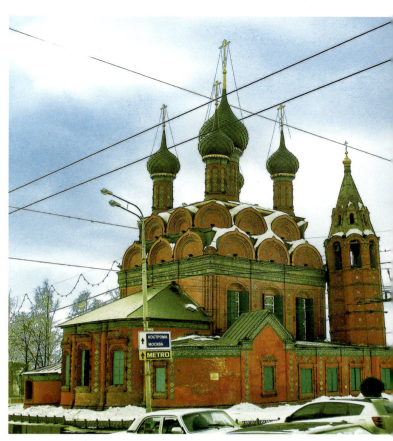

（上）图4-207科斯特罗马格罗夫耶稣复活教堂。西立面及主门楼景色

（下）图4-208科斯特罗马格罗夫耶稣复活教堂。门楼内景

（上）图4-209科斯特罗马格罗夫耶稣复活教堂。西北侧全景

（下）图4-210科斯特罗马格罗夫耶稣复活教堂。北侧全景

（上）图4-211科斯特罗马 格罗夫耶稣复活教堂。东北侧全景

（下两幅）图4-212科斯特罗马 格罗夫耶稣复活教堂。楼梯间，壁画

（上）图4-213瓦尔代 伊韦尔斯克圣母修道院。圣母安息大教堂（1653年），西北侧远景

（下）图4-214瓦尔代 伊韦尔斯克圣母修道院。圣母安息大教堂，西侧远景

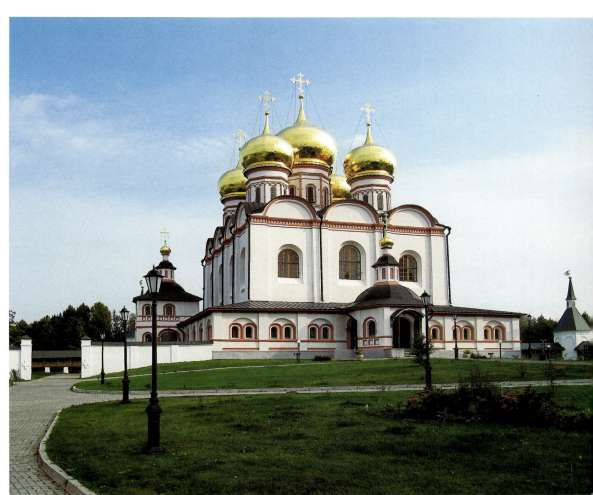

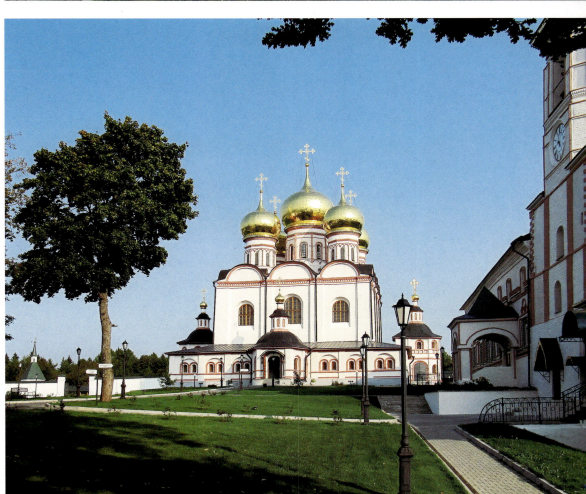

(上)图4-215瓦尔代 伊韦尔斯克圣母修道院。圣母安息大教堂,南侧全景

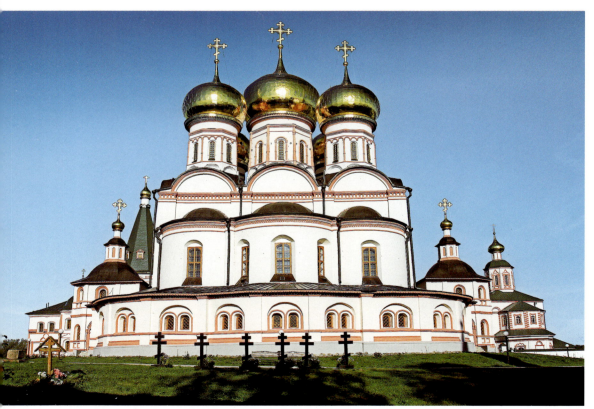

(下)图4-216瓦尔代 伊韦尔斯克圣母修道院。圣母安息大教堂,东侧全景

门"和连接两个教堂东侧面对伏尔加河的围墙(建于17世纪末)。从圣门的位置上可看出河流在当地居民生计和环境中的主导作用。

从克罗夫尼基开始至科托罗斯利河上游的其他地区,同样建造了一批教堂(可能是出于与河流另一侧的雅罗斯拉夫尔城竞争的目的)。托尔奇科沃的施洗者约翰教堂在规模上与圣约翰·克里索斯托教堂不相上下,就单体建筑而论甚至还更大。教堂建

图4-217瓦尔代 伊韦尔斯克圣母修道院。圣母安息大教堂,东南侧近景

于1671~1687年,主要投资者为罗季翁和列昂季·叶列明,其财富来自地方的皮革制造业。建筑平面基本沿袭克里索斯托教堂的样式,于五穹顶矩形结构三面设封闭廊道,东侧各角配两个对称的礼拜堂,带陡坡屋顶的入口门廊分别位于北面、西面和南面廊道中心处(外景及细部:图4-183~4-187;内景:图4-188)。从前面的评述中可知,这种设计的固有问题是比较保守和缺乏灵活性,托尔奇科沃教堂的建造者遂设法在平面设计以及立面装饰和附属礼拜堂的分划上引进变化。

利用成组的附墙柱作为分划立面的装饰手段,已见于附近图塔耶夫城的耶稣复活大教堂(1670~1678年),但在托尔奇科沃,对称布置的这些柱子和小型装饰部件相互搭配,人们并没有刻意突出单个部件和背景的对比,而是任深色调的装饰占据上风,精细的砖构造型辅以立面上亮丽的彩色陶板。在凸出的檐口

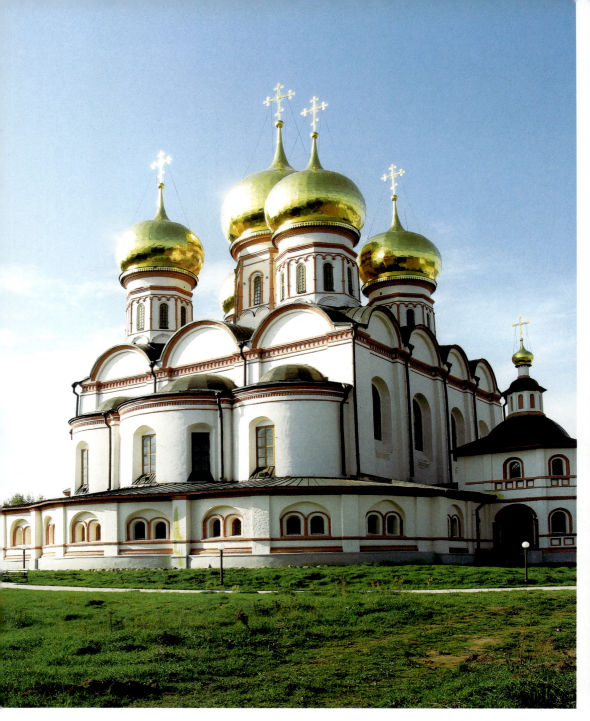

柱顶盘上立一排拱形山墙,虽然看上去好似支撑坡顶,实际上并无结构作用。

东侧礼拜堂设计上更具新意,其檐口升到主要结构的高度。这种做法不仅使屋顶线得到统一,同时也令东立面更为宏伟完整,为17世纪教堂建筑中独一无二的表现。两组小型穹顶分别位于每个礼拜堂顶上,每组由五个立在细高鼓座上的穹顶组成。建筑效果主要来自结构外部的扩展(礼拜堂室内仅高一层)。内部装修相当考究,廊道及教堂内均有壁画,并配置了雕饰复杂的圣坛屏栏。壁画在雅罗斯拉夫尔画师德米特里·格里戈里耶夫(或普列汉诺夫)的监督下绘于1694~1700年,具有地方和世俗的特色;类似圣经题材的绘画另见于尼基特尼基的三一教堂(系另一位雅罗斯拉夫尔出身的商人投资建造)。尽管在这些壁画的背景上,占主导地位的往往是想像中的西方中世纪的建筑形象,但人物本身和圣经场景的细部无不反映了雅罗斯拉夫尔商业的繁荣和人们的自信。

托尔奇科沃施洗者约翰教堂的附属结构中,包括一座分开的冬季教堂(现已无存)和一个为"圣门"围括的入口。组群中最突出的建筑是17世纪后期建造的钟塔(图4-189、4-190),高45米的塔楼采用了被称为"莫斯科巴洛克"的华美风格,作为装饰的石灰石部

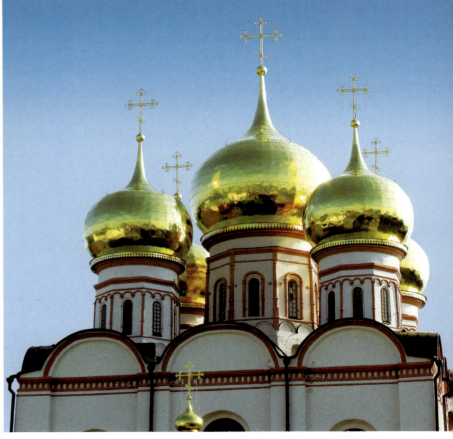

本页及左页：

（左）图4-218 瓦尔代 伊韦尔斯克圣母修道院。圣母安息大教堂，东北侧近景

（中）图4-219 瓦尔代 伊韦尔斯克圣母修道院。圣母安息大教堂，西侧近景

（右上）图4-220 瓦尔代 伊韦尔斯克圣母修道院。圣母安息大教堂，南侧门廊近景

（右下）图4-221 瓦尔代 伊韦尔斯克圣母修道院。圣母安息大教堂，穹顶近景

件中包括栏杆和小尖塔，后者强化了退阶八角形体（为综合俄罗斯和荷兰设计的产物）的上升态势。新圣女修道院的钟塔（见图4-440）则无论在高度还是在丰富的建筑细部上，都与托尔奇科沃的塔楼相近。

到1687年施洗者约翰教堂完成时，装饰几乎达到饱和状态。尽管细部精巧、构思宏伟，但结构的装饰面层已不可能进一步增加，此后的雅罗斯拉夫尔教堂遂开始表现出简化的趋向。托尔奇科沃地区的主要财富来自高级皮革制造业，在施洗者约翰教堂完成之时，该地区的一批居民开始集资建造另一个供奉圣狄奥多尔·斯特拉季拉特斯的大教堂。教堂建造过程有详细记录，是地方居民集体劳作的成果，他们从雅罗

左页：

（上）图4-222莫斯科 克里姆林宫。主教宫，十字厅，内景（现为17世纪工艺美术博物馆）

（下）图4-223莫斯科 克里姆林宫。十二圣徒大教堂（原圣徒菲利普教堂，1652~1656年），南侧，俯视景色

本页：

（上下两幅）图4-224莫斯科 克里姆林宫。十二圣徒大教堂（原圣徒菲利普教堂），南侧，全景及近景

第四章 17世纪建筑·863

斯拉夫尔已有的教堂中选取范本，要求在规模上不亚于原型并据此筹措资金，直到这时，才开始征召主要建筑匠师。教堂上部按柱顶盘造型设计，基部为几层型砖条带。在这些凸出的线脚条带之上，布置退阶的半圆形拱券山墙，后者不仅形成构图节律，同时也在支撑上部五穹顶结构上起到卸荷作用。在室内，高大的墙面为1715年费奥多尔·伊格纳泰夫和费奥多尔·费奥多罗夫绘制的数层壁画提供了必要的空间。

在雅罗斯拉夫尔中心区，教堂通常都采用更紧凑的设计，资金状况也往往对形式有所影响，如由商人

本页及左页：
（左两幅）图4-225莫斯科 克里姆林宫。十二圣徒大教堂（原圣徒菲利普教堂），东南侧景色
（右上）图4-226莫斯科 克里姆林宫。十二圣徒大教堂（原圣徒菲利普教堂），东北侧全景
（中下）图4-227莫斯科 克里姆林宫。十二圣徒大教堂（原圣徒菲利普教堂），北侧现状
（右下）图4-228莫斯科 克里姆林宫。十二圣徒大教堂（原圣徒菲利普教堂），穹顶近景

左页：

（上）图4-229新耶路撒冷（莫斯科附近）伊斯特河畔复活修道院。复活大教堂（1658~1685年，1747~1760年改建），平面（左图取自William Craft Brumfield：《A History of Russian Architecture》，Cambridge University Press，1997年；右图据Rzyanin）

（下）图4-230新耶路撒冷 伊斯特河畔复活修道院。复活大教堂，剖面（上图取自Академия Стройтельства и Архитестуры СССР：《Всеобщая История Архитестуры》，II，Москва，1963年；下图取自William Craft Brumfield：《Landmarks of Russian Architecture》，Gordon and Breach Publishers，1997年）

本页：

（左上）图4-231新耶路撒冷 伊斯特河畔复活修道院。复活大教堂，剖析图

（下）图4-232新耶路撒冷 伊斯特河畔复活修道院。复活大教堂，西南侧全景

（右上）图4-233新耶路撒冷 伊斯特河畔复活修道院。复活大教堂，东南侧景观

第四章 17世纪建筑·867

图4-234新耶路撒冷 伊斯特河畔复活修道院。复活大教堂,东侧全景

阿金金和古里·纳扎列夫兄弟投资建造的基督诞生教堂,最初为一个带四柱墩的立方体结构,上承五个穹顶并有一个附加廊道(外景:图4-191、4-192;钟楼:图4-193~4-195)。由于兄弟俩没有一个能筹得大量资金,因此教堂直到1644年才由古里·纳扎列夫的儿子们最后完成。为了和教堂东北角的圣尼古拉(神奇创造者)礼拜堂取得均衡,以后又在东南角通过捐赠建了圣阿金金礼拜堂。作为两者的补充,西南角建了一座供奉喀山圣母圣像的礼拜堂(至主要廊厅上层高度)。礼拜堂穹顶保留了最初的瓦面层,据此可想像主体结构上最初五个穹顶的外观效果(该组穹顶现已无存,当年曾外覆明亮的彩色波形瓦)。沿圣诞教堂上部墙体布置的釉陶铭文为雅罗斯拉夫尔早期陶瓷装饰实例中最杰出的作品,以釉陶板块制作装饰性字母和在铭文中向世俗施主致谢,皆为不同寻常的表现。

圣诞教堂最后的组成部分是1658年雅罗斯拉夫尔大火后建造的大门钟塔和礼拜堂(上部以装饰华美的帐篷顶作为结束)。塔楼最初与主体教堂西北角通过第二层廊道的延伸部分相连。室内壁画大部绘制于1683~1684年,即在最初教堂完成后近40年。1667年,因在西伯利亚经营不善,古里·纳扎列夫三个儿子中两个年长的资金出现断裂,但最小的弟弟仍具有偿还能力,教堂的绘画遂在他儿子们的支持下得以完成。尽管这批壁画在雅罗斯拉夫尔算不上顶尖作品,但从明亮的色彩和混合世俗要素的表现中不难看出捐赠者的影响。

在雅罗斯拉夫尔邻近地区的教堂中,形制较为简单的尚有建于1658年的大天使米迦勒教堂(图4-196~4-201),建筑就在中央修道院(主显圣容修

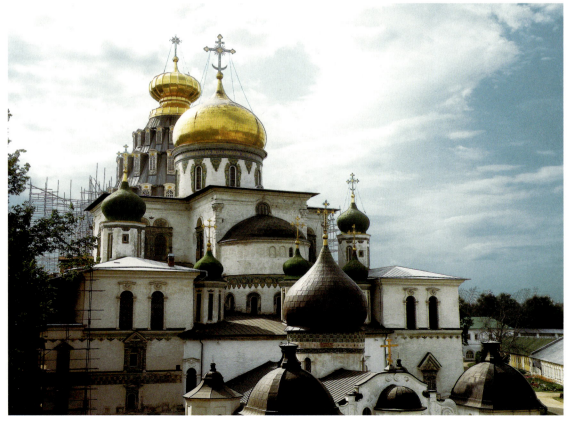

（左上）图4-235 新耶路撒冷 伊斯特河畔复活修道院。复活大教堂，西侧景观

（下）图4-236 新耶路撒冷 伊斯特河畔复活修道院。复活大教堂，东南侧近景

（右上）图4-237 新耶路撒冷 伊斯特河畔复活修道院。复活大教堂，穹顶，东南侧近景

第四章 17世纪建筑·869

（上下两幅）图4-238新耶路撒冷 伊斯特河畔复活修道院。复活大教堂，穹顶，西南侧近景及细部（整修期间）

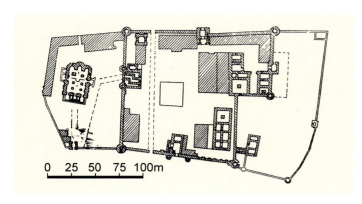

（左上）图4-239罗斯托夫 克里姆林宫（1670~1683年）。总平面（取自Академия Строительства и Архитестуры СССР：《Всеобщая История Архитестуры》，II，Москва，1963年）

（右上）图4-240罗斯托夫 克里姆林宫。西门，立面（取自Академия Строительства и Архитестуры СССР：《Всеобщая История Архитестуры》，II，Москва，1963年）

（左中）图4-241罗斯托夫 克里姆林宫。北区俯视全景（自南面望去的景色）

（右中）图4-242罗斯托夫 克里姆林宫。东北侧俯视全景

（下）图4-243罗斯托夫 克里姆林宫。西南侧临湖全景

第四章 17世纪建筑·871

左页及本页：

（左上）图4-244罗斯托夫 克里姆林宫。西侧全景

（左下）图4-245罗斯托夫 克里姆林宫。西北侧景观

（右上）图4-246罗斯托夫 克里姆林宫。西南侧围墙及塔楼（前景高塔为格里戈里耶夫塔楼）

（右下）图4-247罗斯托夫 克里姆林宫。宫城内，自东北方向望去的全景

第四章 17世纪建筑·873

道院）东南墙外。1682年教堂改建时，采用了更为壮观的风格，但仍保留了紧凑的布局，以廊道围绕上置五个穹顶的主体部分并于西北角设一附加钟楼。门廊是教堂结构最精美的部分，但由于鼓座的宽度，穹顶的设计显得颇为拥挤，装饰则相对朴实。

由富商阿列克谢·祖布恰尼诺夫投资建造的主显教堂具有完全不同的表现，它是17世纪雅罗斯拉夫尔最后一个重要的建筑作品，建于1684～1693年，位于救世主修道院西墙附近。尽管平面上和大天使教堂类似，但对垂向构图的强调和在刷成暗红色的砖墙背景上集中采用陶土装饰的做法使这座建筑成为雅罗斯拉夫尔学派的代表作（图4-202～4-205）。从环绕着教堂基部和钟塔的一层廊道开始，通过壁柱之间拉长的窗柱突出上升的动态（壁柱上饰有对角布置的彩色瓷砖条带）。窗框顶部以小的尖矢头作为结束，檐口以上三层拱形山墙亦重复了这种样式。教堂的水平线条饰以彩色釉陶板，至墙顶部带线脚的柱顶盘处结束。装饰板块有两种类型：上釉的部件用于楣梁等建筑细部；方形陶板由五种图案组成，按五种不同色彩重复使用。主显教堂就这样，将结构部件（教堂主体、礼拜堂、廊道和钟塔）和莫斯科的结构及装饰要素结合在一起（后者包括内部不设柱墩，在立方体结构上布置组合成金字塔状的拱券山墙，外部采用光亮的釉陶

本页及右页：

（左）图4-248罗斯托夫 克里姆林宫。宫城内，自东北方向望去的景色（前方为红宫和圣约翰门楼教堂）

（中）图4-249罗斯托夫 克里姆林宫。恰索文内塔楼，现状

（右）图4-250罗斯托夫 克里姆林宫。霍德格特里耶夫塔楼，外景装饰等）。

在主显教堂，精细的砖构墙体和外部廊道的支撑作用使人们可开大窗为室内采光，1692～1693年绘制的八个层位的壁画主要表现基督生平场景。由于没有室内柱墩，人们可以更好地欣赏这些壁画，其中有些装饰母题系重复室外的釉陶图案。穹式拱顶的曲面则

被巧妙地用于复杂的构图，如圣母安息、耶稣复活和升天。

在雅罗斯拉夫尔这个以地方经济的繁荣为后盾的建筑复兴时期，许多其他的行省城市也通过各种方式——世俗的或宗教的——以前所未有的规模建造或改建砖石教堂及修道院。其中大多数都沿袭莫斯科采用的"船式"设计或其变体形式，其他的（如科斯特罗马的格罗夫耶稣复活教堂）则类似雅罗斯拉夫尔教堂，配置自三面围绕中央结构的廊道及东面的附属礼拜堂。科斯特罗马和雅罗斯拉夫尔均位于同一个伏尔加河大区，尽管科斯特罗马教堂开始建造的准确年代尚不清楚（可能1649年），但它完成于1652年，也就

第四章 17世纪建筑·875

是说，和雅罗斯拉夫尔建筑的兴起基本同时（外景：图4-206～4-211；内景：图4-212）。其大面积外墙上以亮丽的色彩绘制立体的粗面砌体，东立面上尚存部分痕迹。西立面设带塔楼的入口大门，较小的拱门通向教堂院落，较大的面对楼梯，由此通向廊道和教堂的主要入口。除了装饰性的砖构外，门廊上还有石灰石的雕饰，于圆形徽章内表现斯拉夫神话里的各种野兽和鸟类（包括人首鹰[2]）。

科斯特罗马的耶稣复活教堂可作为构图上格外丰富的例证。在整个俄罗斯中部地区，17世纪的教区教堂一般均能创造性地运用装饰母题，把控结构比例。莫斯科以南的梁赞和卡卢加，北部和东部的沃洛格达、大乌斯秋格和穆罗姆，都创造了别具一格的建筑景观，特别是教区教堂，更为这时期的俄罗斯行省地区提供了最优秀的建筑艺术实例。

二、尼孔大主教的建筑活动

在米哈伊尔·罗曼诺夫唯一的儿子阿列克谢·米哈伊洛维奇（1629～1676年，1645～1676年在位）长达30余年的统治期间，一方面国家渐趋稳定和繁荣，再次掀起了建造新教堂的高潮，另一方面，宗教的分歧、社会和经济的危机也初见端倪，农民和哥萨克的暴动更是此起彼伏。1648～1649年确认和强化农奴制的俄罗斯新法典，以及在该世纪中叶为修订圣典及礼拜仪式的弊端而进行的努力，进一步导致了民心的涣散和大部分民众的不满（特别在乡村地区）。

处于这些事件中心的人物是农民出身的教士尼孔（1605～1681年），他最初是个已婚的教士，但在他的孩子们早年夭折后，起誓进了修道院。尼孔一开始可能是在索洛维茨克岛北面森林地带的显容修道院

本页及左页：

（左上）图4-251罗斯托夫 克里姆林宫。水塔，外侧景色

（右两幅）图4-252罗斯托夫 克里姆林宫。水塔，内侧景色及墙面装饰细部

（左下）图4-253罗斯托夫 克里姆林宫。钟楼（1682～1687年），西北侧景色（老照片，1911年）

（上）图4-254罗斯托夫 克里姆林宫。钟楼，西侧现状

（下）图4-255罗斯托夫 克里姆林宫。钟楼，西南侧近景

（左上）图4-256罗斯托夫 克里姆林宫。钟楼，钟室近景

（右上）图4-257罗斯托夫 克里姆林宫。钟楼，钟室内景

（下）图4-258罗斯托夫 克里姆林宫。复活教堂（门楼教堂，1670年），20世纪初状态（老照片，1911年）

本页:
(上)图4-259罗斯托夫 克里姆林宫。复活教堂,东北侧现状

(下)图4-260罗斯托夫 克里姆林宫。复活教堂,西北侧景色

右页:
(上)图4-261罗斯托夫 克里姆林宫。复活教堂,西南侧远景

(下)图4-262罗斯托夫 克里姆林宫。复活教堂,西南侧全景

当修士（1635~1643年），现已证实，这座修道院在动乱时期曾英勇抗敌，其简朴宏伟的建筑更体现了这个宗教社团的长期理想。凭着坚强的意志和卓越的智慧，尼孔在教会上层很快升迁；在1646年被任命为莫斯科新救世主修道院院长后，作为"至诚者"（Zealots of Piety）修士团的一员，尼孔开始引起了沙皇的注意。1648年，他成为诺夫哥罗德大主教，和俄国统治集团的关系更为紧密（尽管在诺夫哥罗德，他改造圣索菲亚大教堂的努力遭到当地居民的强烈抵制），同时他也清楚意识到教会领导人在前不久抗击外敌入侵和国家解放运动中所起的重要作用（如赫尔摩根和菲拉列特大主教，前者死于被波兰人监禁期间，后

第四章 17世纪建筑·881

（上下两幅）图4-263罗斯托夫 克里姆林宫。复活教堂，北面入口及壁画细部

图4-264 罗斯托夫 克里姆林宫。复活教堂，穹顶，近景

者在他儿子米哈伊尔·罗曼诺夫执政初期曾起到指导作用）。

1652年尼孔出任莫斯科和全罗斯东正教会大主教，他大力推动教会内部的改革，不容任何形式的反对。他力主教会在俄国的主导地位，并捍卫被1649年的法典削弱的教会经济特权。同时，他还振兴东正教，抵制来自西方的天主教，特别是更危险的、来自北方的新教，这一政策在相当程度上左右了沙皇和波

（上）图4-265罗斯托夫 克里姆林宫。红宫（1672~1680年），东北侧全景

（下）图4-266罗斯托夫 克里姆林宫。红宫，北侧全景

兰的和解及对瑞典进行的无成效的战争。

然而，一个世俗国家的组建和维系不可能容忍主教的政治权力过于膨胀。由于尼孔坚持其管理权和教会的自治权，导致他和沙皇的冲突，后者尽管对宗教怀有虔诚之心，对教会亦能慷慨解囊，但不能不意识到这位大主教的要求对世俗权力的威胁。1658年，两

（上）图4-267罗斯托夫 克里姆林宫。红宫，入口，东北侧景色

（下）图4-268罗斯托夫 克里姆林宫。"库房上的救世主教堂"（1675年），北侧俯视全景（背景为涅罗湖）

者的公开决裂最后导致世俗权力的胜利和尼孔的离职。然而，这并没有解决宗教改革的问题，尼孔也没有完全退出历史舞台。直到1666~1667年召开的宗教会议（Synod）上，尼孔才被革除了所有的教职并被流放；但教会仍然认可了他推动的一些变革，之后他被许多"老信徒"（Old Believers）视为"反基督分子"（Antichrist）的代表人物。

在宗教会议议决之后，所有和平解决社会、政治和宗教矛盾的希望都破灭了。作为教会保护者的国家正在逐步地剥夺其特权，这不啻向相当一部分（可

本页：
（上）图4-269罗斯托夫 克里姆林宫。"库房上的救世主教堂"，西南侧，自宫墙外望去的景色

（下）图4-270罗斯托夫 克里姆林宫。"库房上的救世主教堂"，西北侧，自宫城内望去的景色

右页：
（上下两幅）图4-271罗斯托夫 克里姆林宫。"库房上的救世主教堂"，仰视内景及壁画

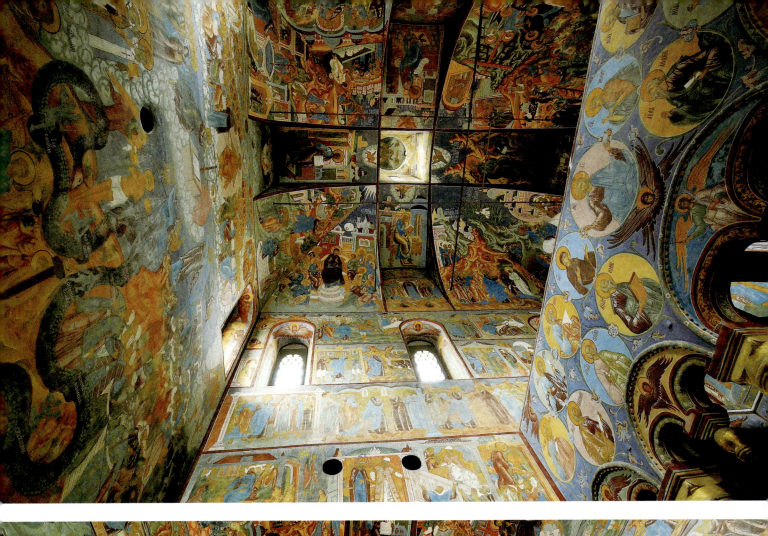

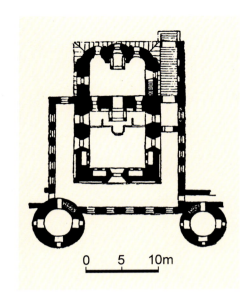

左页：

（左上）图4-273罗斯托夫 克里姆林宫。圣约翰（神学家）门楼教堂，西立面（取自William Craft Brumfield：《A History of Russian Architecture》，Cambridge University Press，1997年）

（右上）图4-274罗斯托夫 克里姆林宫。圣约翰（神学家）门楼教堂，外景（西南侧，2008年维修时状况）

（下）图4-275罗斯托夫 克里姆林宫。圣约翰（神学家）门楼教堂，西侧现状

本页：

（左）图4-272罗斯托夫 克里姆林宫。圣约翰（神学家）门楼教堂（1683年），平面（取自David Roden Buxton：《Russian Mediaeval Architecture》，Cambridge University Press，2014年）

（右）图4-276罗斯托夫 克里姆林宫。圣约翰（神学家）门楼教堂，西南侧全景

能多达百分之二十）拒绝放弃"老信仰"（Old Faith，为一种混合基督教教义与俄罗斯历史传说的民间信仰）的民众宣战。他们的反抗（所谓"教会分裂"，Schism）形成了一股抵制凡俗化倾向的势力。构成沙皇权力基础的神权政治原则在凡俗化的进程中不得不节节退让，俄国就这样逐步演进成近代的官僚国家。

阿列克谢·米哈伊洛维奇的统治既代表了俄国中世纪宗教信仰的顶峰，同时也是其衰退的开始。

在这种历史背景下，17世纪后期官方东正教会的建筑具有前所未有的华美装饰，充分展现出在一个世俗气越来越浓的社会里，教会及其施主的物资财富。与此同时，对回归到朴实的原木结构里做礼拜的"老

信徒"来说，建筑艺术和他们已没有什么关系[在某种程度上这也是16世纪俄罗斯东正教所谓"非所有者"（нестяжатели）运动的反映，即反对教会及修道院占有财富、特别是地产]。说来蹊跷的是，尽管东正教会的权势和威望日渐式微，但伴随的却是大型建筑组群的最后繁荣，表明这时期某些教会人士仍具有相当的权势和掌控着一定的资源，并怀着一个建造天堂王国实体环境的梦想。

在这些人士当中，最重要的即尼孔大主教本人，这是一位孜孜不倦的建设者，力图用建筑来反映他的改革观念和纯正的东正教信仰。在任诺夫哥罗德大主教时，城市东南130公里处瓦尔代地区的美景给他留下了深刻的印象；1653年，他在那里建造了一座供奉伊韦尔斯克圣母的修道院。其主要建筑（圣母安息大教堂；外景：图4-213~4-216；近景及细部：图4-217~4-221）系以耶路撒冷的圣墓教堂（复活堂）为范本，内藏自东正教圣地之一阿索斯山（圣山）修道院建筑群带来的据说可创造奇迹的圣母像（在尼孔努力清除俄罗斯教会文本中累积的差错时，依据的文献中很多就是来自阿索斯山修道院）。尼孔就这样，通过供奉对象和主要教堂的形式，使修道院和这两个东正教最主要的圣地联系在一起。他还用类似的手法，在莫斯科克里姆林宫内与主教宫（图4-222）毗

本页及左页：
（左上）图4-277罗斯托夫 克里姆林宫。圣约翰（神学家）门楼教堂，南侧远观（自宫城内望去的景色）
（左下）图4-278罗斯托夫 克里姆林宫。圣约翰（神学家）门楼教堂，东侧全景
（中下）图4-279罗斯托夫 克里姆林宫。圣约翰（神学家）门楼教堂，东北侧全景
（右下）图4-280罗斯托夫 克里姆林宫。圣约翰（神学家）门楼教堂，西侧入口，近景

（上下两幅）图4-281罗斯托夫 克里姆林宫。圣约翰（神学家）门楼教堂，西立面墙龛及窗饰

邻，建了一座供奉圣徒菲利普的教堂（实际上是纪念为反对伊凡四世的暴政而殉难的大主教菲利普）。这座大型砖构教堂建于1652～1656年，1681年改为祭祀十二圣徒（图4-223～4-228）；其形制和细部来自12世纪弗拉基米尔的教堂，这些石灰石砌筑的建筑此前曾被莫斯科的统治者奉为俄罗斯东正教教堂的典范。由于尼孔想把他这座教堂树为正确形式的样板，因此，这个五穹顶的设计具有特殊的意义，在这里完全看不到在俄罗斯还愿教堂和教区教堂里风行一时的洋葱头穹顶和帐篷式塔楼（前者为低矮的穹顶取代）。

（上）图4-282罗斯托夫 克里姆林宫。圣约翰（神学家）门楼教堂，边侧塔楼，近景

（下两幅）图4-283罗斯托夫 克里姆林宫。圣约翰（神学家）门楼教堂，东侧入口及柱墩细部

本页：
（上）图4-284罗斯托夫 克里姆林宫。圣约翰（神学家）门楼教堂，东北侧近景

（下）图4-285罗斯托夫 克里姆林宫。圣约翰（神学家）门楼教堂，室内，仰视景色

右页：
图4-286罗斯托夫 克里姆林宫。霍杰盖特里亚圣母圣像教堂，东南侧地段形势

到1655年,可能是希望使教堂回归前蒙古时期的纯净造型,尼孔和他的高级教士们认定帐篷顶不适合东正教教堂,仅在钟塔上允许采用这种形式。

尼孔本人在他最大的一个工程项目上复归圆锥造型的这一事实,反映了他的自大和前后不一,这些都进一步激怒了对他的仪式改革持反对态度的教会人士。1657年,尼孔又设想在莫斯科西面,伊斯特河畔一个风景秀丽的基址上重建一个复活堂(即耶路撒冷的圣墓教堂)。在大教堂周围布置复活修道院其他建筑,整个社区称为"新耶路撒冷"。尼孔的这一大胆计划得到了沙皇阿列克谢的支持,他创建的三个修道院都得到了沙皇的慷慨投资;到1658年,工程在这位大主教的亲自监督下按正常程序开工。但令事情变得越来越复杂的是,尼孔一如后期一些头脑发热独断专行的俄罗斯包工头一样,经常更改设计,将刚刚完成的部分拆了重建。事实上,为了获取建设新耶路撒冷的

（上）图4-287罗斯托夫克里姆林宫。霍杰盖特里亚圣母圣像教堂，东南侧全景

（下）图4-288罗斯托夫克里姆林宫。霍杰盖特里亚圣母圣像教堂，南立面

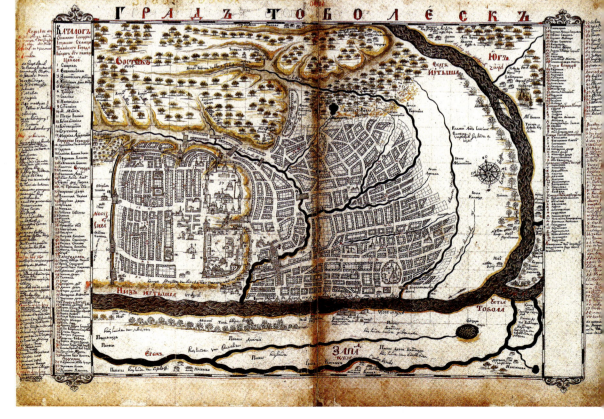

（左上）图4-289罗斯托夫克里姆林宫。霍杰盖特里亚圣母圣像教堂，南立面近景

（左中）图4-290罗斯托夫克里姆林宫。霍杰盖特里亚圣母圣像教堂，东立面细部

（右上）图4-291罗斯托夫克里姆林宫。霍杰盖特里亚圣母圣像教堂，穹顶及鼓座，近景

（下）图4-292托博尔斯克17世纪末城市总平面[取自俄罗斯历史学家、建筑师和地理学者Семён Ульянович Ремезов（约1642~1720年）编著的《Чертёжная книга Сибири》，1699~1701年]

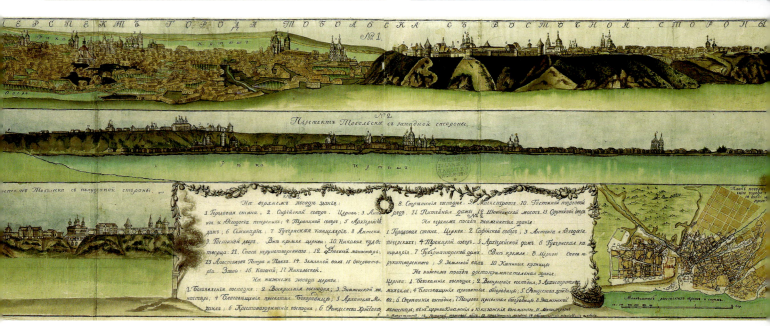

左页：

（上）图4-293托博尔斯克 18世纪初城市全景图[版画，取自丹麦外交官及旅行家、曾任俄国驻中国大使的Eberhard Isbrand Ides（1657~1708年）的著述（《Driejaarige reize naar China》），1710年]

（下）图4-294托博尔斯克 18世纪中叶城市景观（约1750年图版）

（左中）图4-295托博尔斯克 18世纪下半叶城市全景图（版画，1786年）

（右中）图4-296托博尔斯克 19世纪城市全景[版画，作者法国历史学家Alfred Nicolas Rambaud（1842~1905年）]

本页：

（右上）图4-297托博尔斯克 克里姆林。东侧全景

（左上）图4-298托博尔斯克 克里姆林。东南侧景观

（中）图4-299托博尔斯克 克里姆林。东北侧景色

（下）图4-300喀山 城堡（克里姆林）。总平面（1730年，据Anton Sociperov）

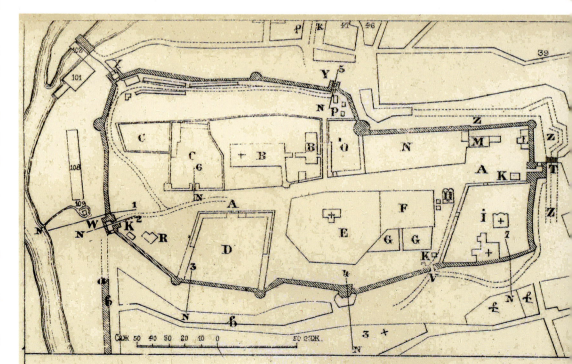

本页：

（上）图4-301喀山 城堡（克里姆林）。全景图（版画，1854年，作者E.T.Turnerelli）

（下）图4-302喀山 城堡（克里姆林）。救世主塔楼，现状

右页：

（左上）图4-303喀山城堡（克里姆林）。宗教法庭塔楼，外景

（右上及下）图4-304喀山 城堡（克里姆林）。显容塔楼，围墙内外景色

建筑材料，他已经动手拆除伊凡雷帝时期最具特色的建筑之一——带有精心设计的平面和帐篷顶塔楼的斯塔里察圣鲍里斯和格列布大教堂（1560~1561年，1804年彻底拆除、夷为平地）。不过，这一行径并不意味着他要摈弃帐篷顶的造型：不仅复活大教堂具有锥形穹顶，新耶路撒冷的埃列翁山礼拜堂（1657年，

900·世界建筑史 俄罗斯古代卷

第四章 17世纪建筑·901

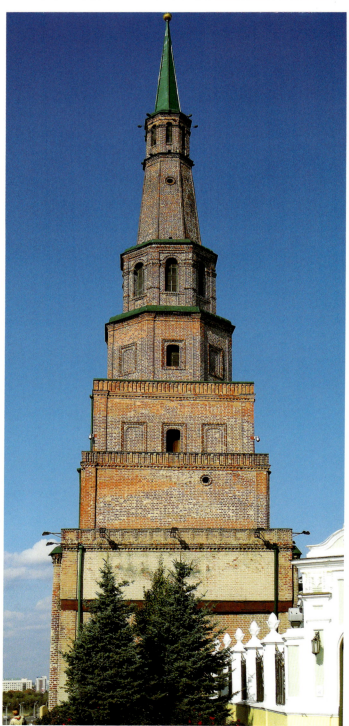

左页:

（左上）图4-305喀山 城堡（克里姆林）。休尤姆贝克塔楼（17世纪下半叶），19世纪景观（西侧，版画，1825年）

（右上）图4-306喀山 城堡（克里姆林）。休尤姆贝克塔楼，19世纪状态（东南侧景色，写生画，作者Э.Турнерелли，1839年）

（左下）图4-307喀山 城堡（克里姆林）。休尤姆贝克塔楼，南侧远景

（右下）图4-308喀山 城堡（克里姆林）。休尤姆贝克塔楼，南侧全景

本页:

图4-309喀山 城堡（克里姆林）。休尤姆贝克塔楼，西南侧全景

同样来自圣地的原型）在低矮的八角形体上也安置了极为典型的帐篷顶塔楼。

为了指导他的匠师们，尼孔调用了有关耶路撒冷古迹的各种信息来源，其中最重要的显然是别尔纳季诺·阿米科已发表的带插图和平面的记述，从设计的类似上亦可证实这点；只有一个大型建筑属例外，可能是基于西方的建筑图样（如菲拉雷特的《论建筑》和伊凡雷帝时期那些还愿教堂之间的联系）。这座新耶路撒冷复活大教堂的造型（宏伟的圆堂，上置锥形穹顶；平面、剖面及剖析图：图4-229~4-231；外景：图4-232~4-235；近景及细部：图4-236~4-238），尽管没有俄罗斯的先例，然而这种做法却符合俄罗斯那种富于幻想的建筑传统，如壕沟边的圣母代祷大教堂（它同样被认为是来自"耶路撒冷"，带有

一个垂直构图中心和系列附属塔楼）。和耶路撒冷的原型一样，复活大教堂由若干要素构成，包括教堂本身、一个钟楼和几个带穹顶的附属礼拜堂，所有这些都位于圆堂东面。

尼孔复制耶路撒冷的目的显然是希望把基督教的这个圣地移植到东正教的国土上，摆脱异教徒的控制；同时通过实地体验耶稣复活（这正是基督教的主要信条）的神圣场景，激励信徒。实际上，他的这种观念（建造一个规模上远远超过17世纪俄罗斯标准的宏大建筑）正是延续了将俄国（主要是莫斯科）作为天国之城[3]所在地的理想。这种理想首先在伊凡雷帝统治时期付诸实施，接着见于鲍里斯·戈杜诺夫克里

本页及左页：

（左上）图4-310喀山 城堡（克里姆林）。休尤姆贝克塔楼，西侧近景

（中上）图4-311喀山 城堡（克里姆林）。休尤姆贝克塔楼，仰视近景

（右上）图4-312喀山 城堡（克里姆林）。休尤姆贝克塔楼，大门细部

（右中）图4-313苏兹达尔 圣叶夫菲米-救世主修道院（约1664年）。自南侧望去的景色

（左下）图4-314苏兹达尔 圣叶夫菲米-救世主修道院。西南侧全景

本页：

（上）图4-315苏兹达尔 圣叶夫菲米-救世主修道院。主塔（入口塔楼），西南侧景色

（下）图4-316苏兹达尔 圣叶夫菲米-救世主修道院。主塔，西北侧（内侧）景色

右页：

（左上）图4-317苏兹达尔 圣叶夫菲米-救世主修道院。主塔，西侧近景

（下）图4-318苏兹达尔 圣叶夫菲米-救世主修道院。西南角塔

（右上）图4-319苏兹达尔 圣叶夫菲米-救世主修道院。南侧围墙，现状

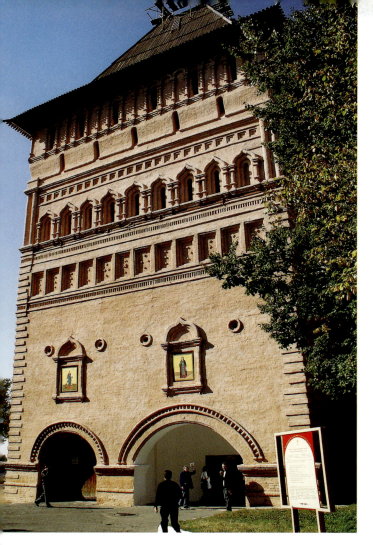

姆林宫中央组群的设计（所谓"圣中之圣"，只是未能完成）。

莫斯科的圣母代祷大教堂现一般均称作圣瓦西里教堂，祭祀对象的这一微妙变化表明，戈杜诺夫和尼孔的项目实际上也都和创建者个人有着密切的关联（戈杜诺夫时期增建的伊凡大帝钟楼顶部的铭文，更明确地昭示了这点），尼孔这座建筑的巨大尺度因此颇遭非议。1658年尼孔离职后，退隐到新耶路撒冷，

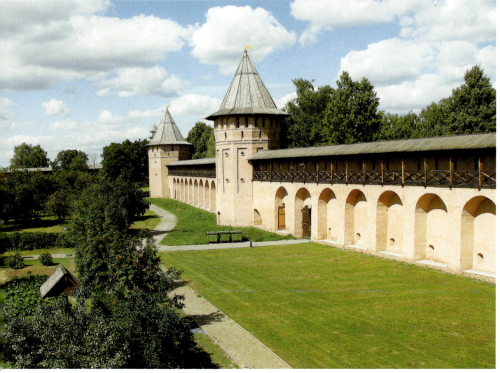

本页：

（左上）图4-320苏兹达尔 圣叶夫菲米-救世主修道院。东南角塔，外侧

（右上）图4-321苏兹达尔 圣叶夫菲米-救世主修道院。东南角塔，内侧景色

（下）图4-322苏兹达尔 圣叶夫菲米-救世主修道院。东侧围墙，内侧，向北望去的景色

（右中）图4-323苏兹达尔 圣叶夫菲米-救世主修道院。西南角塔，内侧景色

右页：

（上）图4-324苏兹达尔 圣亚历山大·涅夫斯基修道院。耶稣升天教堂及钟塔（1695年），西北侧远景

（中）图4-325苏兹达尔 圣亚历山大·涅夫斯基修道院。耶稣升天教堂及钟塔，东南侧远景

（下）图4-326苏兹达尔 圣亚历山大·涅夫斯基修道院。耶稣升天教堂及钟塔，东南侧全景

这一举动颇似当年伊凡雷帝隐退到亚历山德罗夫-斯洛博达,然而其结局却不一样。在1667年宗教会议之后,尼孔被逐出新耶路撒冷乐园(在那里,他原有一套独立的修道宫邸),流放到北面的圣西里尔-别洛焦尔斯克修道院(即圣西里尔白湖修道院)。1681年获释后,在自流放地返回莫斯科的途中,死在雅罗斯拉夫尔。

尽管新耶路撒冷的工程在尼孔被流放后一度中止,但1679年在沙皇费奥多尔命令下再次上马。1684年大教堂完工后,修道院周围的木结构亦用砖按华丽

的"莫斯科巴洛克"风格重建。大教堂本身在这种风格某些最突出特点的演进上起到了重要的作用,如复兴集中式塔楼教堂和采用某些来自西方的外部装饰形式。尽管这个工程给人们留下了深刻的印象,但由于西端墙体损毁,导致圆堂和砖构屋顶于1723年倒塌。之后莫斯科建筑师[如米丘林和阿列克谢·叶夫拉舍夫

(上)图4-327科斯特罗马 伊帕季耶夫三一修道院。西南侧俯视全景

(中上)图4-328科斯特罗马 伊帕季耶夫三一修道院。东北侧冬季景色(远处为科斯特罗马河与伏尔加河交汇口)

(中下)图4-329科斯特罗马 伊帕季耶夫三一修道院。北侧景观

(下)图4-330科斯特罗马 伊帕季耶夫三一修道院。东侧全景,前景为科斯特罗马河

（1706~1760年）]提出了各种各样的重建方案；但这个项目最后落到了巴尔托洛梅奥·弗朗切斯科·拉斯特列里手里，他设计了一个宏伟的木构锥形屋顶，配置了三层带白色巴洛克边饰的屋顶窗，为带有精巧雕刻和绘画的穹顶室内采光（见图4-232等）。1756~1761年，圆堂墙体进行了修复，圆锥形屋顶亦用木料重建（施工主持人为卡尔·布兰克）。同一时期，在拉斯特列里主持下室内重新进行装修，采用了华丽的后期巴洛克风格（见图4-230）。它一直保留到1941年

（中）图4-331科斯特罗马 伊帕季耶夫三一修道院。入口塔楼，西侧现状

（上）图4-332科斯特罗马 伊帕季耶夫三一修道院。三一大教堂（1590年，1650~1652年重建），西北侧景色（水彩画，作者В.А.Плотников）

（下）图4-333科斯特罗马 伊帕季耶夫三一修道院。三一大教堂，西北地段全景

(上)图4-334科斯特罗马 伊帕季耶夫三一修道院。三一大教堂,北立面景色

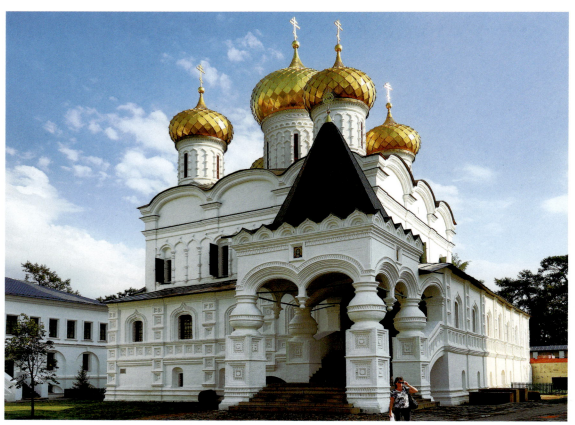

(下)图4-335科斯特罗马 伊帕季耶夫三一修道院。三一大教堂,西北侧全景

末,其时大教堂在莫斯科保卫战中遭到严重破坏。

三、罗斯托夫大主教治下的建筑

尽管新耶路撒冷的建设历经坎坷,几度兴衰,但建造一个包罗万象的封闭建筑群、在物质上体现宗教王国的理想,在教会高层人士中从未泯灭,况且他们还掌握着实现其愿望的足够资源。在这方面,最成功的当属尼孔的门徒、罗斯托夫大主教焦纳·瑟索耶维奇(约1607~1690年)。这位地方牧师的儿子在罗斯

（上）图4-336科斯特罗马 伊帕季耶夫三一修道院。三一大教堂，穹顶近景

（下）图4-337科斯特罗马 伊帕季耶夫三一修道院。三一大教堂，室内，中央穹顶及拱顶仰视

第四章 17世纪建筑·913

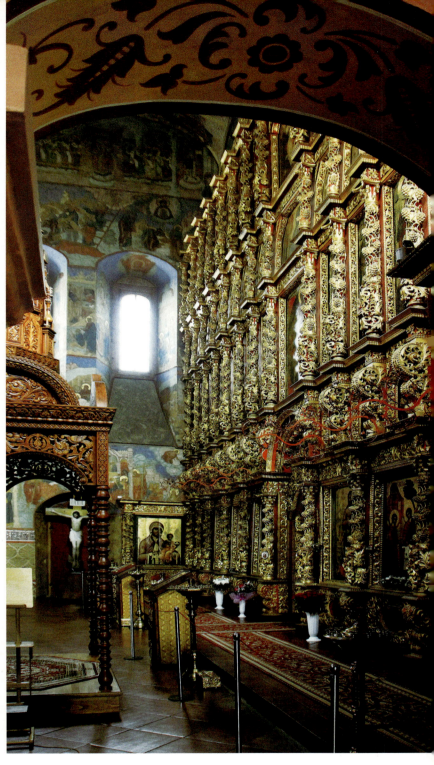

本页及左页：

（左上）图4-338科斯特罗马 伊帕季耶夫三一修道院。三一大教堂，边廊仰视

（左下）图4-339科斯特罗马 伊帕季耶夫三一修道院。三一大教堂，圣像屏帐仰视

（右）图4-340科斯特罗马 伊帕季耶夫三一修道院。三一大教堂，圣像屏帐侧景

（中上）图4-341科斯特罗马 伊帕季耶夫三一修道院。三一大教堂，柱墩及壁画

第四章 17世纪建筑·915

托夫修道院崭露头角，1652年被新当选的全俄大主教尼孔任命为罗斯托夫大主教（按：这里说的罗斯托夫位于雅罗斯拉夫尔西南，不是更有名气的顿河畔罗斯托夫）。在尼孔于1658年离职后，被指命暂时代理大主教职务的焦纳对导师仍然忠心不渝，这种立场使他在17世纪60年代尼孔企图复辟时一度失宠于沙皇。

本页及右页：
（左上）图4-342科斯特罗马 伊帕季耶夫三一修道院。三一大教堂，窗洞及壁画
（下）图4-343圣谢尔久斯三一修道院。自东南方向望去的景色
（右上）图4-344圣谢尔久斯三一修道院。东侧（入口处）景观

不过，焦纳终于设法再次取得了最高统治者的信任，并利用他在罗斯托夫的地位调动资源大兴土木，事实上建成了一座颇具规模的理想城，为彼得大帝创建其"面对西方的窗口"（'window on the west'，即彼得堡）树立了榜样，尽管这位大主教的创作理念和来源与世俗的彼得堡相去甚远。焦纳实际上仅能支配16000名农奴和在自己这个繁荣的大教区内能找到的最优秀的匠师，和彼得大帝相比，显然他更能合理地应用自己有限的手段；在20年期间（1670~1690年），他的工匠们不仅建造了几栋大型教堂、大主教宫廷的建筑和宫邸，还建成了带塔楼和城门教堂的宏伟城墙（通称罗斯托夫克里姆林宫，位于涅罗湖北岸；总平面：图4-239；西门立面：图4-240；外景：

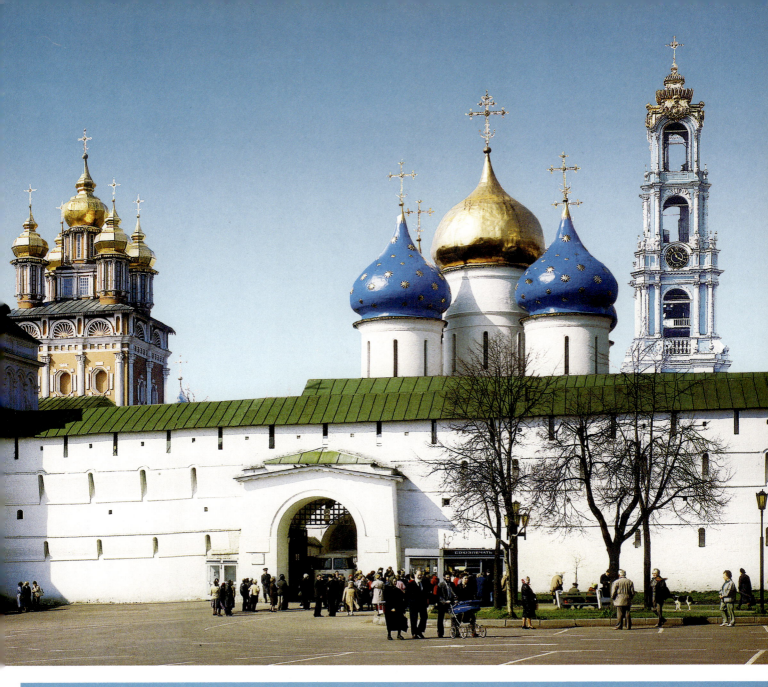

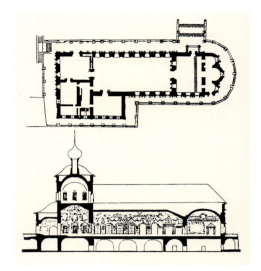

本页：

（左上）图4-345圣谢尔久斯三一修道院。周五塔（1640年）

（右上）图4-346圣谢尔久斯三一修道院 圣谢尔久斯餐厅教堂（1686~1692年）。平面及剖面（据V.Baldin）

（左下）图4-347圣谢尔久斯三一修道院 圣谢尔久斯餐厅教堂。东北侧外景

右页：

（左上）图4-348圣谢尔久斯三一修道院 圣谢尔久斯餐厅教堂。西侧景色

（右上）图4-349圣谢尔久斯三一修道院 圣谢尔久斯餐厅教堂。北立面东门廊边侧墙龛及圣像画

（左中）图4-350圣谢尔久斯三一修道院 圣谢尔久斯餐厅教堂。北立面西门廊内景

（右中）图4-351圣谢尔久斯三一修道院 圣谢尔久斯餐厅教堂。西北端近景

（右下）图4-352圣谢尔久斯三一修道院 圣谢尔久斯餐厅教堂。大厅内景

（左下）图4-353圣谢尔久斯三一修道院 圣谢尔久斯餐厅教堂。大厅东侧屏栏

图4-241~4-248；塔楼：图4-249~4-252）。相邻的圣母安息大教堂（见图2-277等）为大主教组群提供了宏伟建筑的样板，高大的钟楼在景观上和它们连在一起（图4-253~4-257）。建于1682~1687年的钟楼由两个相邻结构组成，年代较晚但较高的一个内置最重的一口大钟["瑟索伊"（Sysoi）钟，重36吨，以焦纳父亲的名字命名]。在钟楼较大的3跨间区段内，共安置了12口钟。

克里姆林宫北入口位于大教堂和钟楼这组建筑南侧，两个带球根状穹顶的粗壮塔楼之间为建于1670年的门楼教堂（复活教堂；历史图景：图4-258；外景：图4-259~4-262；近景及细部：图4-263、

第四章 17世纪建筑·919

4-264）。其穹顶下的尖顶山墙使人想起木建筑形式，教堂南立面和西立面高起的附属廊道亦然。立面均由壁柱条带分为3个跨间，底层各种式样的大门和上层拱廊采用了大量的拱券造型。室内没有柱墩，墙面满覆壁画，其色调及构图可与最好的雅罗斯拉夫尔

本页及左页：
（左上）图4-354圣谢尔久斯三一修道院 圣谢尔久斯餐厅教堂。圣所内景
（左下）图4-355圣谢尔久斯三一修道院 圣谢尔久斯餐厅教堂。圣像屏帏及拱顶仰视
（中上）图4-356圣谢尔久斯三一修道院 圣谢尔久斯餐厅教堂。西门厅壁画
（右上）图4-357圣谢尔久斯三一修道院 施洗者约翰教堂（门楼教堂，1513年，1692~1699年重建）。西南侧地段形势
（右下）图4-358圣谢尔久斯三一修道院 施洗者约翰教堂（门楼教堂）。西南侧全景

第四章 17世纪建筑·921

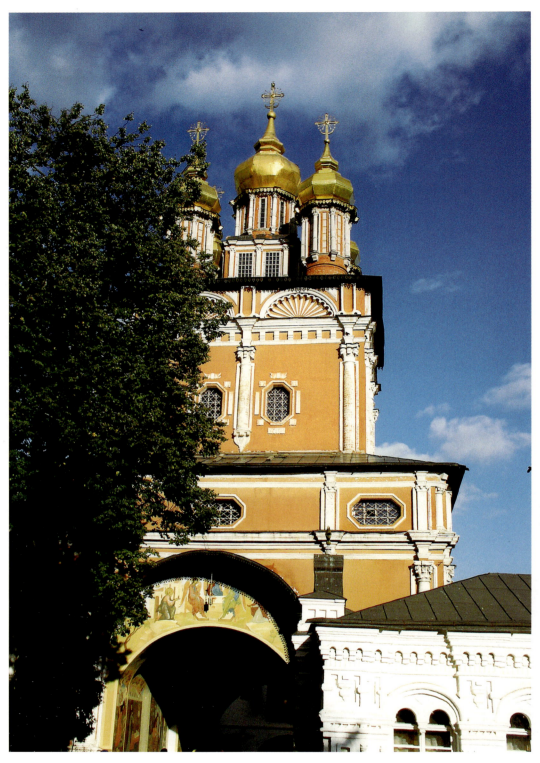 

作品媲美。

围墙以内布置和大主教教区相关的建筑，包括作为大主教宫邸的红宫（图4-265~4-267）。宫邸位于围墙西南角，建于1672~1680年，为一平面"L"形高两层的结构，上置四坡屋顶。主层可通过一个带顶的门廊和台阶上去，门廊和楼梯平台上均起帐篷顶塔楼。室内空间包括一个由中央柱墩支撑的大厅（为15世纪诺夫哥罗德引进的一种结构形制）。和宫邸以通道相连的所谓"库房上的救世主教堂"建于1675年，位于作贮存用的地下室之上，为大主教的祈祷礼拜堂和圣乐演出场所（图4-268~4-270）。教堂室内饰有场院内最华美的壁画（图4-271）。宫邸外西围墙处为组群的第二个重要的门楼教堂（供奉神学家圣约翰，建于1683年，两侧布置大型塔楼；平面及立面：图

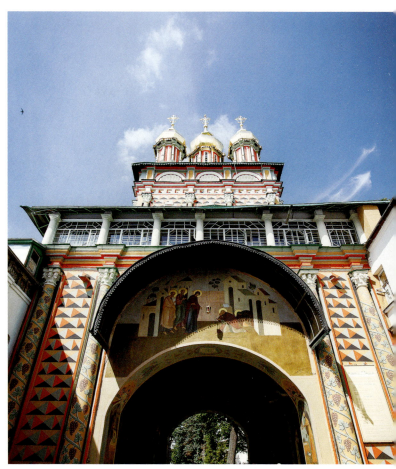

本页及左页：

（左）图4-359圣谢尔久斯三一修道院 施洗者约翰教堂（门楼教堂）。西侧近景

（中）图4-360圣谢尔久斯三一修道院 施洗者约翰教堂（门楼教堂）。西北侧景色

（右）图4-361圣谢尔久斯三一修道院 施洗者约翰教堂（门楼教堂）。东侧近景（近期整修后的效果）

4-272、4-273；外景：图4-274~4-279；近景及细部：图4-280~4-284；内景：图4-285）。教堂装饰精美，尖矢拱券檐壁效法邻近的圣母安息大教堂。教堂的半圆室部分则如焦纳在克里姆林宫内建的所有教堂一样，为低矮的3跨间突出结构，上部按木结构样式配置屋顶。

在焦纳1690年去世后，其未竟事业在大主教约瑟法特主持下得以延续，后者在接下来的十年期间建造了一批附属建筑和霍杰盖特里亚圣母圣像教堂（外景：图4-286~4-288；近景及细部：图4-289~4-291）。教堂墙面满覆具有立体效果的菱锥形砌体图案（为16世纪早期意大利匠师引进到俄罗斯的装饰手法，在整个俄罗斯，从科斯特罗马到扎戈尔斯克，至17世纪末，装饰风的流行促成了技术上的复兴）。约

第四章 17世纪建筑 · 923

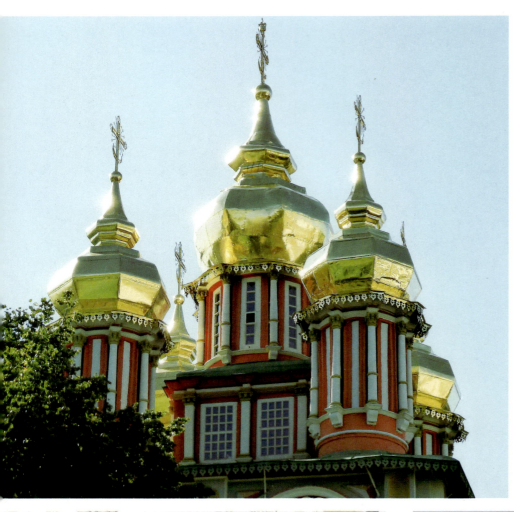

（上）图4-362圣谢尔久斯三一修道院 施洗者约翰教堂（门楼教堂）。穹顶近景

（左下）图4-363圣谢尔久斯三一修道院 施洗者约翰教堂（门楼教堂）。拱门内景

（右下）图4-364圣谢尔久斯三一修道院"鸭塔"（16世纪中叶，1676~1682年）。东南侧全景

瑟法特1701年过世后，罗斯托夫克里姆林宫很少再建其他项目，也没有什么值得一提的建筑特色。实际上，由于建筑群的构思是从整体环境着眼，进一步的发展势必会破坏原有的设计肌理。从这个意义上可以说，它正是光辉再现了俄罗斯中世纪的文化。

(左右两幅)图4-365圣谢尔久斯三一修道院"鸭塔"。西侧现状

在这时期的俄罗斯,还有一批其他城镇的建设,虽属世俗性质,但在很大程度上仍然依靠教会人士的权威和企划。西伯利亚的发展为新城镇的创立提供了可能,如建有三个相邻城堡的托博尔斯克(这三个组群——圣索菲亚宫院、商业区和克里姆林——全都俯瞰着额尔齐斯河)。在遭受了几次火灾的破坏后,市中心及其城堡的重建工程于17世纪80年代在西伯利亚大主教保罗的主持下正式启动[这项工作同时得到了

(上)图4-366莫斯科 兹纳缅斯基修道院。罗曼诺夫(波维尔)宫邸(1857~1859年修复),现状

(下)图4-367莫斯科 兹纳缅斯基修道院。圣母圣像大教堂(1679~1684年),西北侧景色

（上）图4-368莫斯科 兹纳缅斯基修道院。圣母圣像大教堂，西立面全景

（下）图4-369莫斯科 兹纳缅斯基修道院。圣母圣像大教堂，东南侧全景

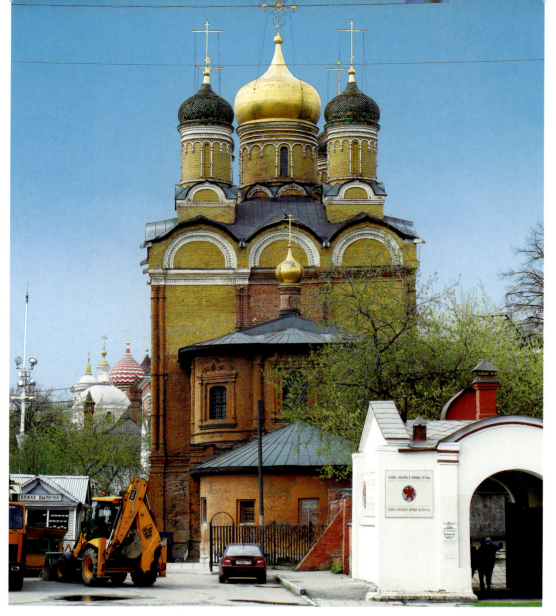

（上）图4-370莫斯科 兹纳缅斯基修道院。圣母圣像大教堂，东立面景色

（下两幅）图4-371莫斯科 兹纳缅斯基修道院。圣母圣像大教堂，南侧山墙及窗饰细部

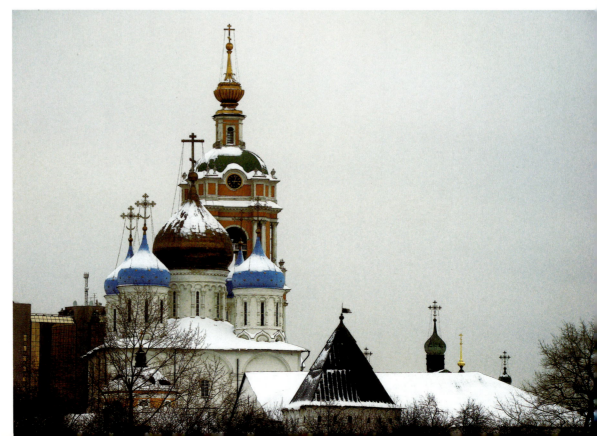

（上）图4-372莫斯科 兹纳缅斯基修道院。圣母圣像大教堂，穹顶近景

（下）图4-373莫斯科 新救世主修道院。主显圣容大教堂（1645~1651年），西侧远景

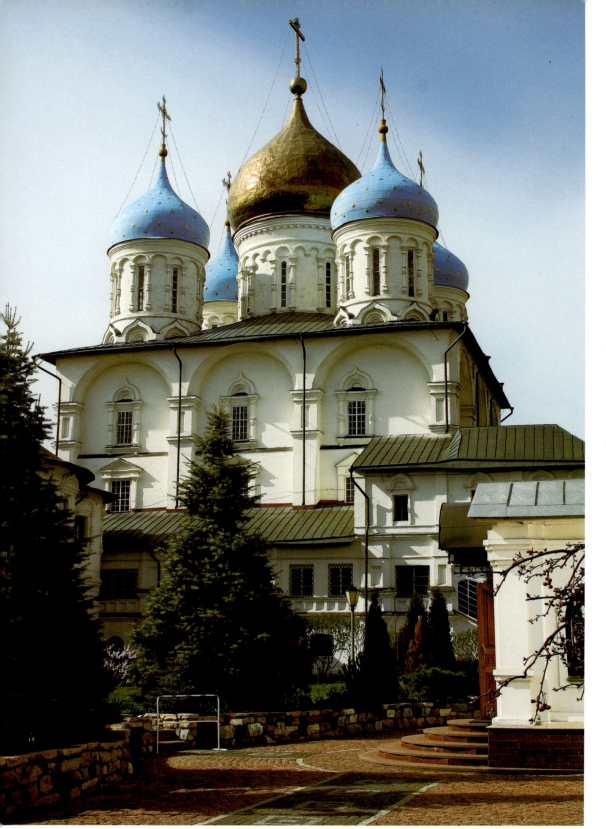

图4-374莫斯科 新救世主修道院。主显圣容大教堂,南侧全景

莫斯科西伯利亚局(Moscow's Siberian Office)的支持]。基于城市在战略上的重要地位,沙皇彼得一世在该世纪90年代进一步加大了投资力度,受命主持该项工作的地方官员谢苗·列梅佐夫还于1698年被召到莫斯科去学习"意大利"的建筑手册以弥补他在城市规划和建筑设计方面知识上的欠缺。1699年列梅佐夫建造新克里姆林宫的计划得到批准,1711年新的地方长官(M.V.加加林)上任后继续推动这一宏大工程(各时期城图:图4-292~4-296;克里姆林:图4-297~4-299)。但由于资金不足,列梅佐夫这个包罗万象的城市建设计划尽管开始时搞得轰轰烈烈,最后并没有能全面实现。

（上）图4-375莫斯科 新救世主修道院。主显圣容大教堂，东侧景色

（下）图4-376莫斯科 新救世主修道院。主显圣容大教堂，穹顶近景

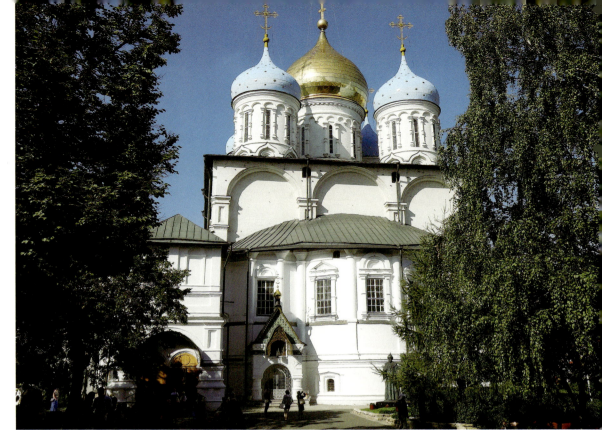

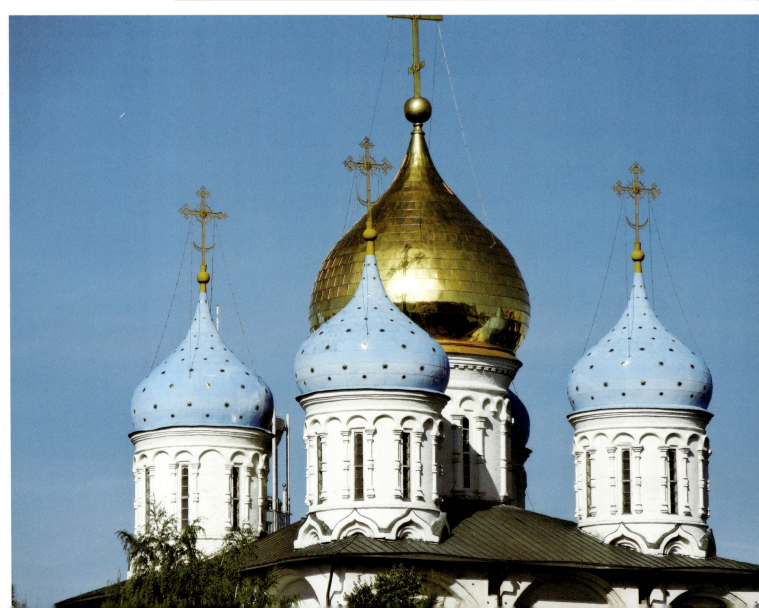

（上）图4-377莫斯科 新救世主修道院（围墙1640年代）。西侧全景

（下）图4-379莫斯科 伊斯梅洛沃。圣母代祷大教堂，西侧远景

到17世纪后期，其他城市同样建造了新的城堡围墙和塔楼，实际上它们主要是起象征威慑作用而不是真正具有军事价值。喀山在1672年大火后重建了克里姆林围墙（总平面：图4-300；全景图：图4-301；围墙及塔楼：图4-302~4-304）。其主要地标建筑是休尤姆贝克塔楼（其名来自伊凡雷帝时期的一个鞑靼王妃；历史图景：图4-305、4-306；外景及细部：

（上）图4-378莫斯科 伊斯梅洛沃。圣母代祷大教堂（1671~1679年），19世纪末景色（绘画，作者K.Bodri）

（下）图4-380莫斯科 伊斯梅洛沃。圣母代祷大教堂，西立面全景（两侧结构属19世纪）

第四章 17世纪建筑·933

左页：

图4-381莫斯科 伊斯梅洛沃。圣母代祷大教堂，西北侧近景

本页：

图4-382莫斯科 伊斯梅洛沃。圣母代祷大教堂，西立面，入口门廊

图4-307~4-312）。有许多传说都涉及这位王妃和塔楼（或某个早期类似结构）的关系，现存结构实际上系作为观测塔建于17世纪下半叶，主持匠师很可能来自莫斯科。莫斯科克里姆林宫各塔楼也正是在这期间（17世纪60~80年代）获得了分层叠置、上部设尖塔的结构造型；特别是博罗维奇塔楼（位于克里姆林宫围墙西南中世纪西门的基址上，建于1490年，主持人彼得罗·安东尼奥·索拉里，退进的上部结构系1666~1680年代增建），很可能是喀山这座建筑的原型[塔楼高58米，如此高的结构必须依赖高质量的砖和厚重的基础（其厚度与伊凡大帝钟楼差不多）]。

第四章 17世纪建筑·935

本页：

（左）图4-383莫斯科 伊斯梅洛沃。圣母代祷大教堂，门廊细部
（右）图4-384莫斯科 伊斯梅洛沃。圣母代祷大教堂，窗饰细部

右页：

（上）图4-385莫斯科 伊斯梅洛沃。圣母代祷大教堂，山墙装饰
（左下）图4-386莫斯科 伊斯梅洛沃。圣母代祷大教堂，穹顶细部
（右下）图4-387莫斯科 伊斯梅洛沃。大门（西门，1682年），19世纪景观（版画，1866年）

四、修道院建筑的繁荣

尽管1649年的法典对修道院的财富（在城市和乡间拥有的土地及劳动力）作出了一定的限制，但在17世纪下半叶，修道院在经济、政治和文化上的影响力仍然很大，许多还得到了来自沙皇家族成员、富足的贵族和商贾的大量赞助。有的进一步进行了扩建，其规模使人想起焦纳的工程，特别是苏兹达尔的圣叶夫菲米-救世主修道院，建造了带高大围墙的城堡和十二个塔楼（建于1664年，即在罗斯托夫的大主教宫

院开始建造前不久；外景：图4-313、4-314；围墙及塔楼：图4-315~4-323）。

事实上，拥有上万名农奴的圣叶夫菲米修道院很可能是希望以模仿莫斯科克里姆林宫的方式来重申教会的政治权力。作为德米特里·波扎尔斯基王公的埋葬地（1642年），这座修道院原本具有世俗祠堂的性质，在18世纪初还经常用于举办州务活动。平面方形

左页：

（左上）图4-388莫斯科 伊斯梅洛沃。大门，西北侧现状

（右上）图4-389莫斯科 伊斯梅洛沃。大门，西侧全景

（右下）图4-390莫斯科 伊斯梅洛沃。大门，东侧全景

（左下）图4-391莫斯科 伊斯梅洛沃。大门，顶塔，东侧近景

本页：

（左上）图4-392莫斯科 伊斯梅洛沃。大门，券门近景

（右上）图4-393苏兹达尔 圣母圣袍女修道院。大门（1688年），东侧远景

（右中）图4-394苏兹达尔 圣母圣袍女修道院。大门，西侧地段形势

（下）图4-395苏兹达尔 圣母圣袍女修道院。大门，西侧全景

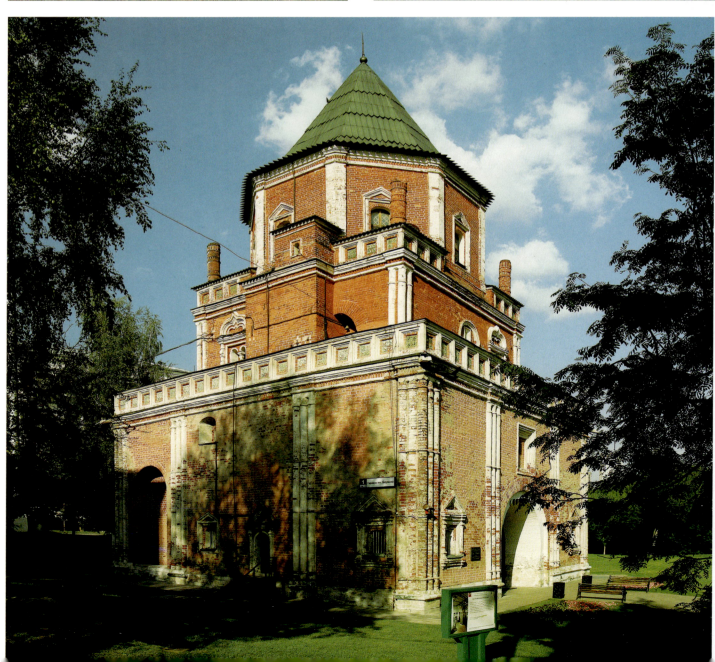

左页：

（左上）图4-396莫斯科 伊斯梅洛沃。入口塔楼（1679年），东侧现状

（右上）图4-397莫斯科 伊斯梅洛沃。入口塔楼，东南侧全景

（下）图4-398莫斯科 伊斯梅洛沃。入口塔楼，西南侧景观

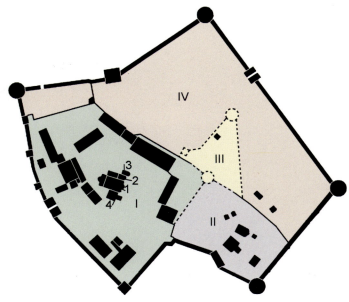

高22米的主要塔楼不仅以其庞大的形体，同时也以其华丽的檐壁、配有"哥特式"尖券的成排窗边饰构成了建筑群的宏伟入口。其他的苏兹达尔修道院同样得到沙皇家族的捐赠。圣亚历山大·涅夫斯基修道院的耶稣升天教堂系1695年由纳塔莉亚·纳雷什金娜（沙皇阿列克谢的第二任妻子和彼得一世的母亲）投资兴建，这座壮美的建筑展现了17世纪后期的建筑装饰部

本页：

（上）图4-399莫斯科 伊斯梅洛沃。入口塔楼，南立面近景

（下两幅）图4-400圣西里尔-别洛焦尔斯克修道院（圣西里尔白湖修道院，1660年代）。总平面及地段卫星图，总平面图中：I、圣母安息修道院，II、伊万修道院，III、卫城，IV、新城；1、圣母安息大教堂，2、弗拉基米尔教堂，3、叶皮法尼教堂，4、基里尔教堂

本页：

（上）图4-401圣西里尔-别洛焦尔斯克修道院（圣西里尔白湖修道院）。19世纪末景色（版画，1897年）

（中）图4-402圣西里尔-别洛焦尔斯克修道院（圣西里尔白湖修道院）。西北侧全景（自湖面上望去的景色）

（下）图4-403圣西里尔-别洛焦尔斯克修道院（圣西里尔白湖修道院）。西南侧景色（自结冰的湖面上望去的情景）

右页：

（上下两幅）图4-404圣西里尔-别洛焦尔斯克修道院（圣西里尔白湖修道院）。南侧，全景及西区景观

件，设计的成熟可与莫斯科的作品媲美（图4-324~4-326）。

在这时期的俄罗斯，开始出现了某些起到学术中心、乃至世俗科学院作用的修道院。这类中心中较著名的有科斯特罗马的伊帕季耶夫三一修道院（图4-327~4-331），其中收藏了最重要的一部古代俄罗斯的编年史。在动乱的1613年，修道院还成为刚被立为沙皇的年轻人米哈伊尔·罗曼诺夫及其母亲的避难所，在接下来的三个世纪里，修道院得到了沙皇家族慷慨的捐赠。1649年，最初建于1590年的修道院三一

本页及右页：

（左上）图4-405圣西里尔-别洛焦尔斯克修道院（圣西里尔白湖修道院）。东南侧，围墙及塔楼

（中下）图4-406圣西里尔-别洛焦尔斯克修道院（圣西里尔白湖修道院）。东角塔楼（自西面望去的景色）

（左中）图4-407圣西里尔-别洛焦尔斯克修道院（圣西里尔白湖修道院）。东北侧围墙北段（自南向北望去的景色，左为北角塔楼，右为东北侧围墙中间塔楼）

（右上）图4-408圣西里尔-别洛焦尔斯克修道院（圣西里尔白湖修道院）。西北角塔楼（自东南方向望去的景色）

（中上及右下）图4-409莫斯科 西蒙诺夫修道院（1370年，17世纪中叶改建）。残存塔楼及顶塔近景

944·世界建筑史 俄罗斯古代卷

大教堂因地下室贮存的火药桶爆炸而倒塌（在俄国城市，砖石砌筑的教堂常被视为安全的贮存场所，类似的事件并非孤例），沙皇阿列克谢当即拨款重建。其宏伟的设计是16世纪早期雅罗斯拉夫尔的显容大教堂和一个世纪以后雅罗斯拉夫尔地区教堂的平面相结合的产物（外景及细部：图4-332~4-336；内景：图4-337~4-342）。

俄国修道院中影响力最大的仍属圣谢尔久斯三一

(左上）图4-410莫斯科 西蒙诺夫修道院。炮口塔楼（17世纪40年代），近景

（下）图4-411莫斯科 西蒙诺夫修道院。餐厅（1677~1685年），北立面复原图（取自Академия Стройтельства и Архитестуры СССР：《Всеобщая История Архитестуры》，II，Москва，1963年）

(右上）图4-412莫斯科 西蒙诺夫修道院。餐厅，西立面，残迹原状（老照片）

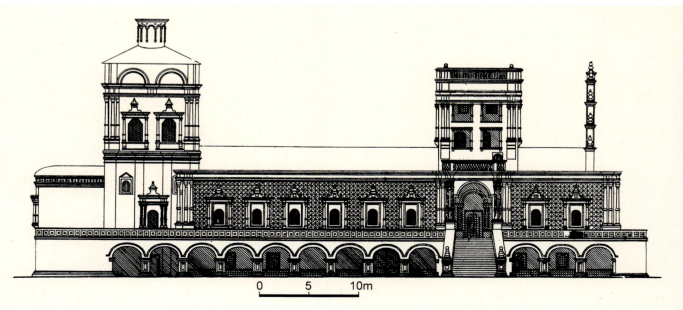

(上下两幅)图4-413 莫斯科 西蒙诺夫修道院。餐厅,西立面,现状全景及近观

第四章 17世纪建筑·947

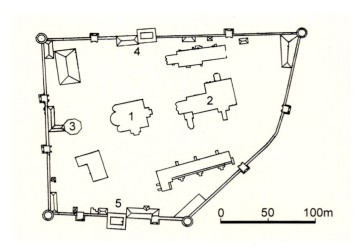

本页及右页:

(左上)图4-414莫斯科 新圣女修道院(斯摩棱斯克修道院,16~17世纪)。总平面(取自Академия Стройтельства и Архитестуры СССР:《Всеобщая История Архитестуры》, II, Москва, 1963年),图中:1、大教堂,2、餐厅教堂,3、钟塔,4、南门,5、北门

(左下)图4-415莫斯科 新圣女修道院(斯摩棱斯克修道院)。模型(自东北面望去的景色)

(右下)图4-416莫斯科 新圣女修道院(斯摩棱斯克修道院)。东北侧俯视景色

(右上)图4-417莫斯科 新圣女修道院(斯摩棱斯克修道院)。北侧全景

修道院,在抗击波兰-立陶宛联军时它所发挥的堡垒作用使它不仅博得了广泛的敬重,同时在整个17世纪都获得大量的赞助。由于在彼得一世掌权的两个关键时刻修道院起到了重要的作用(彼得分别于1682和1689年,为躲避军人叛乱和宫廷阴谋到此避难),至该世纪的最后20年,在皇室的大力支持下,建筑尤为宏伟壮观(外景:图4-343、4-344;周五塔:图4-345)。

在17世纪80至90年代,修道院建了一批具有宫殿样式的新建筑。其中最引人注目的是由沙皇彼得和伊凡五世投资建造的圣谢尔久斯餐厅教堂(1686~1692年),立面丰富的细部使它成为俄国后期装饰风格的典范(平面及剖面:图4-346;外景及细部:图4-347~4-351;内景:图4-352~4-356)。俄罗斯这种带附加石构教堂的餐厅(含厨房)最早出现在莫斯科克里姆林宫的丘多夫修道院(15世纪末)。此后,几个主要修道院(包括女修道院)也都有了类似的建筑。圣谢尔久斯三一修道院最早的餐厅属16世纪60年代,附属教堂系1621年增建。17世纪后期的圣谢尔久斯餐厅教堂长85米(包括外部台地),餐厅部分长34

第四章 17世纪建筑·949

本页：
图4-418莫斯科 新圣女修道院（斯摩棱斯克修道院）。纳普鲁德塔楼，院内景观

右页：
（左上）图4-419莫斯科 新圣女修道院（斯摩棱斯克修道院）。庇护塔，现状

（左下）图4-420莫斯科 新圣女修道院（斯摩棱斯克修道院）。塞通塔，外景

（右上）图4-421莫斯科 新圣女修道院（斯摩棱斯克修道院）。扎特拉列兹塔楼，现状

（右下）图4-422莫斯科 新圣女修道院（斯摩棱斯克修道院）。圣母安息餐厅教堂（1685~1687年），南侧，东段景色

米，未设中央立柱，两层高的教堂上置穹式拱顶（见图4-346）。室内饰有壁画及镀金装饰，外部窗边饰配华美的立柱，为1682年莫斯科克里姆林宫多棱宫窗户扩大时首次引进的形式（见图2-185）。外墙的彩色棱锥砌体造型同样是来自多棱宫。

类似的装饰尚见于修道院的主要门楼（东门）教堂，这座供奉施洗者约翰的建筑最初建于1513年，1692~1699年由斯特罗加诺夫家族提供资金重建（图4-357~4-363）。从风格上看，它和同时期建造的一批华美的俄国修道院教堂属同一组群（如新圣女修道院的显容门楼教堂，见图4-427等）。这些色彩亮丽的教堂通常都在檐口以上采用贝壳状花饰，所用柱式部件仅起装饰作用，并无结构或构造功能，尽管在进入圣区的时候，它们往往是人们注意的焦点。

在圣谢尔久斯三一修道院，象征着天堂乐园的华美装饰甚至影响到城堡塔楼，在17世纪中叶，这些塔楼都进行了大规模加固。到该世纪末，一些塔楼加了纯装饰性的上部结构（以砖和石灰石砌造），如东北角的"鸭塔"（因尖顶上有一只鸭子的雕刻造型而名；图4-364、4-365）。建于1676~1682年的这部分采用

(上)图4-423莫斯科 新圣女修道院(斯摩棱斯克修道院)。圣母安息餐厅教堂,南侧,西段景色

(下)图4-424莫斯科 新圣女修道院(斯摩棱斯克修道院)。圣母安息餐厅教堂,东端雪景

(上)图4-425莫斯科 新圣女修道院（斯摩棱斯克修道院）。圣母安息餐厅教堂，东北侧近景

(下)图4-426莫斯科 新圣女修道院（斯摩棱斯克修道院）。圣母安息餐厅教堂，大厅内景

层叠构图，高度相当塔楼基部结构，表现出来自荷兰的影响，有些类似雅罗斯拉夫尔托尔奇科沃施洗者约翰教堂的钟塔（见图4-189、4-190）。

在莫斯科本身，17世纪后期留存下来的修道院建筑表现极其多样化，其中最早的实例是中国城内兹纳缅斯基修道院的圣母圣像大教堂[4]。修道院位于波维尔罗曼诺夫家族场院内，1631年创建时曾得到米哈伊尔·罗曼诺夫母亲的大力资助（场院内的罗曼诺夫宫邸于1857~1859年在宫廷建筑师弗里德里克·里希特主持下进行了修复，图4-366）。但建于1679~1684年的大教堂并没有奢华的装饰（主持建造的匠师来自科斯特罗马），而是沿袭古朴的纪念风格，使人想起诺夫哥罗德建筑，山墙和屋顶结构系仿木建筑样式（外景：图4-367~4-370；近景及细部：

第四章 17世纪建筑·953

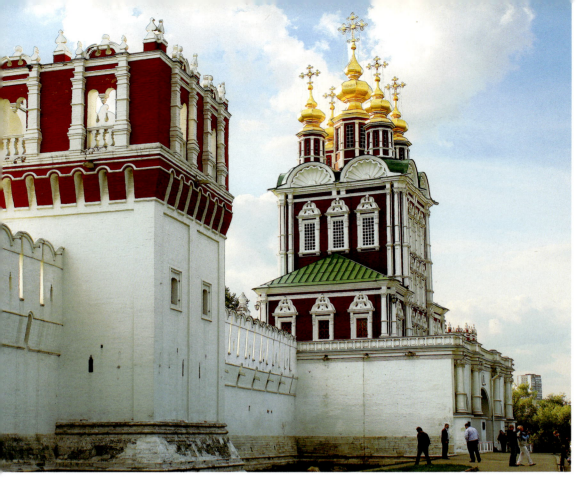

本页及右页：

（左上）图4-427莫斯科 新圣女修道院（斯摩棱斯克修道院）。显容门楼教堂（1687~1689年），东侧，地段形势

（中）图4-428莫斯科 新圣女修道院（斯摩棱斯克修道院）。显容门楼教堂，东侧全景

（左下）图4-429莫斯科 新圣女修道院（斯摩棱斯克修道院）。显容门楼教堂，东北侧全景

（右）图4-430莫斯科 新圣女修道院（斯摩棱斯克修道院）。显容门楼教堂，西侧景色

图4-371、4-372）。新救世主修道院的主显圣容大教堂（1645~1651年）则再现了16世纪大型修道院教堂的五穹顶形制（图4-373~4-376）。长期以来得到俄国统治者惠顾的这座修道院在动乱时期遭到抢劫和

破坏，此后在沙皇米哈伊尔和阿列克谢的支持下进行了修复和改建，并一直得到罗曼诺夫和舍列梅捷夫家族的厚爱，有些皇室成员就葬在其围墙内（图4-377）。

采用五穹顶形制的教堂可搭配各种装饰方案，如位于莫斯科东北边界处伊斯梅洛沃的圣母代祷大教堂，就在室外大量采用了釉陶装饰板块（1671~1679年；外景：图4-378~4-380；近景及细部：图4-381~4-

第四章 17世纪建筑·955

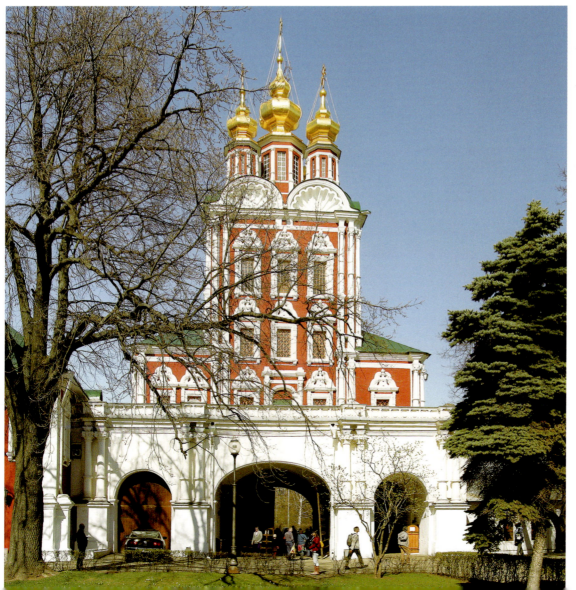

（上）图4-431莫斯科 新圣女修道院（斯摩棱斯克修道院）。显容门楼教堂，南侧远景

（下）图4-432莫斯科 新圣女修道院（斯摩棱斯克修道院）。显容门楼教堂，南侧全景

图4-433莫斯科 新圣女修道院（斯摩棱斯克修道院）。显容门楼教堂，东南侧近景

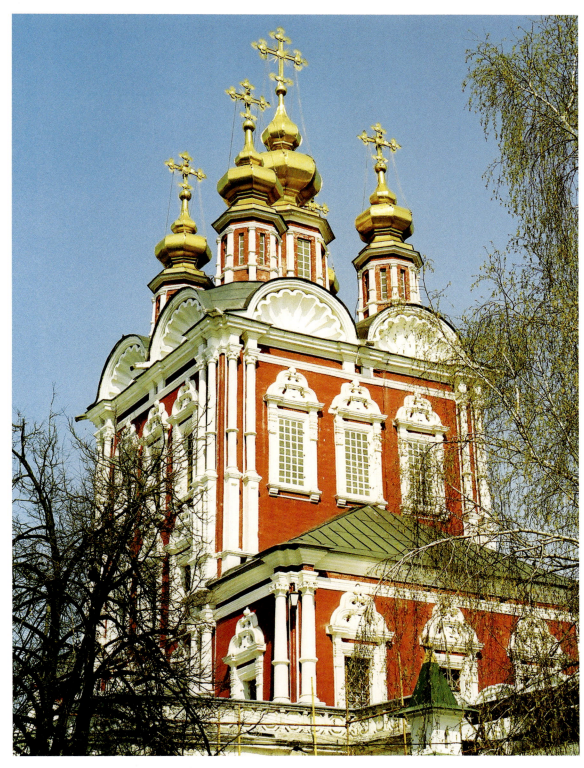

386）。伊斯梅洛沃原为罗曼诺夫家族名下的一个村落，后成为王室领地，1663年，沙皇阿列克谢为推动俄罗斯园艺学的发展将其树为样板领地。周围为运河环绕的中心区内耸立着带高大穹顶的教堂，环境氛围颇似一座大型修道院，完全可和前面提到的那些理想建筑组群媲美。但它具有世俗和实用的特色，只是为这位沙皇服务。他在那里建造了一座宫殿（现已无存），主要大门建于1682年，上置帐篷顶塔楼（外景：图4-387~4-390；近景及细部：图4-391、4-392），其设计颇似通向皇室领地科洛缅斯克的那座带报时钟的门楼（1672~1673年）。在这时期的修道院里，很多也建有类似的门楼，如苏兹达尔圣母圣袍女修道院的入口。由安德烈·舒马科夫及其助手建于1688年的这座门楼采用了典型的双拱门设计（两门

第四章 17世纪建筑·957

图4-434莫斯科 新圣女修道院（斯摩棱斯克修道院）。显容门楼教堂，穹顶近景

(上)图4-435莫斯科 新圣女修道院(斯摩棱斯克修道院)。圣母代祷门楼教堂(1683~1688年),东北侧地段形势(左侧为公主玛丽亚·阿列克谢耶芙娜宫)

(左下)图4-436莫斯科 新圣女修道院(斯摩棱斯克修道院)。圣母代祷门楼教堂,东北侧全景

(右下)图4-437莫斯科 新圣女修道院(斯摩棱斯克修道院)。圣母代祷门楼教堂,北侧景色

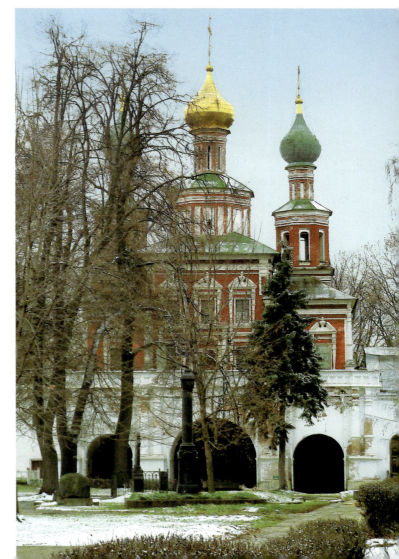

具有不同的尺寸），上部两个帐篷顶塔楼位于低矮的八角形基座上（图4-393～4-395）。在伊斯梅洛沃，第二个入口门楼上起砖构塔楼（1679年），塔楼取阶台造型，由一个立方体和上面的八角形体组成（这种形式一般用于教堂建筑），白色的装饰细部在底面上显现出来（图4-396～4-399）。角锥形的屋顶尽管不像主要门楼的尖塔那么高，但具有类似的喜庆特色。遗憾的是，伊斯梅洛沃最富创新精神的建筑，采取多层构图的约瑟法特教堂，现已无存。

远在北方的圣西里尔-别洛焦尔斯克修道院（圣西里尔白湖修道院；总平面及卫星图：图4-400；全景：图4-401～4-404；围墙及塔楼：图4-405～4-408）和莫斯科的西蒙诺夫修道院（位于通向城市的东南入

本页：

（左）图4-438莫斯科 新圣女修道院（斯摩棱斯克修道院）。圣母代祷门楼教堂，西北侧景观

（右）图4-439莫斯科 新圣女修道院（斯摩棱斯克修道院）。钟塔（1689～1690年），东南侧景色

右页：

（左上）图4-440莫斯科 新圣女修道院（斯摩棱斯克修道院）。钟塔，西南侧全景

（右两幅）图4-441莫斯科 新圣女修道院（斯摩棱斯克修道院）。钟塔，西侧仰视及塔顶近景

（左下）图4-442莫斯科 新圣女修道院（斯摩棱斯克修道院）。钟塔，塔尖细部

径上；残存塔楼：图4-409），为我们提供了两个设计精美的城堡建筑实例。莫斯科的这一组群创建于1370年，到17世纪中叶作为最后一个大型修道院城堡进行了改建，但大部分建筑都在20世纪30年代随着吉尔汽车厂（ZIL Autoworks）的扩建遭到破坏，只有炮口塔楼作为俄国后期城堡建筑的杰出实例之一留存下来（图4-410）。建于17世纪40年代的塔楼立在带壁柱条带的圆形基座上，饰有石灰石板制作的方格图案。上部于锥形屋顶上起两层观测塔，预示了以后新耶路撒冷耶稣复活大教堂的设计。

和圣谢尔久斯三一修道院一样，在西蒙诺夫修道院，豪华的装饰主要集中在1677~1685年由帕尔芬·彼得罗夫（波塔波夫？）和奥西普·斯塔尔采夫主持改建的修道院餐厅上。尽管采用了这类建筑通用的矩形设计，带有彩绘的菱锥形砌面，但西立面上部带涡券的阶梯状山墙不免使人想起同时期波兰和荷兰的建筑（立面复原图：图4-411；残迹及现状：图4-412、

本页及左页：

（左上）图4-443莫斯科 上彼得罗夫斯基修道院。圣谢尔久斯餐厅教堂（1690~1694年），西北侧全景

（中）图4-444莫斯科 上彼得罗夫斯基修道院。圣谢尔久斯餐厅教堂，北侧（自台阶处望去的景色）

（左下及右下）图4-445莫斯科 上彼得罗夫斯基修道院。圣谢尔久斯餐厅教堂，南侧，全景及底层廊道

4-413）。和通常所谓"莫斯科巴洛克"风格的装饰性立柱相比，附墙柱亦更接近古典柱式体系。从这个保留下来的罕见实例中可知，在俄国建筑中，人们对来自西方的装饰造型已有了更深刻的认识和更准确的把握。由于建筑后来被改造成工厂，原有面貌已在很大程度上遭到破坏；不过，从同时期的绘画可知，在莫斯科，尚有其他配有类似阶梯状山墙的建筑。

在所有莫斯科修道院中，没有一个能胜过新圣女

图4-446莫斯科 上彼得罗夫斯基修道院。圣谢尔久斯餐厅教堂，穹顶，西侧近景

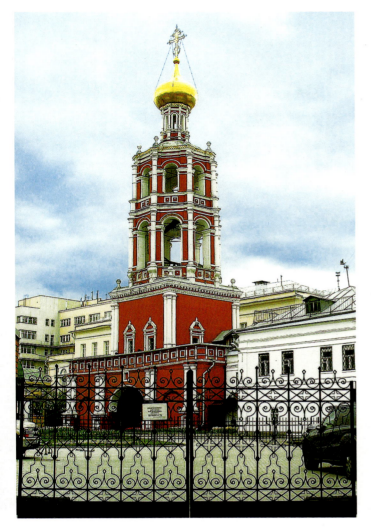

（左上）图4-447莫斯科 上彼得罗夫斯基修道院。钟楼（1694年完成），北侧全景

（右上）图4-448莫斯科 上彼得罗夫斯基修道院。钟楼，南侧现状

（下）图4-449诺夫哥罗德 维阿日谢圣尼古拉修道院。西侧全景

第四章 17世纪建筑·965

修道院，修道院位于莫斯科历史街区西南部，周围建有围墙和作为缓冲地带的花园。花园北面及东面与城区接界，西侧为莫斯科河，南侧为现城市高速干道。和其他莫斯科修道院不同，自17世纪以来其建筑基本上未受触动，因此2004年被列为联合国教科文组织（UNESCO）世界文化遗产（总平面及模型：图4-414、4-415；全景：图4-416、4-417）。

本页：
（上）图4-450诺夫哥罗德 维阿日谢圣尼古拉修道院。东北侧景色
（下）图4-451诺夫哥罗德 维阿日谢圣尼古拉修道院。圣尼古拉大教堂（1681~1685年），西侧全景
右页：
（上）图4-452诺夫哥罗德 维阿日谢圣尼古拉修道院。圣尼古拉大教堂，西北侧全景
（下）图4-453诺夫哥罗德 维阿日谢圣尼古拉修道院。圣尼古拉大教堂，东北侧全景

（上下两幅）图4-454诺夫哥罗德 维阿日谢圣尼古拉修道院。圣尼古拉大教堂，东侧，远景和全景

（上）图4-455诺夫哥罗德 维阿日谢圣尼古拉修道院。圣尼古拉大教堂，东南侧全景

（下）图4-456诺夫哥罗德 维阿日谢圣尼古拉修道院。圣尼古拉大教堂，壁画残迹

院内16世纪早期的斯摩棱斯克大教堂（见图2-293等）和克里姆林宫各教堂一起，成为重要修道院教堂的原型和样本。到16世纪末，修道院得到伊琳娜·戈杜诺瓦和她的哥哥沙皇鲍里斯的捐助重建围墙（现围墙带12个塔楼，入口位于南面和朝城市的北面，整个修道院区形成一个自西向东延伸的不规则矩形；围墙及塔楼：图4-418～4-421），在1591年抗击克里米亚可汗卡齐-格莱的围攻时，这道墙起到了重要的作用。塔楼精美的顶层系17世纪后期增建。修道院的主要建筑活动得到了1682～1689年担任摄政的索菲娅·阿列克谢耶夫娜（1657～1704年）的支持。她在这方面的主要顾问和助手瓦西里·戈利岑王

第四章 17世纪建筑·969

本页及右页：

（左）图4-457诺夫哥罗德 维阿日谢圣尼古拉修道院。圣约翰（神学家）餐厅教堂（1694~1704年），东北侧远景

（中）图4-458诺夫哥罗德 维阿日谢圣尼古拉修道院。圣约翰（神学家）餐厅教堂，东楼，东南侧景观

（右）图4-459诺夫哥罗德 维阿日谢圣尼古拉修道院。圣约翰（神学家）餐厅教堂，钟塔，东南侧景色

公是位倾慕西方形式并在建筑上勇于创新的人物。除大教堂以外的其他建筑大都建于这一时期，包括带红色墙面及穹顶的塔楼，两座高耸在门楼上的教堂，一个餐厅和若干居住区。它们均按俄国巴洛克风格设计（主持人据信是一位叫彼得·波塔波夫的建筑师）。在1685~1687年建造的圣母安息餐厅教堂上，可看到世俗宫殿建筑风格的表现（外景：图4-422~4-425；内景：图4-426）；位于北门上的显容门楼教堂

建于1687~1689年，配有五个镀金的穹顶及十字架、扇贝形的山墙及所谓"莫斯科巴洛克风格"的窗边饰（外景：图4-427~4-432；近景及细部：图4-433、4-434）。南门上的圣母代祷门楼教堂（1683~1688年）细部上要更为简朴，惟于高耸的八角形体上立三个带镀金穹顶的塔楼，设计不同寻常（图4-435~4-438）。两个门楼教堂均于门洞上设台地，教堂本身则位于这个高起的基台上。在老教堂里，带镀金雕饰

第四章 17世纪建筑·971

（上）图4-460诺夫哥罗德 维阿日谢圣尼古拉修道院。圣约翰（神学家）餐厅教堂，西南侧全景

（下）图4-461诺夫哥罗德 维阿日谢圣尼古拉修道院。圣约翰（神学家）餐厅教堂，西南角，自东北方向望去的景色

图4-462诺夫哥罗德 维阿日谢圣尼古拉修道院。圣约翰（神学家）餐厅教堂，东侧近景

的祭坛屏栏立于1685年，四层纳入了鲍里斯·戈杜诺夫捐赠的圣像，第五层展示17世纪著名画家西蒙·乌沙科夫和费奥多尔·祖博夫绘制的圣像。

这次修道院扩建的最后一个项目是1690年完成的钟塔（图4-439~4-442），它同样是应索菲娅之命而建，这是当时俄罗斯最高塔楼之一（高6层72米，仅次于增建后高81米的莫斯科克里姆林宫伊凡大帝钟楼），由依次退进的八角形体组成，表现出高超的技

术，同时配有极为丰富的莫斯科巴洛克风格的装饰。各个八角体基部的栏杆和小尖塔使人想起雅罗斯拉夫尔的托尔奇科沃的钟塔，然而新圣母修道院的这座塔楼在比例推敲上要更为成熟，整个构图以引人注目的洋葱状镀金穹顶作为结束。1689年，在钟楼即将完成之时，已经长大成人的彼得挫败了索菲娅想通过政变自任沙皇的阴谋，修道院的这位女施主从此被剥夺了权力，她本人亦被软禁在这座修道院里，直至1704年去世。

由于在1689年叛乱期间，彼得曾在圣谢尔久斯三一修道院避难，作为纪念，平叛后，他当即下令在上彼得罗夫斯基修道院建造圣谢尔久斯餐厅教堂（图4-443~4-446）。完成于1694年的这座建筑装饰风格上类似新圣女修道院。同年完成的修道院钟楼立在圣母代祷大门教堂上（图4-447、4-448），由平面八角形高两层的开敞拱廊组成，结构设计相当大胆，特别在钟声的传播上，效果甚佳。

就修道院建筑而言，这时期的所谓创新主要表现在装饰上，实际上它们已成为修道院募得的捐赠和财富的象征，教堂的基本形制（五穹顶，立方体结构）并没有多少变化。从伊斯梅洛沃的圣母代祷大教堂可知，即便形体上极为保守的教堂亦可成为华丽的釉陶板块装饰的载体。这种倾向在两个密切相关的17世纪

本页及右页：
（左上）图4-463诺夫哥罗德 维阿日谢圣尼古拉修道院。圣约翰（神学家）餐厅教堂，墙面釉陶条带及窗饰

（中两幅）图4-464诺夫哥罗德 维阿日谢圣尼古拉修道院。圣约翰（神学家）餐厅教堂，窗饰细部

（右上）图4-465莫斯科 克鲁季茨克宫邸。门楼（塔楼，1693~1694年），平面、北立面及横剖面

（右中）图4-466莫斯科 克鲁季茨克宫邸。门楼，立面（彩图，作者Ф.Рихтера，1850年）

（右下）图4-467莫斯科 克鲁季茨克宫邸。门楼，20世纪初状态（老照片，1900~1910年）

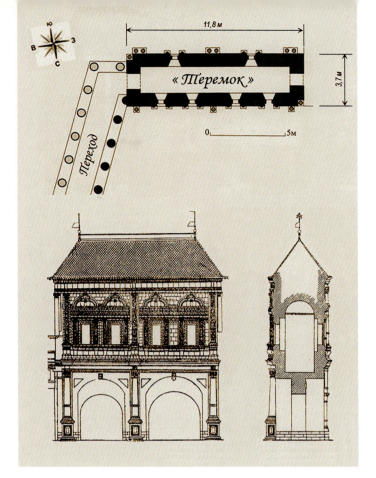
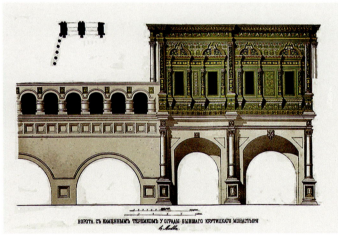

第四章 17世纪建筑 · 975

本页及右页：

（左上）图4-468莫斯科 克鲁季茨克宫邸。门楼，东南侧现状

（左中上）图4-469莫斯科 克鲁季茨克宫邸。门楼，南侧全景

（左中下）图4-470莫斯科 克鲁季茨克宫邸。门楼，北立面全景

（左下）图4-471莫斯科 克鲁季茨克宫邸。门楼，西北侧景色

（中下）图4-472莫斯科 克鲁季茨克宫邸。门楼，北立面近景

（中上两幅）图4-473莫斯科 克鲁季茨克宫邸。门楼，拱门壁画

（右四幅）图4-474莫斯科 克鲁季茨克宫邸。门楼，釉陶装饰细部

第四章 17世纪建筑·977

建筑群里可看得更为清楚,其中比较保守的是诺夫哥罗德西北12公里处维阿日谢的圣尼古拉修道院(图4-449、4-450)。

1674~1695年间,诺夫哥罗德东正教会的领导人为大主教科尔尼利,这是位虔诚的教士,尽管出身莫斯科,但并不喜欢用精美的装饰展示教堂的财富。但1683~1697年间主持维阿日谢修道院组群的是精力充沛的院长阿基曼德里特·博戈列普·萨布林,他渴望创造一个能反映修道院盛况和他本人权威的环境。在改造修道院圣尼古拉大教堂(1681~1685年;图4-451~4-456)时,设计上呈现出一种相对保守却不

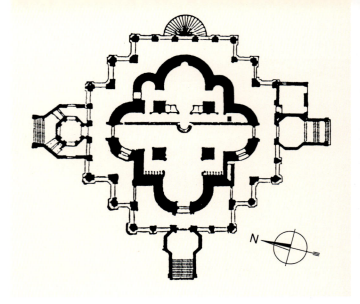

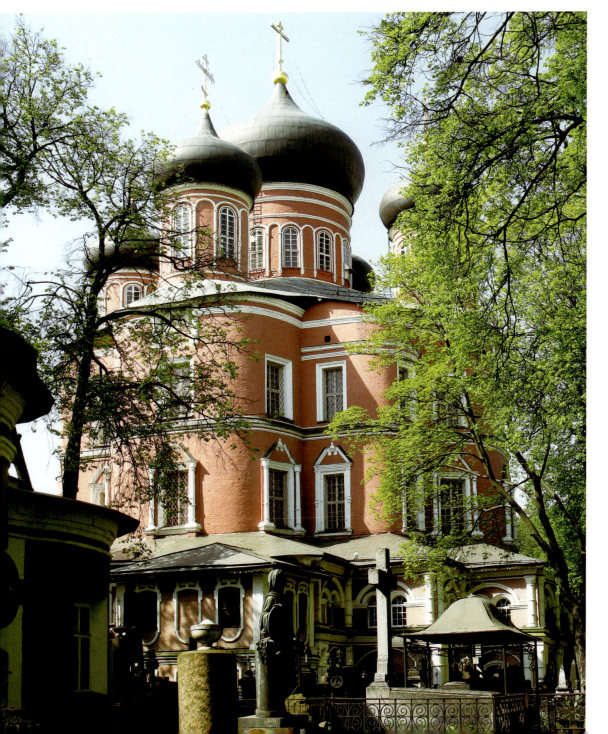

本页:
(上)图4-475莫斯科 顿河修道院。大顿河圣母主教堂(1684~1698年),平面(取自William Craft Brumfield:《A History of Russian Architecture》,Cambridge University Press,1997年)

(下)图4-476莫斯科 顿河修道院。大顿河圣母主教堂,东南侧全景

右页:
图4-477莫斯科 顿河修道院。大顿河圣母主教堂,西侧全景

（上）图4-478 莫斯科顿河修道院。大顿河圣母主教堂，南侧，入口近景

（左下）图4-479 莫斯科伊斯梅洛沃。印度王子约瑟法特教堂（1678年，1687~1688年改建，20世纪30年代后期拆除），平面、北立面及纵剖面（复原图作者A.Chiniakov）

（右下）图4-480 莫斯科久济诺。圣鲍里斯和格列布教堂（1688~1704年），1989年大修时照片

(上)图4-481莫斯科久济诺。圣鲍里斯和格列布教堂,西侧景观(大修前)

(下)图4-482莫斯科久济诺。圣鲍里斯和格列布教堂,西南侧全景

失宏伟的特色，这种表现或许可用这两个人物的不同倾向来解释。内部布置四个柱墩的结构上承传统的五个穹顶，并按诺夫哥罗德方式采用多个山墙构成屋顶线（参见诺夫哥罗德圣灵修道院的三一教堂，见图1-548~1-552）。形式上最复杂的部分是带上升梯段的入口廊道，上部以单一的拱形山墙作为结束，两边设两座带角锥形屋顶的塔楼，这部分设计有些类似莫斯科附近泰宁斯克的王室教堂（见图4-145~4-150）。

到1694年，和大教堂相连的新餐厅和教堂开始施工。在17世纪，餐厅教堂通常都具有较多的装饰，可能因为这里往往是修道院宴会和交际的中心，需要营造更多的世俗氛围。为数不多的记载表明，在院长博

本页及左页：

（左）图4-483莫斯科 久济诺。圣鲍里斯和格列布教堂，南立面

（中）图4-484莫斯科 久济诺。圣鲍里斯和格列布教堂，东南侧景色

（右）图4-485莫斯科 久济诺。圣鲍里斯和格列布教堂，西北侧全景

戈列普·萨布林治下的圣尼古拉修道院，是个开销颇大的机构，圣约翰（神学家）餐厅教堂的外观似乎也能证实这种说法（外景：图4-457~4-461；近景及细部：图4-462~4-464）。这座纵长的宏伟建筑西端以钟塔作为结束（为1704年最后完成的部分），东面布置一个高两层的结构，内置两个教堂，底层供奉圣约翰（神学家），上层纪念耶稣升天。长长的立面由两条饰带分划，组成饰带的板块于绿色底面上表现各种图案（主要是植物花卉，也包括独角兽、双头鹰之类的神话动物和肖像题材）。教堂和钟塔高出部分另加饰带，窗边还配有精美的釉陶装饰，只有雅罗斯拉夫尔的托尔奇科沃和克罗夫尼基教堂能与之媲美。

第四章 17世纪建筑·983

本页及右页:

(左)图4-486莫斯科 久济诺。圣鲍里斯和格列布教堂,西南侧近景(西侧圣像马赛克尚未安置时)

(右两幅)图4-487莫斯科 久济诺。圣鲍里斯和格列布教堂,西立面近景及马赛克圣像

(中)图4-488莫斯科 久济诺。圣鲍里斯和格列布教堂,南侧近景

维阿日谢这些精美的釉陶产品来自何处尚不清楚,实际上,莫斯科和雅罗斯拉夫尔都是可能的来源,因为这两座城市均生产这类板材并出售到其他城市。人们还知道,尼孔曾引进白俄罗斯的制陶匠师,

本页：

（上）图4-489莫斯科 久济诺。圣鲍里斯和格列布教堂，东侧近景

（下）图4-490萨法里诺（索夫里诺，莫斯科附近）斯摩棱斯克圣母教堂（1691年）。西南侧远景

右页：

（上）图4-491萨法里诺（索夫里诺）斯摩棱斯克圣母教堂，东南侧地段形势

（下）图4-492萨法里诺（索夫里诺）斯摩棱斯克圣母教堂，东南侧全景

在为其瓦尔代修道院（位于诺夫哥罗德地区）服务的陶瓷作坊里改进彩绘陶瓷的制作工艺；尔后又把他们调去参与新耶路撒冷复活大教堂的建设。不过，如果说是修道院院长博戈列普·萨布林启动餐厅装饰工程的话，想必他得到了自1695~1696年接替科尔尼利任诺夫哥罗德大主教的叶夫菲米的支持，采用釉陶装饰的俄罗斯建筑精品中，很多就是叶夫菲米此前任萨拉托夫和顿河地区大主教时投资建造的。

在这里还需提及的是，俄罗斯东正教会各主教管区的大主教们，通常都在莫斯科拥有一栋宫邸及领地（подворье）。事实上，有些大主教不惜花费重金以保持和这个行政权力中心的密切联系。萨拉托夫和顿河地区由于和蒙古可汗的领土相邻，在历史上一直是最重要的主教管区之一。1688~1695年，在这个重要岗位上任职的大主教叶夫菲米（此前在莫斯科他还担任过其他重要的宗教职务）和博戈列普·萨布林一样，热衷于炫耀教会的财富和权势。为此他在自己的克鲁季茨克宫邸领地内，不断进行改建和扩建（该地位于城市东部，新救世主修道院视域范围内）。

叶夫菲米的改建工程从此前已建成的圣母安息教堂开始（原建于1667~1685年，采用了当时典型的穹式拱顶和配有五个穹顶的上部）。从教堂起始，一条高起的拱廊通道通向宫邸和餐厅，这组建筑入口处立一砖构门楼（塔楼），其立面上部满覆图案极其复杂的彩色陶板，包括釉陶制作的圆柱（平面、立面及剖面：图4-465、4-466；外景：图4-467~4-471；近景及细部：图4-472~4-474）。门楼跨间内用带雕刻的

（上）图4-493萨法里诺（索夫里诺）斯摩棱斯克圣母教堂，北侧雪景

（中）图4-494萨法里诺（索夫里诺）斯摩棱斯克圣母教堂，东侧近景

（下）图4-495萨法里诺（索夫里诺）斯摩棱斯克圣母教堂，内景

石灰石柱进一步分划和装饰。该面朝北，无直接日照；其主持建筑师为奥西普·斯塔尔采夫（副手L.科瓦列夫），陶瓷及石灰石制作的装饰部件均来自奥西普·斯塔尔采夫及其儿子伊万（1745~1808年）的作坊。1693年开始建造的克鲁季茨克门楼则于次年，即在叶夫菲米启程去诺夫哥罗德之前不久完成（他到那里去可能是协助博戈列普·萨布林院长落实餐厅教堂工程）。

在17世纪后期的莫斯科，真正具有创新精神的建

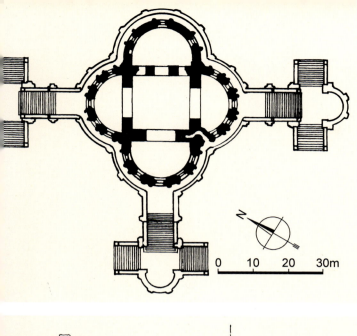

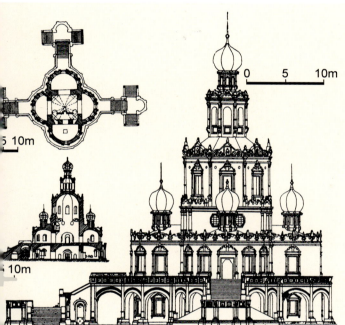

（左上）图4-496莫斯科 菲利。圣母代祷教堂（1690~1693年），平面（据Nekrasov）

（左中）图4-497莫斯科 菲利。圣母代祷教堂，平面、纵剖面及南立面（取自Академия Стройтельства и Архитестуры СССР:《Всеобщая История Архитестуры》, II, Москва, 1963年）

（右上）图4-498莫斯科 菲利。圣母代祷教堂，轴测剖析图（取自William Craft Brumfield:《A History of Russian Architecture》, Cambridge University Press, 1997年）

（下）图4-499莫斯科 菲利。圣母代祷教堂，西南侧全景

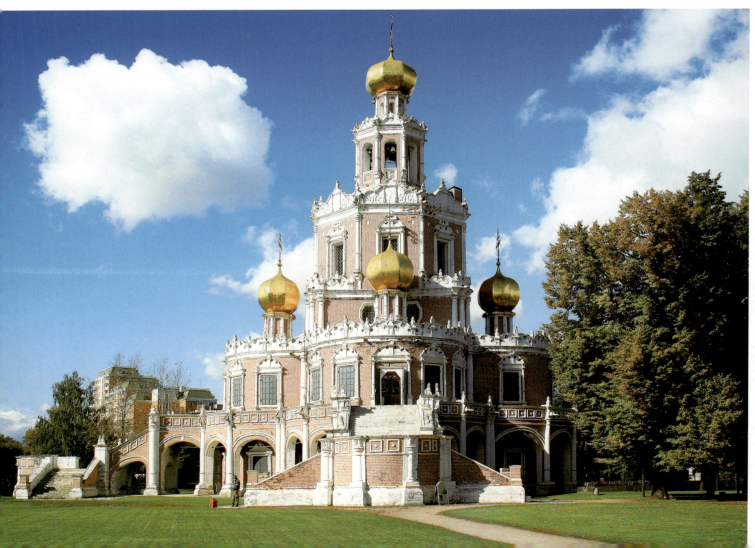

左页:

（上）图4-500莫斯科 菲利。圣母代祷教堂，西北侧全景

（下）图4-501莫斯科 菲利。圣母代祷教堂，南侧景观

本页:

（上）图4-502莫斯科 菲利。圣母代祷教堂，南侧入口近景

（下）图4-503莫斯科 菲利。圣母代祷教堂，西南侧仰视近景

筑大都在顿河修道院，早期的顿河圣母主教堂（小教堂，见图3-157~3-165）确定了世纪之交的戈杜诺夫装饰风格。修道院日益增长的声誉主要基于它在战胜卡齐-格莱可汗上的重大贡献；在17世纪70年代俄罗斯为解除来自南部边界克里米亚鞑靼人及其后台土耳其人的威胁而努力的关键时刻，顿河修道院不仅起到了遏制异教徒的象征作用，而且还积极参与、祝福和鼓舞了对南方的征战。在这方面，修道院上层集团和瓦西里·戈利岑的关系尤为密切，在索菲娅摄政时

第四章 17世纪建筑·991

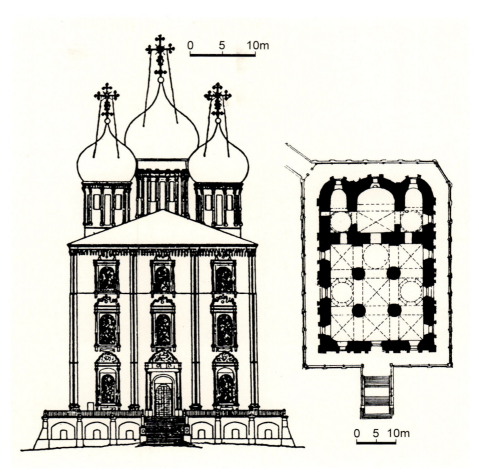

期,后者是最有影响力的南侵政策的鼓吹者,尽管这一政策最后导致了灾难性的后果。

随着修道院新积累的财富和捐助,原有的小教堂已不敷需要(所幸的是它被保留下来了),1684年,时任摄政的索菲娅下令建造新教堂(即大教堂,большой,同样是供奉顿河圣母圣像)。不过,其形

本页及左页:

(左上)图4-504莫斯科 菲利。圣母代祷教堂,内景,圣像屏

(左下)图4-505新耶路撒冷 伊斯特河畔复活修道院(新耶路撒冷修道院)。主入耶路撒冷门楼教堂(1694年,毁于二战,新近修复),东侧远景

(中上)图4-506新耶路撒冷 伊斯特河畔复活修道院(新耶路撒冷修道院)。主入耶路撒冷门楼教堂,西侧全景

(右上)图4-507梁赞 圣母安息大教堂(1693~1702年)。平面及立面(平面取自Академия Строительства и Архитектуры СССР:《Всеобщая История Архитектуры》,II,Москва,1963年;立面取自William Craft Brumfield:《A History of Russian Architecture》,Cambridge University Press,1997年)

(中下)图4-508梁赞 圣母安息大教堂。西侧远景

第四章 17世纪建筑·993

（上）图4-509梁赞 圣母安息大教堂。南侧远景

（下）图4-510梁赞 圣母安息大教堂。东侧远景

（上）图4-511梁赞 圣母安息大教堂。东北侧远景

（下）图4-512梁赞 圣母安息大教堂。西侧全景

第四章 17世纪建筑·995

本页:

(上)图4-513梁赞 圣母安息大教堂。西南侧,立面景色

(下)图4-514梁赞 圣母安息大教堂。南侧近景

右页:

(上)图4-515梁赞 圣母安息大教堂。入口门,雕饰细部

(下)图4-516梁赞 圣母安息大教堂。穹顶,西南侧近景

式并不像其他大型修道院的主体教堂,如四个附属穹顶不是布置在对角方向,而是在正向轴线上(平面:图4-475;外景:图4-476~4-478);特别是结构本身和平面,变化尤为显著,平面接近十字形,各立面中央跨间向前凸出,主要"立方体"角跨间高度上低一层,因此增加了十字臂翼的深度,另外通过一道环绕建筑的高起廊道到达主要层位。室内同样保持了这种集中的设计特色,由四根柱子支撑位于中央十字形上的鼓座。

从历史上看,俄罗斯宗教建筑差不多全都采用集中形制,特别强调垂向构图,这种形式既能满足礼拜仪式的需求,也能用于纪念重要的世俗事件(如16世纪的塔楼式还愿教堂)。到17世纪后期,这一进程又发展到一个新的阶段,在这方面,顿河修道院大教堂无疑具有原型的重要意义。有人认为,新归并的西方领土,特别是乌克兰,在采用这种新型集中式教堂的设计上可能起到了重要的推动作用(在乌克兰,到17世纪中叶已发展出一种典型的十字教堂平面,由四个

第四章 17世纪建筑·997

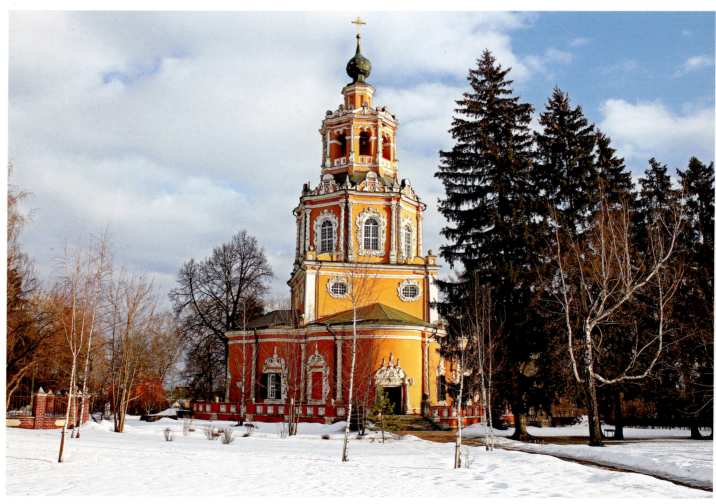

塔楼跨间组成，成组地布置在立主要鼓座的中央跨间周围）。在这期间，瓦西里·戈利岑一直保持着和基辅学者及教士的密切联系，后者在该世纪末俄罗斯文

（上两幅）图4-517乌博雷（莫斯科附近）主显圣容教堂（1694~1697年）。西立面及剖面（据V.Podkliuchnikov）

（下）图4-518乌博雷 主显圣容教堂。西侧远景

（左上）图4-519乌博雷 主显圣容教堂。东南侧景色

（右上）图4-520乌博雷 主显圣容教堂。西南侧全景

（右下）图4-521乌博雷 主显圣容教堂。入口近景

（左下）图4-522特洛伊采-雷科沃（莫斯科附近） 三一教堂（1698~1703年）。剖面（取自William Craft Brumfield:《A History of Russian Architecture》，Cambridge University Press，1997年）

第四章 17世纪建筑 · 999

化的更新上很可能起到了媒介的作用，新建筑形式的总体构思估计就是来自基辅地区，白俄罗斯的匠师则影响到建筑装饰的发展。

大教堂的墙体工程完成于1687年，但在戈利岑1687~1689年的克里米亚远征受挫之后（它引起了军队内的派系之争，在图谋颠覆年轻的沙皇彼得失败后，进一步导致索菲娅摄政的垮台），建设遂告中止。不过，此后彼得仍继续征讨土耳其和鞑靼人；在他和修道院和解后，大教堂工程于1692年再次上马，并于1698年最后完成。雕饰精美的镀金圣像屏帏高七层（由卡尔普·佐洛塔廖夫自1695年开始制作），由此确立了甚高的室内空间。到屏帏完成的1699年，新的顿河大教堂的创新已为构图更严谨的塔楼式教堂取代。

五、"纳雷什金巴洛克"和塔楼式教堂的复兴

17世纪末俄罗斯社会和文化的转型促成了新教堂形式的诞生,其推动者是俄罗斯几个最有权势和财富的家族。随之而来的形式被称为"纳雷什金巴洛克"风格(纳雷什金是和彼得一世有一定关系的一个贵族世家,因他们在自家领地内建造这种风格的教堂而

本页及左页:

(左)图4-523 特洛伊采-雷科沃 三一教堂。东侧远景

(中左)图4-524 特洛伊采-雷科沃 三一教堂。东南侧地段形势

(中右)图4-525 特洛伊采-雷科沃 三一教堂。南侧全景

(右)图4-526 特洛伊采-雷科沃 三一教堂。西侧近景

名）。实际上，所谓"巴洛克"和"莫斯科巴洛克"两词往往可互换使用，后者（如前面提到的卡达希复活教堂、西蒙诺夫修道院餐厅和克鲁季茨克门楼等）在很大程度上是一种装饰风格，和结构没有多少关联。因此，从某种意义上说，这是个概念并不明确的术语，容易产生误导，使人们自觉或不自觉地把它们和同时期中欧的巴洛克作品类比或混同，从而忽视了后者在结构或思想意识上更复杂的内涵。

不过，尽管如此，这两个名词仍然沿用下来，可能是因为用几个倾向西方文化的贵族家族（特别是和彼得一世有关系的纳雷什金和舍列梅捷夫世系）的族名来命名他们在自己领地内建造的一系列塔楼式教堂（所谓"纳雷什金风格"），要比用行会、商人和教士们所喜爱的那种采用传统装饰造型的"莫斯科巴洛克"风格来命名更方便一些。纳雷什金风格对称均衡的构图、石灰石制作的雕饰檐口、窗边饰、附墙柱，以及

（左上）图4-527 特洛伊采-雷科沃 三一教堂。内景（老照片，示修复中状态）

（右上）图4-528 杜布罗维齐（莫斯科附近）圣母圣像教堂（1690~1697年，1704年）。平面及剖面（取自William Craft Brumfield：《A History of Russian Architecture》，Cambridge University Press，1997年）

（下）图4-529 杜布罗维齐 圣母圣像教堂。西南侧远景

1002·世界建筑史 俄罗斯古代卷

（上）图4-530杜布罗维齐圣母圣像教堂。东侧远景

（下）图4-531杜布罗维齐圣母圣像教堂。东南侧远景

对古典柱式体系越来越深刻的理解，都表明无论是业主还是建造者，都开始具有了一种新的文化修养和艺术情趣。它和大量采用色彩亮丽的装饰及细部的所谓"空白恐惧症"[5]完全异趣。新装饰形式主要为雕刻细部（通常以石灰石制作，大都取自西方的手册），与尼基特尼基和奥斯坦基诺等地的三一教堂相比，立面

第四章 17世纪建筑·1003

布局更合乎规范、条理亦更为明晰。

与此同时，17世纪80年代初首次在砖石结构中出现了独特的层叠式领地教堂（由位于中央立方体上的八角形体构成），再次表明了俄罗斯人对垂向构图的向往，这种倾向只是因一度在教堂建筑上摈弃帐篷式塔楼被暂时遏制。和先前的那些塔楼建筑一样，层叠式教堂通常也认为是起源于木构原型，从历史上看，这种说法可能更为靠谱，因为尚有早至17世纪中叶的木构层叠式教堂留存下来（见第二章第三节）。但和更为复杂的砖构层叠式教堂相比，取简单角锥造型的木构建筑显然要大为逊色。

纳雷什金风格的教堂不仅再次诠释了集中式塔楼结构，同时还由于纳入钟楼使建筑保持了对称形制（东头的半圆室和西端同样结构的前厅形成均衡态势）。此外，许多纳雷什金教堂还在中央立方体四面增建凸出部分，形成四叶形平面，类似上彼得罗夫斯基修道院的大主教彼得教堂（16世纪早期，见图2-422）；由此导致的紧凑造型很难布置大型圣所，好在对领地教堂来说也无此需求；为支撑塔楼重量和纳入通向八角形钟楼的梯段而形成的厚重墙体进一步限制了室内的尺寸。

在已知按层叠式设计的大约二三十个17世纪后期的塔楼式教堂中，头一批实例属17世纪80年代初期，结构粗笨，装饰甚少，且基本无存。所幸的是，伊斯梅洛沃的印度王子约瑟法特教堂尚有大量文献证据留存下来（始建于1678年，1687~1688年改建，20世纪

本页及左页:
(左)图4-532杜布罗维齐 圣母圣像教堂。东北侧全景

(中)图4-533杜布罗维齐 圣母圣像教堂。西侧全景

(右)图4-534杜布罗维齐 圣母圣像教堂。南侧全景

30年代后期拆除)。尽管建筑保留了某些"船式"设计的特征(如钟楼是附加而不是叠置到主体上),但1688年改建后的教堂仍可视为第一个明确的层叠式结构(东西两端配置了对称的穹顶凸出部分;平面、立面及剖面:图4-479)。此后不久,久济诺的圣鲍里斯和格列布教堂再次采用了类似的基本形制(久济诺为1687年王子B.I.普罗佐罗夫斯基获得的领地,教堂建于1688~1704年;外景:图4-480~4-485;近景及细

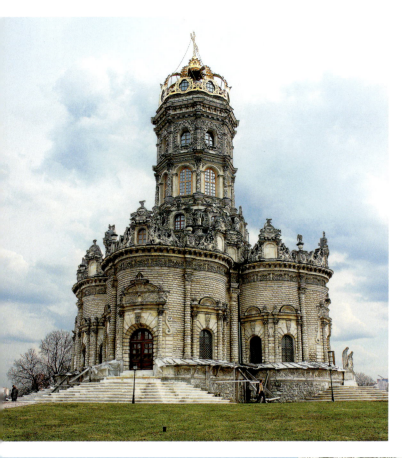

本页及左页:
(左上) 图4-535杜布罗维齐圣母圣像教堂。西北侧全景
(左下) 图4-536杜布罗维齐圣母圣像教堂。中部近景
(右) 图4-537杜布罗维齐 圣母圣像教堂。门龛边饰
(中上) 图4-538杜布罗维齐圣母圣像教堂。门头雕饰

部:图4-486~4-489)。虽说高耸的八角体比例上尚欠成熟,装饰细部和结构的整合也有待改进,但它毕竟是在层叠式教堂形式的演进上迈出了重要的一步。

位于萨法里诺(索夫里诺,为波维尔F.P.萨尔特科夫的领地)的斯摩棱斯克圣母教堂(建于1691年;外景:图4-490~4-494;内景:图4-495)标志着层叠式教堂发展的下一阶段。建筑坐落在一个风景优美的山上,靠近通往扎戈尔斯克的大道,萨尔特科夫要求教堂和他的砖石宅邸(现已无存)相连。这种不同寻常的布置使教堂和府邸能居高临下俯瞰周围的村落和田野。尽管位于主要立方体结构上的四个退阶的八角形体看上去蔚为壮观,但总体比例和形体的过渡比较生硬,可能是因为墙体太厚(墙内设窄梯通向钟楼)。在这里,建筑师复归"船式"设计的不对称构图,于东面出半圆室结构并采用了简约的装饰细部。由彼得一世的叔父列夫·纳雷什金投资建造的圣母圣像教堂设计和施工上要更为精美(17世纪80年代后期,位于他在莫斯科中心区的领地场院内)。但它同样具有传统"船式"设计的特色,如东侧半圆室两边设两个附属礼拜堂,西侧布置前厅。

左页:

(上)图4-539杜布罗维齐圣母圣像教堂。首层檐部雕饰

(下)图4-541杜布罗维齐圣母圣像教堂。顶饰细部

本页:

(上下两幅)图4-540杜布罗维齐 圣母圣像教堂。顶塔基部雕饰

第四章 17世纪建筑·1009

纳雷什金风格的第一个毋庸置疑的杰作是1690~1693年由列夫·纳雷什金投资建造的莫斯科的菲利圣母代祷教堂（平面、立面、剖面及剖析图：图4-496~4-498；外景：图4-499~4-501；近景：图4-502、4-503；内景：图4-504）。其平面结构既紧凑又富有装饰特色：中央立方体四面呈叶状向外凸出，东西两侧凸出尤甚。除东面外，所有凸出部分均设带栏杆的阶梯，自地面通向环绕建筑的廊道。这种带双平台拐直角的阶梯显然具有节庆和礼仪的功能，在科

左页：

（上两幅）图4-542杜布罗维齐 圣母圣像教堂。室内现状

（左下）图4-544莫斯科 佩罗沃。圣母圣像教堂（1690~1704年），剖面（取自William Craft Brumfield：《A History of Russian Architecture》，Cambridge University Press，1997年）

（右下）图4-545莫斯科 佩罗沃。圣母圣像教堂，南侧景色（老照片，鼓座大窗封死时）

本页：

（上下两幅）图4-543杜布罗维齐 圣母圣像教堂。穹顶，仰视全景

第四章 17世纪建筑·1011

洛缅斯克的耶稣升天教堂我们已看到类似的表现，只是在这里采用了纳雷什金风格的装饰手法，表现也更为完美。

和层叠式教堂后期的某些实例相比，菲利教堂的外部装饰还是比较节制的，最引人注目的只是檐口上的山墙状顶饰和柱身不带雕饰的附墙柱。教堂最独特的品性是比例的完美把握和结构形体的渐次递进（装饰细部的采用只是更突出了这一特色），从高起的廊道直到高处位于中央塔楼和钟室上的穹顶（廊道进一步加强了叶状凸出部分的造型表现力，每个凸出部分上均有自己的镀金穹顶，见图4-498）。尽管菲利教堂和同时期的欧洲建筑在风格上有一定的差距，但它

（左上）图4-546莫斯科 佩罗沃。圣母圣像教堂，西北侧远景
（右上）图4-547莫斯科 佩罗沃。圣母圣像教堂，西南侧全景
（右下）图4-548莫斯科 佩罗沃。圣母圣像教堂，穹顶及鼓座近景
（左下）图4-549莫斯科 乌兹科。圣安娜教堂（喀山圣母教堂，1698~1704年），东侧全景

的这位不知名的建筑师显然能准确地理解和把握这种有序的构造体系，把所有部分综合成一个协调的整体。基本呈圆柱形的室内空间虽然不大，但配有豪华的装修和带雕饰的圣像屏帏，主要穹顶基部布置了铁拉杆。

在采用纳雷什金风格的建筑师中，人们了解得比

（上）图4-550莫斯科 乌兹科。圣安娜教堂，东侧近景
（左下）图4-551莫斯科 乌兹科。圣安娜教堂，西侧近景
（右中）图4-552莫斯科 波克罗夫卡大街圣母安息教堂（1696~1699年，钟塔18世纪，1937年拆除）。平面、立面及剖面（取自William Craft Brumfield：《A History of Russian Architecture》，Cambridge University Press，1997年）
（右下）图4-553莫斯科 波克罗夫卡大街圣母安息教堂。全景[版画，作者Giacomo Quarenghi（1744~1817年）]

（左上）图4-554莫斯科 波克罗夫卡大街圣母安息教堂。19世纪初景观（绘画，作者Джакомо-Кваренги，约1800年）

（右上）图4-555莫斯科 波克罗夫卡大街圣母安息教堂。19世纪上半叶景色（绘画，1825年，作者О.Кадоль）

（右中）图4-556莫斯科 波克罗夫卡大街圣母安息教堂。19世纪中叶景色（绘画，1850年前，作者不明）

（右下）图4-557莫斯科 波克罗夫卡大街圣母安息教堂。19世纪下半叶景色（老照片，1883年）

（左下）图4-558莫斯科 波克罗夫卡大街圣母安息教堂。20世纪初状态（照片，约1900年，取自当时的明信片）

较多的只有一位，有趣的是，有关的材料大部却是来自盛怒的施主对他提起诉讼的一系列证词。这位名雅科夫·格里戈里耶维奇·布赫沃斯托夫的建筑师出生于1630年左右，原是米哈伊尔·塔季谢夫所属领地上的

（左上）图4-559莫斯科 波克罗夫卡大街圣母安息教堂。立面图（1937年拆除前的测绘图）

（余四幅）图4-560莫斯科 波克罗夫卡大街圣母安息教堂。现保存在顿河修道院博物馆内的部分残迹

第四章 17世纪建筑·1015

本页：

（上两幅）图4-561莫斯科 波克罗夫卡大街圣母安息教堂。移到新圣女修道院圣母安息教堂内的部分遗存

（左中及左下）图4-562莫斯科 波克罗夫卡大街圣母安息教堂。被纳入现"四天使"咖啡馆内的砖构和石雕

右页：

（上）图4-563索利维切戈茨克 圣母圣殿献主修道院。圣母圣殿献主大教堂（1689~1693年），平面、横剖面和南立面（取自Академия Строительства и Архитестуры СССР：《Всеобщая История Архитестуры》，II，Москва，1963年）

（左下）图4-564索利维切戈茨克 圣母圣殿献主修道院。圣母圣殿献主大教堂，19世纪末景色（版画，作者М.Рашевский，1875年）

（右下）图4-565索利维切戈茨克 圣母圣殿献主修道院。圣母圣殿献主大教堂，20世纪初景色（老照片，1914年）

一个农奴（该领地靠近德米特罗夫城镇，位于莫斯科大区内）。虽说细节尚不清楚，但看来是他的开明领主注意到他在建筑上的才干并帮他以自由劳动者的身份到莫斯科谋职，在那里，他第一次被提及是作为

两个建筑项目的竞标者。1690年，由于参与新耶路撒冷修道院（位于莫斯科省的伊斯特拉）围墙的加高工程，布赫沃斯托夫的名字再次出现。属他名下的工程还有主入耶路撒冷门楼教堂（完成于1694年，毁于二

战,现已基本按最初形式进行了修复,主要门楼上起四叶形结构,上立一个立方体和四个八角形层位;图4-505、4-506)。

在门楼教堂完成之前,布赫沃斯托夫在梁赞接手了一项规模大得多的工程。其时该市大主教阿夫拉米正在策划城市主要教堂(圣母安息大教堂)的改建。工程始于1684年,但完成后的墙体于1692年倒塌;从倒霉的前任那里接任工程监督的布赫沃斯托夫同样面临着处理这个巨大结构的基础和拱顶的难题。从最后完成的平面上看,中央和西部跨间处立有四根坚实的柱子,东部跨间和圣像屏帏处改设两根向侧面延伸的柱墩。主体结构高度超过40米,墙面开大窗,上承五个巨大的鼓座及穹顶,整体立在基层的小室拱顶体系上,后者同时构成教堂的平台(平面及立面:图4-507;外景:图4-508~4-513;近景及细部:图4-514~4-516)。

与菲奥拉万蒂早先的设计一样,梁赞的这座圣母安息大教堂也类似一个三层的大厅。立面顶部为一道水平齿状檐口,高窗边上围以带雕饰的石灰石柱及山墙(包括石灰石细部在内的约5000个块体为标准化制作,从而使建筑能在1699年完工,考虑到工程的复杂

左页：

（上）图4-566索利维切戈茨克圣母圣殿献主修道院。圣母圣殿献主大教堂，入口近景，20世纪初景色（版画，据照片制作，作者М.Рашевский，1917年前）

（下）图4-567索利维切戈茨克圣母圣殿献主修道院。圣母圣殿献主大教堂，东南侧全景

本页：

（上）图4-568索利维切戈茨克圣母圣殿献主修道院。圣母圣殿献主大教堂，东北侧现状

（下）图4-569索利维切戈茨克圣母圣殿献主修道院。圣母圣殿献主大教堂，北侧全景

（上）图4-570索利维切戈茨克 圣母圣殿献主修道院。圣母圣殿献主大教堂，西侧景色

（左下）图4-571索利维切戈茨克 圣母圣殿献主修道院。圣母圣殿献主大教堂，南立面，西端入口

（右下）图4-572索利维切戈茨克 圣母圣殿献主修道院。圣母圣殿献主大教堂，入口侧柱花饰

和布赫沃斯托夫还在其他地方兼职，这一工期还是相当短的）。窗户的边饰和垂向分划砖构立面的成对砖柱（刷成白色）使这个17世纪最大的教堂之一（事实上，它比莫斯科的圣母安息大教堂还要大些）具有一种世俗的、宫殿的氛围。

（上）图4-573索利维切戈茨克 圣母圣殿献主修道院。圣母圣殿献主大教堂，入口翼墙面细部

（下）图4-574索利维切戈茨克 圣母圣殿献主修道院。圣母圣殿献主大教堂，西立面，南区现状

本页：

（上）图4-575索利维切戈茨克圣母圣殿献主修道院。圣母圣殿献主大教堂，南立面墙饰

（下）图4-576索利维切戈茨克圣母圣殿献主修道院。圣母圣殿献主大教堂，东侧近景

右页：

（左上）图4-577索利维切戈茨克 圣母圣殿献主修道院。圣母圣殿献主大教堂，柱式及琉璃嵌板

（下）图4-578索利维切戈茨克圣母圣殿献主修道院。圣母圣殿献主大教堂，穹顶近景

（右上）图4-579索利维切戈茨克 圣母圣殿献主修道院。圣母圣殿献主大教堂，室内，仰视景色

第四章 17世纪建筑·1023

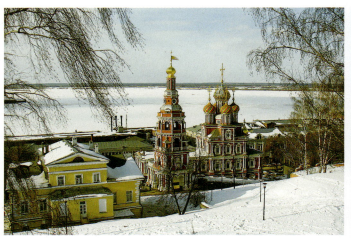

本页：

（左上）图4-580索利维切戈茨克 圣母圣殿献主修道院。圣母圣殿献主大教堂，圣像屏帏，近景

（右上）图4-581下诺夫哥罗德 圣诞教堂及钟塔（1697~1703年，1715年）。西立面（取自William Craft Brumfield：《A History of Russian Architecture》，Cambridge University Press，1997年）

（左中）图4-582下诺夫哥罗德 圣诞教堂。19世纪景色（版画，1850年代）

（左下）图4-583下诺夫哥罗德 圣诞教堂。东南侧远景

（右下）图4-584下诺夫哥罗德 圣诞教堂。西南侧，地段俯视景色

右页：

（上）图4-585下诺夫哥罗德 圣诞教堂。南侧全景

（下）图4-586下诺夫哥罗德 圣诞教堂。东南侧全景

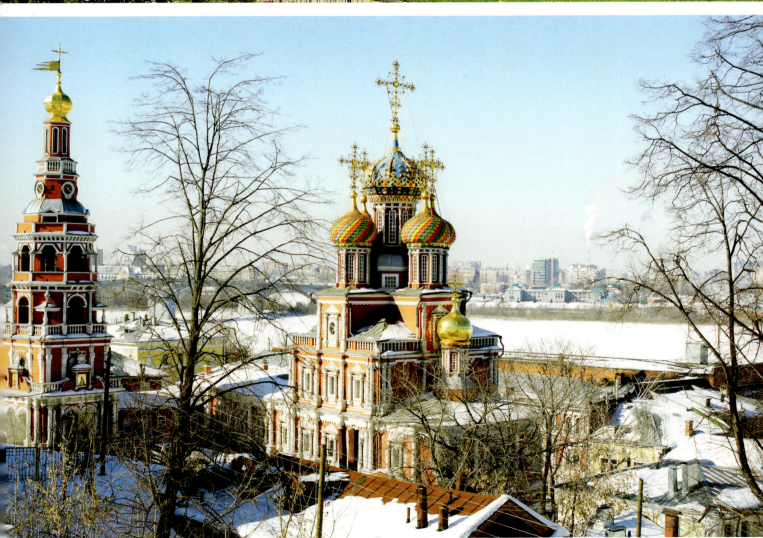

和梁赞的工程同时，布赫沃斯托夫还承包了另一个项目，尽管比他的大教堂要小，但结构上更为复杂。这个主显圣容教堂位于莫斯科西边一个名乌博雷的领地内，其主人是性情暴躁的小彼得·舍列梅捷夫，他于1694年下达项目委托书，但由于建筑材料交付延搁和舍列梅捷夫本人的干预，工程进度大受影响。当教堂未能按合同约定的期限（1696年6月）完成时，这位雇主如同梁赞大主教那样，将布赫沃斯托夫告上了法庭。在法庭上赢得这场官司后，舍列梅捷夫觉得还是和建筑师和解为好，就这样，主体结构遂于次年完成，正好在舍列梅捷夫辞世之前，他到头来也没能看到自己教堂的内景。

采用四叶形平面的乌博雷主显圣容教堂（立面及剖面：图4-517；外景及细部：图4-518~4-521）为纳雷什金风格最令人感兴趣的实例之一，但结构体系由明确分开的各部分组成看来是舍列梅捷夫的主意，因他坚持八角形塔楼立在高起的中央立方形体上，而不是直接从四叶形交会处起建。结果导致该部分相对底

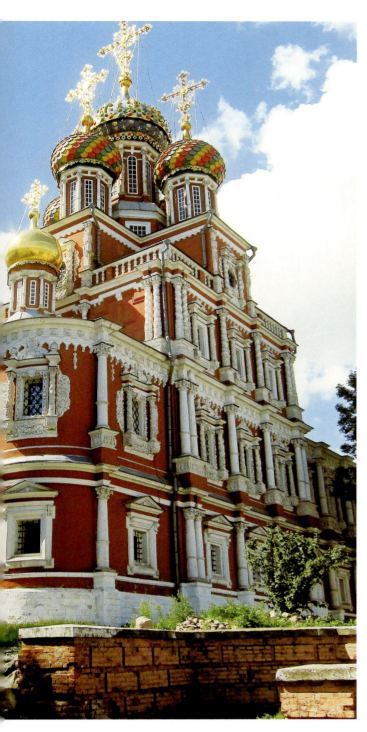

层平面尺寸比例失调,特别是和平面较简单的菲利教堂相比,可看得更为清楚。不过,从内部空间上看,乌博雷教堂仍属这时期最成功的一例,附加的叶

本页及左页:
(左)图4-587下诺夫哥罗德 圣诞教堂。北侧景色
(右上)图4-588下诺夫哥罗德 圣诞教堂。西侧景观
(中)图4-589下诺夫哥罗德 圣诞教堂。东北侧近景
(右下)图4-590下诺夫哥罗德 圣诞教堂。南侧近景

本页：
图4-591下诺夫哥罗德 圣诞教堂。穹顶近景

右页：
（左）图4-592下诺夫哥罗德 圣诞教堂。钟塔，东南侧景观

（右上）图4-593喀山 圣彼得和圣保罗大教堂（1722~1726年）。南侧远景

（右下）图4-594喀山 圣彼得和圣保罗大教堂，西北侧近景

状形体与圆柱形的塔楼核心空间上相互流通（见图4-517）。在室外，比菲利教堂更为宽阔和低矮的台地围绕着多叶形的底层，每个叶片本身亦形成三叶状，由不同寻常的粗面石柱分划。

17世纪莫斯科周边的许多大领地如今大部分都在城市的扩展中为住房建设挤占，只有从名称上可知它们当年的存在。仅有极少数贫瘠地带直到20世纪尚无重大变化，位于城市西北莫斯科河远处岸边的特洛伊采-雷科沃便是这样的一个村落。1627~1644年为波维尔鲍里斯·雷科夫所有的这块领地一度转为沙皇的地产，但到1690年，它又归到列夫·纳雷什金的名下。至该世纪末，他在那里建了一座极其优美的教堂，供

奉三位一体的这座建筑同样被认为是布赫沃斯托夫的作品。

特洛伊采-雷科沃的三一教堂并不很大（实际上，除了沙皇投资建造的以外，没有一个领地教堂具有很大的规模）。它给人印象最深刻的是中央塔楼的比例，建筑依次自立方形体过渡到八角形体，再到另一个带大钟的八角体和上面的八角鼓座，最后以镀金的穹顶和十字架作为结束（剖面：图4-522；外景：图4-523~4-526；内景：图4-527）。塔楼东西两面有两个凸出部分——半圆室和前厅，上面于八角形体上起穹顶及十字架（见剖面图）。尽管教堂平面对称，但有两种完全不同的立面：从北面和南面望去，由于侧面两个凸出部分，整体呈金字塔造型（见图4-525）；从东面和西面望去则为垂向直线外廊（见图4-526）。带装饰性门廊和窗户的砖立面于边角处镶精心制作的雕饰石柱及檐口。

室内装修极具戏剧效果（战后一次大火毁坏了大部分木雕，后进行了精心修复），在红色墙面和黑色细部背景下，镀金的木雕圣像屏帏向上直达比例等身的高浮雕耶稣受难苦像（图4-527），这种不同寻常（甚至可说是有些异端）的表现显然是受到波兰的影响。为了观看礼拜仪式，专为纳雷什金家庭成员设置了自上层挑出并带雕饰和栏杆的包厢（可通过砖墙内的狭窄楼梯上去）。廊道空间非常局促，实际上很难

第四章 17世纪建筑·1029

（左上）图4-595喀山 圣彼得和圣保罗大教堂，东侧近景

（右两幅）图4-596喀山 圣彼得和圣保罗大教堂，八面体，近景及花饰

（左下）图4-597喀山 圣彼得和圣保罗大教堂，平台近景

在里面屈膝跪拜。不过，纳雷什金风格的奢华、喜庆和世俗的特点在这里表现得倒是极为充分，室内外实际上已被融为一体。圣像屏帏周边的雕饰母题被用到立面上，形成结构的边框，用来炫耀财富和表现新的情趣。

在杜布罗维齐（莫斯科以西的一块贵族领地，靠近波多利斯克）的圣母圣像教堂里，纳雷什金风格达到了极致的表现。其施主是彼得一世的导师鲍里斯·戈利岑，项目委托于1690年下达，主要结构1697年完成，但直到1704年，才正式举行奉献仪式（到场的有大主教斯蒂芬·亚沃尔斯基和沙皇彼得）。不过，这个建筑杰作的主持匠师和华丽雕饰的作者究竟是谁，现仅能推测，到目前为止，所有假说看来都无法令人信服。不论这一问题的答案如何，教堂的建设跨越了层叠式风格最流行的年代当无疑问，无论在室内还是室外，在结构或装饰艺术上，它都可视为集这种风格之大成的作品。

杜布罗维齐教堂采用了完全对称的平面，塔楼直接从首层的四叶形体上起建（显然这正是布赫沃斯托夫打算在乌博雷教堂里实施的方案），因而它成为除菲利教堂外，另一个集中式平面的早期实例（平面及剖面：图4-528；外景：图4-529～4-535；近景及细部：图4-536～4-541；内景：图4-542、4-543）。然而，除了某些结构缘由外，这种设计的起源并没有完全搞清楚。到目前为止，在俄国建筑中，相关的最早实例应是大主教彼得在上彼得罗夫斯基修道院建造的教堂；由于纳雷什金家族和他们关系密切，因而很可能，纳雷什金的建筑师在建造菲利的层叠式教堂时是

以这个建筑作为概念原型,尽管菲利教堂要比其原型精美得多。

与此同时,在戈利岑的另一个领地,位于城市东北边缘的佩罗沃,人们开始兴建另一座规模上略小但具有类似叶状形制的教堂。它同样是供奉皇家的圣母圣像,其平面由八个叶状翼构成,四个主翼位于正向,另四个较小的位于对角方向上。在外部,半圆形的跨间由科林斯式附墙柱分划,第二层八角体亦用此法。这种设计条理分明、逻辑严密,不仅见于大主

(上两幅)图4-598 喀山 圣彼得和圣保罗大教堂,塔楼,全景及细部
(右下)图4-599 喀山 圣彼得和圣保罗大教堂,前堂内景
(左下)图4-600 普斯科夫 波甘金商所(约1530年)。东北侧景色

教彼得的教堂平面,甚至在圣瓦西里教堂的平面廓线上也有所表现(剖面:图4-544;外景:图4-545~4-547;近景及细部:图4-548)。这类组合所提供的结构支撑可允许建筑开大窗(曾一度封死,现已恢复),室内精妙的体量搭配更超出了叶卡捷琳娜时期

第四章 17世纪建筑 · 1031

（上）图4-601普斯科夫 波甘金商所，门廊近景

（左下）图4-602普斯科夫 波甘金商所，东南侧全景

（右下）图4-603普斯科夫 拉比纳宅邸（17世纪）。平面、立面及剖面（取自Академия Строительства и Архитектуры СССР:《Всеобщая История Архитестуры》, II, Москва, 1963年）

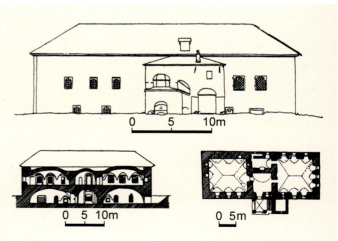

建筑师的想像（见图4-544）。

不论佩罗沃和杜布罗维齐各地的设计构思是否具有同样的来源，戈利岑的这些教堂均可视为最全面地表现了17世纪后期集中式塔楼建筑的特色。而杜布罗维齐教堂独具的品性则表现在结构的质地上。不仅墙体由石灰石砌造（为俄罗斯采用光滑或倒角砌体的首例），结构及流线型的平台也都采用同样的材料。平台构成空前丰富的雕像基座，但这些雕像所代表的文

1032·世界建筑史 俄罗斯古代卷

（左上）图4-604普斯科夫 拉比纳宅邸。现状

（下）图4-605莫斯科老英国宫院（16世纪初和17世纪）。西南侧景色

（右上）图4-606莫斯科老英国宫院。西侧全景

化从一开始就和偶像崇拜大相径庭。作为文化革命的标志，彼得一世曾从意大利进口了一批裸体和半裸体的古典雕像（见第五章第一节）。虽说杜布罗维齐的雕像仍属宗教题材且完全着装，但制作者很可能是来自意大利或瑞士的技师（特别是室内的灰泥作品）。

在杜布罗维齐，教堂本身实际上已成为雕刻作品。通向每个外出形体的宽阔台阶突出了曲线石墙的造型表现力，由此形成的形体效果通过檐口以上覆盖着教堂的雕饰和造像被进一步强化。在石雕的华丽和丰富上，只有前蒙古时期的某些建筑（如弗拉基米尔的圣德米特里教堂和尤里耶夫-波利斯基大教堂）能与之媲美；但它所创造的氛围在很大程度上是属西方的范畴（雕塑造像，特别是塔楼顶上非正统的王冠造型，见图4-541）。杜布罗维齐教堂就这样，既是俄国传统装饰风格最富有变化的例证，同时也显露出正在加速的西方化进程，在建筑上则是使俄罗斯从效法拜占廷转向以罗马为楷模（作为彼得的导师，戈利岑在向西方开放上曾起到一定的作用）。

彼得于17世纪90年代后期造访西欧，这次直接的体验使他能大致构想出自己未来新都的外貌，但在莫

第四章 17世纪建筑·1033

斯科，教堂建筑仍然是以集中式设计为基础，顶多追求点新变化，如乌兹科的圣安娜教堂（喀山圣母教堂，1698~1704年）。位于斯特列什涅夫家族领地上的这座建筑配有四个与中央空间相连的凸出形体，使人想起乌克兰的巴洛克教堂（图4-549~4-551）。不过，所有17世纪后期教堂中最大的一个当属位于波克罗夫卡大街的圣母安息教堂（1696~1699年；平面、立面及剖面：图4-552；历史图景：图4-553~4-559；现存残迹：图4-560~4-562）。它不是位于某个领地内，而是在城市东部密集的居住区里，由富商I.M.斯韦尔奇科夫投资建造，教堂就在和他的宅邸相邻的地段内。位于城市街区有限地段内的这座建筑综合了集中式和加长型教堂设计的特色，可惜它在20世纪30年代被拆除，成为这时期疯狂的文物破坏行动的又

（左上）图4-607莫斯科 老英国宫院。西北侧全景

（右上）图4-608莫斯科 老英国宫院。西南侧近景

（右中）图4-609莫斯科 老英国宫院。内景

（右下）图4-610莫斯科 （波维尔）沃尔科夫-尤苏波夫宫（约1690年代）。19世纪景色（老照片，1884年，取自Nikolay Naidenov系列图集）

（左下）图4-611莫斯科 （波维尔）沃尔科夫-尤苏波夫宫。东翼及西翼东段，东南侧景色

一例证。

圣母安息教堂的价值在于把莫斯科巴洛克风格最典型的部件和新的、西方的要素结合在一起。其中引进了不少新的部件，如采用柱式体系，在建筑角上设挑腿承成对的立柱，以及在窗边立小的附墙柱等。建筑的石灰石雕饰尚有部分残段保存下来，无论从细部还是立面的表现来看，均属莫斯科最精美的作品。顶层中央穹顶下的圆形山墙表明，建筑师很熟悉北欧的巴洛克建筑。

17世纪后期教堂建筑的变化进一步助长了行省建筑的奢靡之风，在那里，斯特罗加诺夫家族凭借巨大的财富建了一批砖石砌筑的宫殿式教堂，其装饰之华丽丰富甚至超过了同时期莫斯科的教堂。尤其令人难以想象的是，在遥远的北方居民点索利维切戈茨克[6]，斯特罗加诺夫家族创建了一个企业家社区并建造了若干大教堂。在17世纪末，该家族的文化领袖是和彼得一世私交甚笃的格里戈里·斯特罗加诺夫。在他的支持下，音乐作曲及理论家尼古拉·帕夫洛维奇·季列茨基（约1630~1680年以后）发表了俄罗斯第一部音乐作曲理论指南——《乐理》（Musical Grammar），斯特罗加诺夫家族唱诗班更以其歌咏的难度著称。这些可能都对斯特罗加诺夫1689~1693年建造的圣母圣殿献主[7]修道院大教堂类似的复杂装饰有所影响。其高三层的三跨间立方体造型类似布赫沃

（左上）图4-612莫斯科（波维尔）沃尔科夫-尤苏波夫宫。西翼现状

（右上）图4-613莫斯科（波维尔）沃尔科夫-尤苏波夫宫。西翼近景

（右下）图4-614莫斯科（波维尔）沃尔科夫-尤苏波夫宫。大台阶近景（位于两翼之间）

（上两幅及左中）图4-615莫斯科（波维尔）沃尔科夫-尤苏波夫宫。厅堂内景

（下）图4-616莫斯科 阿韦尔基·基里洛夫宫（16世纪初，1657年改建，18世纪初增建）。东侧俯视全景

（右中）图4-617莫斯科 阿韦尔基·基里洛夫宫。西北侧全景

斯托夫建造的规模更大的梁赞圣母安息大教堂，但窗边饰及檐口要更为华丽，拱廊通道更是俄国建筑中的顶尖精品（对这个没有内部柱墩的建筑来说，该部分同时起到结构支撑的作用；平面、立面及剖面：图4-563；历史图景：图4-564～4-566；外景：图4-567～4-570；近景及细部：图4-571～4-578；内景：图4-579、4-580）。

所谓斯特罗加诺夫风格，主要表现在装饰的华美而不是结构的创新上，如下诺夫哥罗德的圣诞教堂。教堂建于1697～1703年，但直到1715年才举行奉献仪

1036·世界建筑史 俄罗斯古代卷

（左上）图4-618莫斯科 阿韦尔基·基里洛夫宫。东北侧立面全景
（右）图4-619莫斯科 阿韦尔基·基里洛夫宫。东北侧立面近景
（左下）图4-620莫斯科 阿韦尔基·基里洛夫宫。东北侧入口仰视

式，装饰的花费只是延搁的原因之一，1705年斯特罗加诺夫失去了制盐专卖权后对城市的投资热情消退是另一个重要因素。教堂位于俯瞰伏尔加河的陡峭斜坡上，与斯特罗加诺夫场院相邻，在山坡高处立一大型钟塔（平面与教堂西入口形成直角；立面：图4-581；历史图景：图4-582；外景：图4-583~4-588；近景及细部：图4-589~4-591；钟塔：图4-592）。因此，尽管其设计相对保守（立方体结构，无内部柱墩），但透视景观变化多样。室外石雕（包括植物题材的丰饶角等[8]）类似俄国的室内木雕，但立面同样展现出对科林斯柱式的准确把握（不仅表现在附墙柱的柱头上，同样体现在环绕教堂及钟楼的柱顶盘上）。

尽管斯特罗加诺夫家族成为彼得堡最后一批欧式建筑的支持者，但在行省建筑中，斯特罗加诺夫风格仍然继续保持活力，如喀山的圣彼得和圣保罗大教堂（1722~1726年）。为纪念彼得50岁诞辰由富商米赫利亚耶夫投资（他从彼得那里得到了织物生产的专卖权）建造的这座教堂采用了40年前的标准设计，于主要立方体结构上起八角形体，外带延伸的餐厅（外景及细部：图4-593~4-597；塔楼：图4-598；内景：图4-599）。斯特罗加诺夫风格则主要表现在独立的钟塔及教堂外部的彩绘雕饰上。

六、彼得时期莫斯科建筑的转换

在东正教教堂的设计里引进新的西方要素是17世纪后期俄罗斯建筑的主要表现。这时期具有世俗功能的大型砖石建筑主要是所谓"商所"（chambers），其所有者已开始在这种综合居住和贮存功能的建筑上采用"巴洛克"手法主义的装饰。最初这种未加装饰的建筑中最壮观的尚可在具有悠久商业传统的普斯科夫看

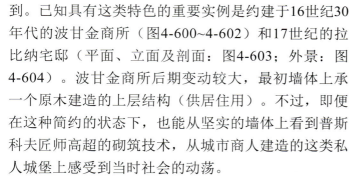

到。已知具有这类特色的重要实例是约建于16世纪30年代的波甘金商所（图4-600~4-602）和17世纪的拉比纳宅邸（平面、立面及剖面：图4-603；外景：图4-604）。波甘金商所后期变动较大，最初墙体上承一个原木建造的上层结构（供居住用）。不过，即便在这种简约的状态下，也能从坚实的墙体上看到普斯科夫匠师高超的砌筑技术，从城市商人建造的这类私人城堡上感受到当时社会的动荡。

在莫斯科，保存得最好的砖石商业建筑是由商人伊万·博布里谢夫始建于16世纪初的所谓老英国宫院，建筑内部含办公用房及商号的贮藏间（较矮的石灰石墙体尚存）。在1556年签订英俄商务协定之后，伊凡雷帝将它划拨给英国商人使用。建筑经过多次改造；在1649年英国商人被驱逐后，房屋又几易其手，现已按17世纪上半叶的形式进行了修复（外景：图4-605~4-608；内景：图4-609）。其形式在很大程度上由功能确定，但采用了装饰性的退阶嵌板，中央跨间和台阶沿袭中世纪俄罗斯建筑的做法，采用不对称的均衡构图。在17世纪的中国城，也可看到一些这样的砖构建筑，特别在1681年禁止在城市中心区（包括"白城"）建造木构建筑的法令颁布之后。但除了教堂外，这时期的莫斯科建筑主要还是由原木建造，进一步使建筑规整化的尝试亦遇到很大阻力。在1699年中国城和白城遭遇了另一场毁灭性的大火后，1701年又

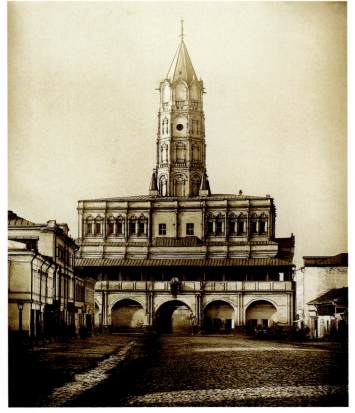

左页：

（左上）图4-621莫斯科 阿韦尔基·基里洛夫宫。入口处细部

（右上）图4-622莫斯科 苏哈列夫塔楼（1692~1695或1701年，1934年拆除）。模型（取自William Craft Brumfield：《A History of Russian Architecture》，Cambridge University Press，1997年）

（右下）图4-623莫斯科 苏哈列夫塔楼。19世纪中叶景色（彩画，1840年代，作者Ж-Б.Арну）

（左下）图4-624莫斯科 苏哈列夫塔楼。19世纪下半叶景色（远景，油画，1872年，Savrasov绘）

本页：

（左上）图4-625莫斯科 苏哈列夫塔楼。19世纪下半叶景色（版画，1870年，据Л.А.Гойдукова的画稿制作）

（左下）图4-626莫斯科 苏哈列夫塔楼。19世纪下半叶景色（老照片，1884年，取自Nikolay Naidenov系列图集）

（右上）图4-627莫斯科 苏哈列夫塔楼。20世纪初景色（版画，作者Прохоров，1900年代）

第四章 17世纪建筑·1039

本页：

（左上）图4-628莫斯科 苏哈列夫塔楼。20世纪初景色（老照片，1900年代）

（右上）图4-629莫斯科 苏哈列夫塔楼。20世纪30年代初景色（摄于1931年，即被拆除前3年）

（下）图4-630莫斯科 苏哈列夫塔楼。残存细部：窗饰

右页：

图4-631莫斯科 苏哈列夫塔楼。残存细部：装饰部件

再次颁发了同样的法令。

到该世纪末,随着俄国边界的安全有了进一步的保障,莫斯科本身的围墙也扩展到"白城"以外,人们又开始建造炫耀所有者财富的宫邸,如属17世纪末的(波维尔)沃尔科夫-尤苏波夫宫(历史图景:图4-610;现状外景:图4-611~4-614;内景:图4-615)。尽管设计上略嫌呆板,但位于红色砖墙背景上的原始巴洛克窗边饰,生动别致不求对称的陡坡屋顶再次显露出两个文化时代的结合[在这里需要指出的是,建筑于1892年在尼古拉·苏丹诺夫主持下进行了修复,他是"俄罗斯复兴"(Russian Revival)风格的主要倡导者之一,尤为欣赏17世纪后期建筑的装饰造型]。

在与别尔舍内夫卡圣尼古拉教堂(三一教堂,见图4-105~4-111)相邻的阿韦尔基·基里洛夫宫,两种文化的结合采取了不同的方式。建筑始建于16世纪初,1657年和教堂一起进行了改建,配有一系列不对称的屋顶及层位。室外装饰的退阶嵌板围绕着插入的板块(蓝色装饰母题位于白色底面上)。18世纪初,阿韦尔基·基里洛夫的儿子重新设计了建筑的中央部分,为了和早期设计取得均衡,增加了一层和建筑南侧的另一翼。建筑中部遂向前延伸形成三层结构,上部以两侧带涡卷的拱形山墙作为结束(图4-616~4-621)。这个角上带隅石的立面构图严谨、均衡,装饰细部规范有序,完全是彼得时代的新作风。但室内大部分仍保留了最初的布置。

在莫斯科,苏哈列夫塔楼这样一些项目的建设,预示了彼得堡新世俗时代的来临。塔楼位于城市北门处,建于1692~1695年(另说1692~1701年),系作为城市观测塔和L.P.苏哈列夫禁卫军团的营地。在几个门廊和带栏杆的台地上建了军团驻地和一座八角形塔楼。到该世纪末,参与叛乱的禁卫军被遣散并由彼得的新卫队取代,建筑亦于1701年被改造成数学及航海学校(可能还配置了一个天象台)。此时,在

米哈伊尔·乔格洛科夫监督下,建筑加了一层,立面窗户成对配置,塔楼也进行了延伸(1934年被拆除;模型:图4-622;历史图景:图4-623~4-629;残存细部:图4-630、4-631)。其带雕饰的石灰石窗边饰和附墙柱类似波克罗夫卡大街圣母安息教堂的做法,只是柱式体系的采用仍然具有局部和装饰的性质。红场

上1699年建造的主药房采用了更紧凑的设计(现已无存);但沿袭了堆积水平部件的类似方法(只是不甚规则),上立八角形塔楼。

在这个过渡时期,传统的教区教堂形式在像顿河大街的圣袍教堂(1701年)这样一些建筑里被重新加以诠释和理解,其拉长的巴洛克穹顶立在瘦高的鼓座

图4-632莫斯科 顿河大街圣袍教堂(1701年)。东南侧全景

图4-633莫斯科 顿河大街圣袍教堂。西南侧全景

上，类似17世纪后期的雅罗斯拉夫尔风格，扇贝母题和窗边饰则继续沿用新圣女门楼教堂那种喜庆的样式（图4-632~4-637）。由教堂、前厅和钟塔组成的"船式"设计亦经历了某些变化，如巴斯曼大街的圣彼得和圣保罗教堂（1705~1717年；图4-638~4-641）、雅基曼卡武士圣约翰教堂（1709~1717年；平面：图4-642；外景：图4-643~4-646）。在这里，主持匠师（后一个建筑可能是伊万·扎鲁德内）没有采用通常的立方体结构作为教堂主体，而是创造了一种十字形结构，每个翼上立巨大的半圆形山墙。接下来一层为宽阔的八角形体，上部结构采用同样形式但向内退进。

在波克罗夫卡大街圣母安息教堂里引进的"宫殿"

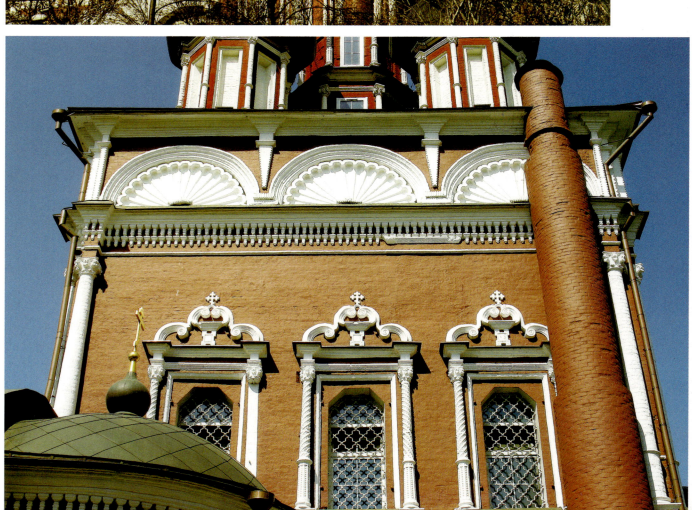

本页及左页：

（左上）图4-634莫斯科 顿河大街圣袍教堂。东南侧近景

（左下）图4-635莫斯科 顿河大街圣袍教堂。南侧近景

（右上）图4-636莫斯科 顿河大街圣袍教堂。西北侧近景

（右下）图4-637莫斯科 顿河大街圣袍教堂。穹顶，东南侧近观

（中上）图4-638莫斯科 巴斯曼大街圣彼得和圣保罗教堂（1705~1717年）。东南侧全景

第四章 17世纪建筑·1045

部件在武士圣约翰教堂里得到了另外的诠释,特别是在十字形臂翼上的窗户里,其涡卷和山墙使人想起阿韦尔基·基里洛夫宫。室外细部呈现出彼得时期新巴洛克建筑严格僵硬的造型特色,从主要八角形体顶部带栏杆的平台上,可俯瞰扎莫斯克沃雷切地区最优美

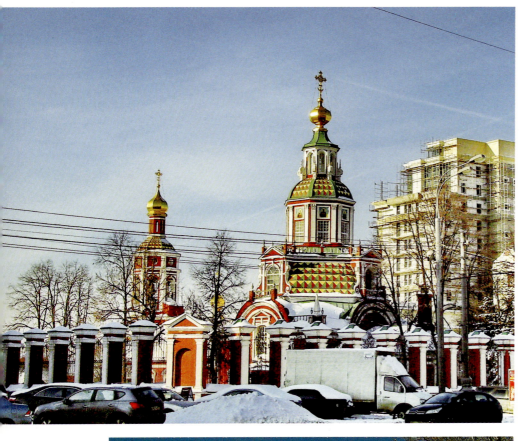

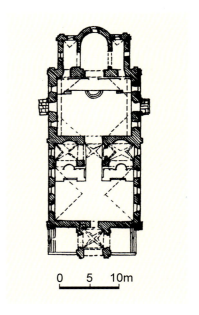

本页及左页：

（左上）图4-639莫斯科 巴斯曼大街圣彼得和圣保罗教堂。南侧景色

（左下）图4-640莫斯科 巴斯曼大街圣彼得和圣保罗教堂。南侧近景

（中左上）图4-641莫斯科 巴斯曼大街圣彼得和圣保罗教堂。塔楼全景

（右上）图4-642莫斯科 雅基曼卡武士圣约翰教堂（1709~1717年）。平面（取自Академия Строй-тельства и Архитестуры СССР:《Всеобщая История Архитестуры》, II, Москва, 1963年）

（中右上）图4-643莫斯科 雅基曼卡武士圣约翰教堂。东南侧远景

（中右下）图4-644莫斯科 雅基曼卡武士圣约翰教堂。东南侧全景

（中左下）图4-645莫斯科 雅基曼卡武士圣约翰教堂。西南侧全景

第四章 17世纪建筑·1047

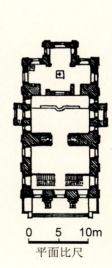

本页：

（左）图4-646莫斯科 雅基曼卡武士圣约翰教堂。东北侧近景

（右）图4-648莫斯科 大天使加百利教堂（缅希科夫塔楼，1701~1707年）。平面及立面（平面取自Академия Строительства и Архитестуры СССР：《Всеобщая История Архитестуры》，II，Москва，1963年；立面复原图据E.Kunitskaia）

右页：

（左上）图4-647亚历山大·缅希科夫（1673~1729年）像

（右上）图4-649莫斯科 大天使加百利教堂（缅希科夫塔楼）。19世纪景色（绘画，1843年，作者Бодри Карл-Фридрих Петрович）

（左下）图4-650莫斯科 大天使加百利教堂（缅希科夫塔楼）。西南侧全景

（右下）图4-651莫斯科 大天使加百利教堂（缅希科夫塔楼）。南侧景观

1048·世界建筑史 俄罗斯古代卷

的景色之一。尽管同样采用了递增的八角形体，但武士圣约翰教堂和纳雷什金风格的领地教堂表现并不尽同，由于这类教区教堂需要较大的空间，导致下部八角形体的扩展，并因此改变了建筑的外廓。

1701~1707年，在当时的权臣和陆军元帅亚历山

本页：

（左上）图4-652莫斯科 大天使加百利教堂（缅希科夫塔楼）。东南侧现状

（右上）图4-653莫斯科 大天使加百利教堂（缅希科夫塔楼）。西门廊侧景

（下）图4-654莫斯科 大天使加百利教堂（缅希科夫塔楼）。西门廊仰视

右页：

（左）图4-655莫斯科 大天使加百利教堂（缅希科夫塔楼）。西门廊雕饰细部

（右上）图4-656莫斯科 大天使加百利教堂（缅希科夫塔楼）。南门廊近景

（右中）图4-657莫斯科 大天使加百利教堂（缅希科夫塔楼）。南门廊仰视

（右下）图4-658莫斯科 大天使加百利教堂（缅希科夫塔楼）。柱头及涡卷细部

大·缅希科夫（1673~1729年，图4-647）城市领地内建造的大天使加百利教堂（通称缅希科夫塔楼）是莫斯科教堂建筑中垂向构图的绝唱，也是新的彼得时代建筑的开篇之作。建筑平面矩形，每个立面中央立半圆形山墙（平面及立面：图4-648；外景：图4-649~4-652；近景及细部：图4-653~4-659）。灰泥制作的垂花饰和小天使，以科林斯柱式为主体的壁柱，中央跨间和门廊两边带沟槽的柱子，全都昭显出教堂的庆功性质。西立面主要入口（见图4-653）两侧布置沉重的壁垛、涡卷、柱子和基督升天的灰泥塑像[类似的风格亦用于顿河修道院的季赫温圣母门楼教堂（图4-660、4-661）、圣扎卡里和伊丽莎白门楼教堂及钟塔（图4-662~4-664）]。

教堂最初系由立在矩形基座上的三个八角形体组

第四章 17世纪建筑·1051

1052·世界建筑史 俄罗斯古代卷

左页:

（上两幅）图4-659莫斯科 大天使加百利教堂（缅希科夫塔楼）。塔顶近景

（右下）图4-660莫斯科 顿河修道院。季赫温圣母门楼教堂（1713~1714年），南侧景色

（左下）图4-661莫斯科 顿河修道院。季赫温圣母门楼教堂，东南侧现状

本页:

（上）图4-662莫斯科 顿河修道院。圣扎卡里和伊丽莎白门楼教堂及钟塔（1730~1732年，1742~1755年），东侧地段全景

（下）图4-663莫斯科 顿河修道院。圣扎卡里和伊丽莎白门楼教堂及钟塔，西南侧全景

本页:
图4-664莫斯科 顿河修道院。圣扎卡里和伊丽莎白门楼教堂及钟塔,西立面全景

右页:
(左上)图4-665莫斯科 勒福托沃宫(1697~1699年,建筑师德米特里·阿克萨米托夫)。立面复原图(作者R.Podolskii)

(下)图4-666莫斯科 勒福托沃宫(1707~1708年,建筑师乔瓦尼·马里奥·丰塔纳)。平面及立面(据R.Podolskii)

(右上)图4-667莫斯科 勒福托沃宫。19世纪景色(1888年,取自Nikolay Naidenov系列图集)

成(高81米,尖塔木构,外覆金属面),延续了纳雷什金巴洛克风格的做法。主要八角形体最初上承大天使雕像(类似杜布罗维齐所用雕像)。项目总体设计人为伊万·扎鲁德内(?~1727年),但就现在所知,在不同时期参与工作的还有意大利的建筑师和雕刻家。对结构至关重要的砖构工程系由来自雅罗斯拉夫尔和科斯特罗马的一个匠师团队完成(这两个地方均为制砖工艺和生产中心)。

如果说缅希科夫塔楼体现了两个文化时代的叠合，那么，从彼得一世为他最器重的外国助手之一弗朗索瓦·勒福尔建造的宫殿（位于城市东部"日耳曼区"伊奥扎河畔）则可看到老的美学原则如何被迅速取代。这座勒福托沃宫最初由德米特里·阿克萨米托夫建于1697~1699年，采用了对称形体，配有早期巴洛克风格的窗饰，但在五个建筑形体上均保留了俄国传统的陡坡屋顶（图4-665）。在勒福尔1699年去世后，宫殿转给了缅希科夫，这位新主人于1707~1708年委托乔瓦尼·马里奥·丰塔纳对建筑进行了大规模扩建和改造。尽管算不上特别豪华，但扩建后的宫殿相当宽敞气魄：巨大的四方院将原来的建筑纳入到东立面里，其他三面均为单排房间（图4-666、4-667）。其水平延伸的廓线，配有科林斯壁柱的主要门楼及其严格规范的细部，和莫斯科的建筑传统显然没有任何关联。

尽管彼得的实际统治始自1689年，但在建筑上的表现则是随着1703年彼得堡的创建开始的。引进的西方建筑模式至此已毫不含糊地成为彼得新世俗秩序的象征，其冲击力和影响在帝国各处均可感受到。在这个彻底变革的背景下，莫斯科也不可避免地受到触动。在城市里，没有一处能像克里姆林宫那样在这方面表现得如此明显。最能说明问题的一个彼得时期的建筑即军械库，一个既作为武器仓库又作为军事博物馆的场所。建筑在米哈伊尔·乔格洛科夫和米哈伊尔·列梅佐夫的监督下于1702年开始施工，1707年因

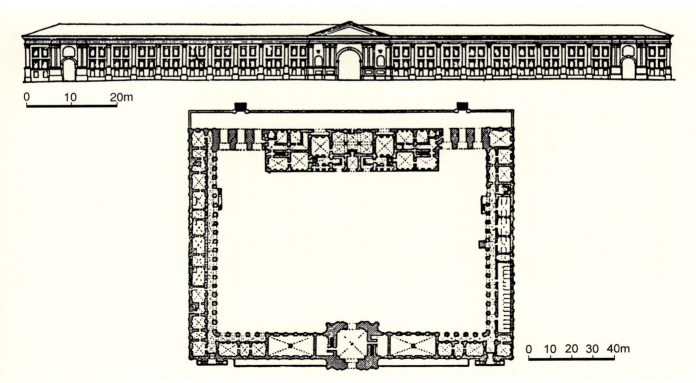

第四章 17世纪建筑 · 1055

战争而中断，直到1711年才重新上马。约1713年，铺镀金瓦片的屋顶连同结构上部拱顶一并倒塌，该部分直到18世纪30年代中期建筑完成前一直处于失修状态（竣工后的建筑配置了一个巴洛克风格的南入口）。此后，这座建筑经历了莫斯科动乱历史上的一系列灾难，带斜面窗口的墙体，成为彼得时代简朴和英勇气概的见证。和莫斯科装饰风格的最后繁荣相比，彼得时期的莫斯科建筑显然并不出色。这一切本在预料之中，因为国家的资源不是用于战争，就是用于新都彼得堡的建设。

第四章注释：

[1]罗曼诺夫家族，为伊凡雷帝的第一个妻子阿纳斯塔西娅（Anastasia）的家系。

[2]人首鹰（Sirin），俄罗斯神话中的怪鸟，胸部以上为漂亮的女人，身体为鸟（通常为猫头鹰）。据神话，她生活在靠近伊甸园的"印度土地"上，或在幼发拉底河附近。

[3]指锡安山（Zion）、耶路撒冷或天国。

[4]其圣像称Icon of Our Lady of the Sign，或Icon of the Sign，系指一种特定的全身或半身圣母像，正面对观众，双手张开，胸前圆框内绘幼年基督像，在这里，"Sign"一词似有"打手势"、"先兆"等含义。

[5]"空白恐惧症"（来自拉丁语horror vacui），即想把所有表面全用艺术品或细部填满的倾向，意大利艺术评论家马里奥·普拉兹在谈到维多利亚时代的室内设计时最早使用该词。

[6]索利维切戈茨克（Sol'vychegodsk），其名来自单词"盐"（salt）和"维切格达河"（Vychegda River），是斯特罗加诺夫家族掌控的俄罗斯中部地区制盐业垄断中心。

[7]据称圣母的父母因不孕苦求天主。天主答允他们所求并遣天使报信，为感谢天主特恩，圣母一出生便被父母献给天主。

[8]丰饶角（cornucopia），象征丰饶的羊角，角内呈现满溢的鲜花、水果等。

第五章
俄罗斯巴洛克建筑

第一节 圣彼得堡早期巴洛克建筑

一、早期工程

彼得一世（图5-1）在历史上的地位、他的业绩及其意义，是历史学家们长期以来争论的课题。尽管他的计划和改革有的只是昙花一现，但现在谁都承认，彼得大帝已将俄国造就成欧洲列强之一。他通过大量的强制劳动力和一系列战争，顶着来自社会许多阶层的巨大压力，终于完成了这一历史性的转变。战

图5-1 彼得一世（大帝，1672~1725年）画像[作者Paul Delaroche（1797~1856年），绘于1838年]

争耗费了国家百分之九十的财政预算,占据了他实际进行统治的31年(即从1694年继他母亲摄政后正式掌权到1725年去世)中的28年。在付出了如此沉重的代价后,彼得建立了一个从波罗的海到里海的庞大帝国,在社会、经济、宗教、行政和教育等方面都进行了大刀阔斧的改革。他创建了一支符合近代理念、装备先进的陆军和海军,战胜了俄罗斯历史上最主要的对手瑞典;同时奠定了欧洲最新都城的基础。

然而,彼得并没有出席1703年5月27日圣彼得堡的奠基仪式,甚至也不是他最早提出"开辟一个通向欧洲的窗口"。当时正值和瑞典开战的"北方大战"的第三年[1],此时他关心的都是些最紧迫的实际问题,如在涅瓦河口,俄国通向芬兰湾的战略要地建造设防堡垒之类。北方战争初期,彼得打得很不顺手,1700

本页及左页：

（左上）图5-2涅瓦河口地域形势（图版作者Grimel，1737年，现存哈佛大学Houghton Library），图版左侧岛上的喀琅施塔得要塞保护着位于涅瓦河口的圣彼得堡（图版右侧）；在芬兰湾南岸，彼得大帝和亚历山大·缅希科夫建造了一系列乡间宫邸：C、奥拉宁鲍姆，D、彼得霍夫，E、斯特列利纳

（左中）图5-3站在波罗的海岸边策划建造彼得堡的彼得大帝（Alexandre Benois绘，1916年）

（左下）图5-4圣彼得堡 彼得大帝木屋（1703年）。现状

（中上）图5-5圣彼得堡 彼得大帝木屋。木构墙体及门窗

（右两幅）图5-6圣彼得堡 彼得大帝木屋。书房内景

（中下）图5-7圣彼得堡 彼得大帝木屋。餐厅内景

年8月,他亲率3.5万俄军进攻纳尔瓦,差点全军覆灭。当时年仅18岁的瑞典国王查理十二世在初战俄军得手后,把目标转向彼得的同盟者、波兰国王奥古斯特二世。彼得得到休整喘息的机会,重建俄国军队,在助手亚历山大·缅希科夫[2]的协助下,在波罗的海东北地区重创瑞典军队,最后取得了战争的胜利。

彼得最感兴趣的是围绕着拉多加湖和涅瓦河的地区(图5-2),从13世纪开始,在这里进行勘测的既有俄罗斯人也有瑞典人。到1703年5月,在获得一系列局部胜利后,俄国军队已可自拉多加湖顺涅瓦河航行到芬兰湾;但要控制这条航道,彼得还需要在河口处建立要塞。在对河口地区进行了一番勘测后,他选定了一个靠近北岸的小岛作为建造城堡的基址[当地的芬兰人称其为野兔岛(Hare's Island);图5-3]。为

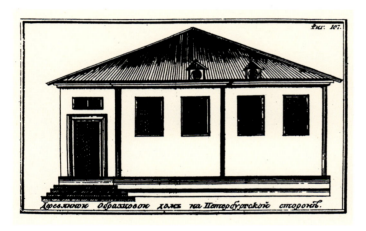

(左上)图5-8圣彼得堡 18世纪早期住宅。立面(取自1750年Andrei Bogdanov撰写的第一部彼得堡建筑史;尽管图版下面的俄语说明称其为"典型木构住宅",但很可能仍属黏土类型;原书现存哈佛大学Widener Library)

(下)图5-9波尔塔瓦会战(油画,1717~1718年,作者Louis Caravaqe)

(右上)图5-10圣彼得堡要塞(1703年,图版取自Andrei Bogdanov的彼得堡史,书中称这个最早的圣彼得和圣保罗城堡教堂为一"木构十字形建筑,配置了三个尖塔,每逢礼拜天和节假日塔上挂旌旗,随风飘荡")

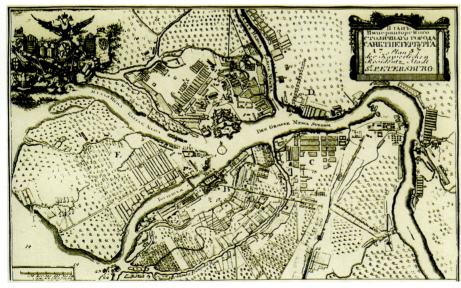

(上)图5-11 圣彼得堡 城市总平面及规划图[1719~1723年,作者Johann Baptist Homann(1664~1724年);涅瓦河南岸及北岸的杂乱布局和最初规划的瓦西里岛上的规整街道及运河网格形成了鲜明的对比]

(下)图5-12 圣彼得堡 城市总平面(1737年状态),取自J.D.Schumacher:《Palaty Sankt Peterburgskoi》(1741年)

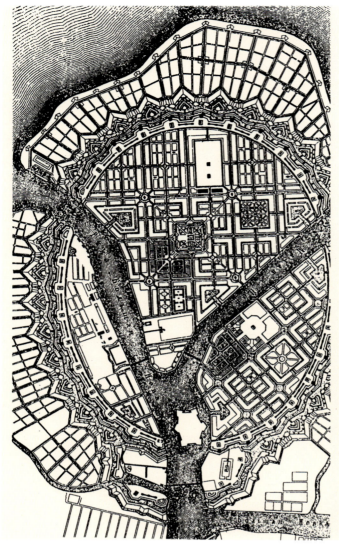

此征集了约2万人在极其艰苦的条件下建造环岛的土墙及棱堡,沙皇本人亦住在一个小木屋里(墙面绘成砖墙的样式并加了衬里;图5-4~5-7)。工程进展很快,死亡事故也迅速攀升,到11月,这座被称为圣彼得堡(Sankt Piter Burkh)的城寨已基本完成。如此命名本是为了纪念俄国东正教的圣彼得和圣保罗节庆(6月29日),采用荷兰语表述是因为这是彼得极为赞赏的一种文化的语言。不论这位沙皇的本意如何,城市的这一名称倒是表现了他引导俄罗斯走上西方道路的雄心壮志。

在城堡完成后,第一批建筑只是随意地围绕着岛屿建造。早在1704年,彼得便计划建造一座造船厂和商业中心,进一步充实城市的功能并为这座新都注入更多的活力。是年政府准备从4月到10月二三个月为

一班轮班征集4万农民从事建筑工程；尽管由于行政效率低下，实际上只征募到3~3.4万农民，但在沼泽地排涝、地基打桩和一些重要机构及设施（如海军部及其船坞）的建造上，仍取得了重大的进展。除了征集的农民工外，囚犯和瑞典战俘也被用来从事重体力劳动，彼得还动员手艺人、工匠、商人和贵族成员到这座新城定居。下层民众则根据他们的技艺或经商能

本页及左页：

（左上）图5-13 圣彼得堡 城市规划方案（1717年，作者让-巴蒂斯特·亚历山大·勒布隆；取自I.N.Bozherianov:《Nevskii Prospekt》，现藏哈佛大学Widener Library）

（左下）图5-14 圣彼得堡 瓦西里岛。19世纪初景色（绘画，1805~1807年，作者Atkinson，示岛东端状态）

（右）图5-15 圣彼得堡 瓦西里岛。东侧俯视全景

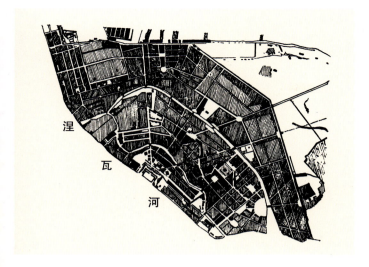

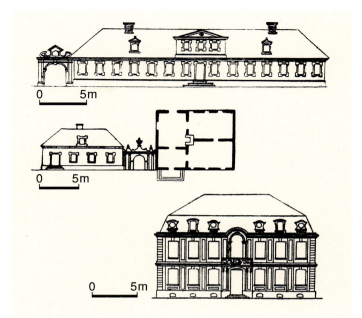

左页：
（上）图5-16 圣彼得堡 瓦西里岛。向东北方向望去的俯视景色
（下）图5-17 圣彼得堡 瓦西里岛。东侧全景

本页：
（左上）图5-18 圣彼得堡 涅瓦河左岸规划（1769年，简图，取自Академия Стройтельства и Архитестуры СССР：《Всеобщая История Архитестуры》，II，Москва，1963年）
（右下）图5-19 多梅尼科·特雷齐尼纪念碑
（右上）图5-20 多梅尼科·特雷齐尼：标准住宅设计（1714年，取自Академия Стройтельства и Архитестуры СССР：《Всеобщая История Архитестуры》，II，Москва，1963年）

力住在邻近地区，贵族更要求建造具有一定规模和样式的宅邸（取决于他们的财富，通常都按他们拥有的农奴数量计算）。

工作条件仍然极端恶劣，即使按俄国的标准来看也是如此。被征集来的农民工不仅遭受了在沼泽地里建造城市之苦（在他们眼里，在彼得堡的工作比西伯利亚的苦力强不了多少），还要在播种和收获的农忙季节背井离乡到遥远的地方（有时达数百英里以外）从事一项与己无关的劳动，因而常常大批逃离；政府为此采取了严厉的措施，去彼得堡的工人往往要上镣铐，逃跑者的家属要被监禁，被抓回的逃犯要受鞭笞乃至被处决。之后逐渐引进了一些更务实的政策，几十年后，既浪费人力又效率低下的征募制大部分被雇佣劳动取代。

本页：

（上）图5-21彼得一世的军队攻占纳尔瓦（1704年，油画，作者Николай Александрович Зауервейд，绘于1859年）

（中）图5-22圣彼得堡 彼得-保罗城堡。18世纪景色（祖波夫：《圣彼得堡全景》，版画局部，1716年）

（下）图5-23圣彼得堡 彼得-保罗城堡。自城堡处望涅瓦河景色（彩画，1830年代，作者Basiolli）

右页：

（左上）图5-24圣彼得堡 彼得-保罗城堡。19世纪景色[西南侧望去的景象，水彩画，1847年，作者Василий Семёнович Садовников（1800~1879年）]

（右上）图5-25圣彼得堡 彼得-保罗城堡。西南侧远景

（下）图5-26圣彼得堡 彼得-保罗城堡。西南侧俯视全景

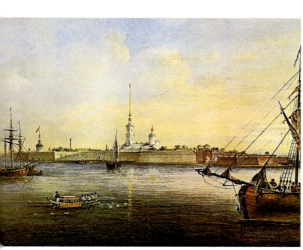

第五章 俄罗斯巴洛克建筑·1067

本页:
图5-27圣彼得堡 彼得-保罗城堡。西侧俯视景色

右页:
(上)图5-28圣彼得堡 彼得-保罗城堡。南侧俯视全景

(左下)图5-29圣彼得堡 彼得-保罗城堡。东侧俯视夜景

(右下)图5-30圣彼得堡 彼得-保罗城堡。西南侧远景

二、彼得堡的规划设想

在初创的头十年,彼得堡基本上就是个边境哨所基地。尽管1706年成立了建设部(Department of Construction),但城市建筑几乎全为木构或泥墙(图5-8),人们也很少关心齐整与精确。彼得仍然忙于对瑞典的战争,甚至在1708年击退瑞典军队对彼得堡的最后一次进攻后,城市的安全仍然得不到充分的保障,一直到1709年7月在波尔塔瓦取得了对查理的决定性胜利后,情况才有所改变(图5-9)。1710年

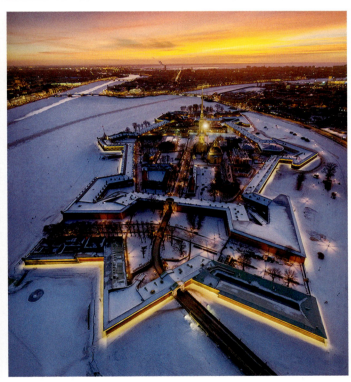

攻占彼得堡北面芬兰湾岸边的维堡，为城市的安全提供了额外的保证。同年，这位已成为最高统治者的沙皇建了一座修道院，纪念几乎5个世纪之前在这一地区打败瑞典人的亚历山大·涅夫斯基。随着这位圣徒的遗骨自弗拉基米尔迁来，彼得使他的城市进一步成为主要的宗教中心。1712年，帝国宫廷从莫斯科迁往彼得堡，不过许多重要的行政部门此时仍留在老都城行使职责。

在彼得和他的代理人亚历山大·缅希科夫的监督下，城市建设的步伐进一步加快。从标准住房的设计到木结构防蟑螂的措施，事无巨细都是这位统治者关注的问题。1706年，他建立了城市事务部（Kantselariia, Office of City Affairs），借助警力按严格制定的标准控制建筑活动。彼得的理想是建造一个他在欧洲巡游期间（1697~1699年）看到的荷兰——或英国——那种规划有序、结构坚固的城市（街道网格整

（上下两幅）图5-31圣彼得堡 彼得-保罗城堡。东南侧远景

齐划一，以尖塔形成城市的突出廓线，以材质耐久、效果宏伟的石料为建筑的面层）。

彼得渴望使城市具有宏伟的面貌，乃至下令在早期木构建筑（包括城堡内始建于1703年的第一个圣彼得和圣保罗大教堂；图5-10）上施彩绘，模仿砖石效果。1714年，他禁止在帝国其他地方建造砖石建筑，以确保为彼得堡提供熟练的工匠和建筑材料。砌筑基础和铺装街道的石头由1714~1776年征集的所谓"石头税"（stone duty）获得：进入城市的马车需缴纳不轻于5磅的三块石头，进入港口的船舶需交10~30块石

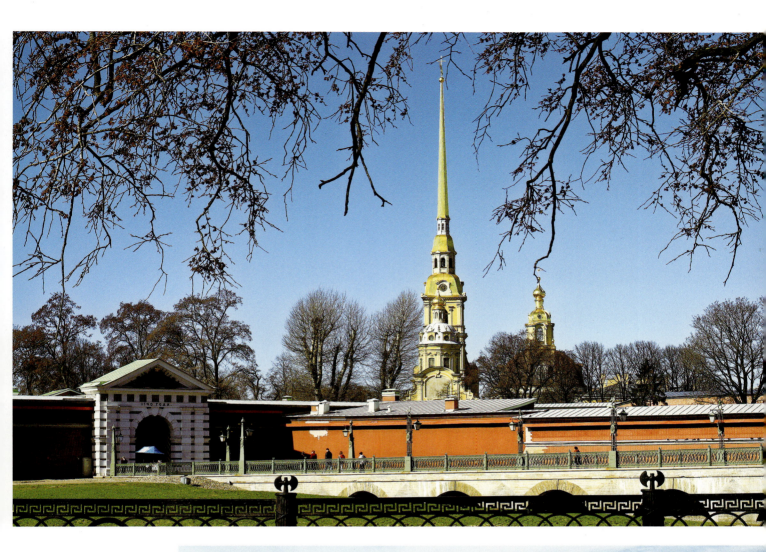

（上）图5-32 圣彼得堡 彼得-保罗城堡。东北侧景色

（下）图5-33 圣彼得堡 彼得-保罗城堡。西侧雪景

左页：

（左上）图5-34 圣彼得堡 彼得-保罗城堡。城墙角塔

（右上）图5-35 圣彼得堡 彼得-保罗城堡。旗塔

（左中）图5-36 圣彼得堡 彼得-保罗城堡。缅希科夫棱堡，现状

（左下）图5-37 圣彼得堡 彼得-保罗城堡。彼得门（1715~1717年），东北侧地段形势

（右下）图5-38 圣彼得堡 彼得-保罗城堡。彼得门，东南侧景色（墙面刷成黄白条带的效果）

本页：

（上）图5-39 圣彼得堡 彼得-保罗城堡。彼得门，东立面全景

（下）图5-40 圣彼得堡 彼得-保罗城堡。彼得门，山墙及嵌板浮雕

第五章 俄罗斯巴洛克建筑·1073

（左上）图5-41 圣彼得堡 彼得-保罗城堡。彼得门，门头双头鹰徽标

（下两幅）图5-42 圣彼得堡 彼得-保罗城堡。彼得门，门侧龛室及雕像

头。实际上，除泥土以外的各种建筑材料——玻璃、铅板、石料、砖头、屋面瓦、木材——大部靠外地输入或由就地匆忙建起来的工场及作坊制造。尽管彼得及其助手缅希科夫发布了一系列圣旨，作出了巨大努力，但资源仍然不足，1714年后，城市中仅有部分地段划为石结构区。由于材料匮乏，甚至这一法令也难以全面贯彻；到1723年，除涅瓦河路堤、瓦西里岛上的少数街道，以及市中心及彼得宏伟蓝图中的个别基址外，在城市的大部分地区，砖石建筑实际上已被禁止。

彼得不仅对艺术有执著的兴趣（尽管在很大程度上具有实用主义的倾向），同时也具有一定的想象力和设计天分（无论是造船还是建城堡）。因而，彼得堡早期规划的基本要点来自他本人巡游西欧时的观察和印象也并非不可能。当然，在落实其想像时，他还

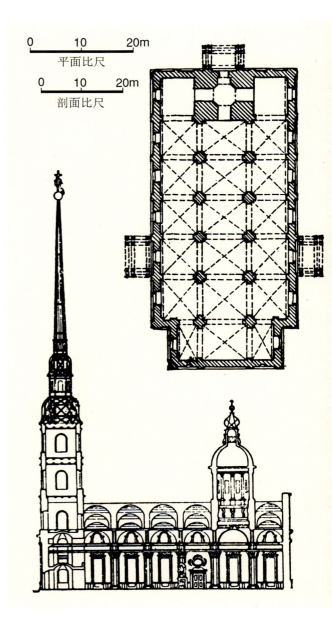

（左上）图5-43彼得大帝在彼得霍夫宫讯问皇太子阿列克谢（油画，作者Nikolaï Gay，1871年）

（右）图5-44圣彼得堡 彼得-保罗城堡。圣彼得和圣保罗大教堂（1712~1732年），平面及纵剖面（据A.Shelkovnikov）

（左下）图5-45圣彼得堡 彼得-保罗城堡。圣彼得和圣保罗大教堂，19世纪中叶景色（素描，作者André Durand，1839年）

第五章 俄罗斯巴洛克建筑 · 1075

本页：

（左上）图5-46圣彼得堡 彼得-保罗城堡。圣彼得和圣保罗大教堂，19世纪末景观（老照片，1896~1897年）

（右）图5-47圣彼得堡 彼得-保罗城堡。圣彼得和圣保罗大教堂，北侧俯视全景

（左下）图5-48圣彼得堡 彼得-保罗城堡。圣彼得和圣保罗大教堂，西南侧景观

右页：

图5-49圣彼得堡 彼得-保罗城堡。圣彼得和圣保罗大教堂，西北侧全景

左页：

图5-50圣彼得堡 彼得-保罗城堡。圣彼得和圣保罗大教堂，东南侧全景

本页：

图5-51圣彼得堡 彼得-保罗城堡。圣彼得和圣保罗大教堂，立面仰视近景

要依赖为城市事务部工作的职业建筑师的专业技能。在这方面的主要人物是出生于瑞士的意大利建筑师多梅尼科·特雷齐尼（约1670~1734年），他设计的标准住宅根据居民的经济状况和社会地位在城市各地得到应用。到1716年，特雷齐尼按彼得的设想，把城市具体地区的发展规划制定成总体景观图。当然，这些景观图绝非不可变更，事实上，在这位沙皇在世期间，城市平面即根据地形条件和社会现实经历了多次改变。

在这些地区当中，作为三角洲地带最突出的地理景观，瓦西里岛经历了最大的变化。彼得的理想是把岛建成新的阿姆斯特丹，岛上开凿运河系统，布置精

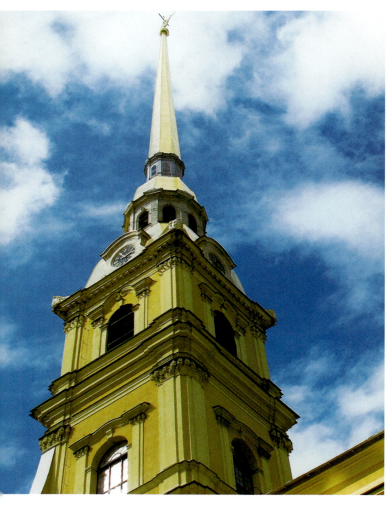

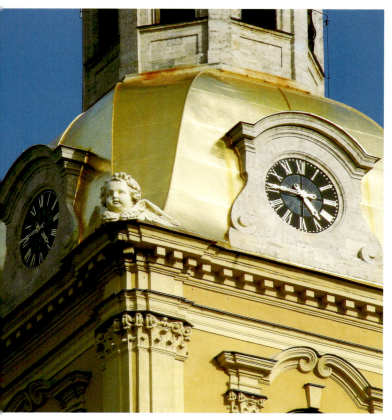

确的街道网格，街区内布置府邸、行政建筑及大型公园（图5-11、5-12），但这一设想由于春秋两季河道融化及结冰很难接近而受阻。虽然彼得命令富足的臣民在岛上建造住宅，但由于地段不合适许多人无视1719~1725年间颁布的法令离开了尚未完成的住房，仍然住在涅瓦河左岸。从当时有关瓦西里岛的记述可看到这些废弃建筑给人们留下的印象（远望颇为壮观，近看则荒凉破败）。

左页：

（左上）图5-52圣彼得堡 彼得-保罗城堡。圣彼得和圣保罗大教堂，主塔仰视景观

（左下及右）图5-53圣彼得堡 彼得-保罗城堡。圣彼得和圣保罗大教堂，主塔中部近景

本页：

（左）图5-54圣彼得堡 彼得-保罗城堡。圣彼得和圣保罗大教堂，主塔顶部近观

（右）图5-55圣彼得堡 彼得-保罗城堡。圣彼得和圣保罗大教堂，主塔顶饰

第五章 俄罗斯巴洛克建筑·1081

　　法国著名园林建筑师安德烈·勒诺特的门徒让-巴蒂斯特·亚历山大·勒布隆（1679～1719年）提交的一份方案更为大胆、工整。1716年6月，彼得接见了勒布隆，随后聘他为新城的"总建筑师"（同时应聘的还有他的一个技师随员）。勒布隆对新建筑（很多都没有完成）提出严厉的批评，认为城市缺乏全面规划，他提出了一个带椭圆形防卫城墙的新设计，将涅瓦河三角洲包括瓦西里岛在内的四片地区围括在内，在矩形和对角形街道网格里布置一系列公园和广场（图5-13），但这个无论在人力和物力上都花费巨大的规划并没有得到认真的对待和贯彻，彼得只是批了一个便条给缅希科夫，随后方案便被束之高阁。

　　彼得希望在瓦西里岛上建一个繁华城区的梦想直到他去世后几十年才实现，岛上的街道（特别是东西向的平直干线）基本再现了特雷齐尼早期平面的模式（历史图景：图5-14；全景：图5-15～5-17）。而在涅

本页及左页：

（左）图5-56圣彼得堡 彼得-保罗城堡。圣彼得和圣保罗大教堂，东立面壁画

（右）图5-57圣彼得堡 彼得-保罗城堡。圣彼得和圣保罗大教堂，南门廊及东塔近景

（中）图5-58圣彼得堡 彼得-保罗城堡。圣彼得和圣保罗大教堂，东塔楼近景

瓦河左岸（南岸），自海军部向外辐射三条主要干道的宏伟构图可能是来自彼得设一条大林荫道通往城市的想法，彼得堡后期的发展基本上由这一格局确定（图5-18）。除了这些基于18世纪30年代后期总体规划的具体表现和特色外，彼得对这座城市形式的最主要贡献，实际上是全面综合进行城市设计的观念本身，正是在这种思想指引下，彼得堡建筑师创建了一系列宫殿、教堂、公园和广场，构成了18世纪欧洲最著名的建筑组群之一。

彼得堡最初几十年的建筑中，留存下来的甚少，但从流传下来的草图和平面可知，早期这些建筑的形式大多取自各种欧洲的建筑风格。伊凡三世和瓦西里三世时期，俄罗斯不乏有才干和能力的熟练匠师，但由于他们长期和欧洲结构技术和工程的发展隔绝，因而需要大量引进技术专家。彼得早期的建筑师来自各个国家（意大利、荷兰、德国和法国），他们曾受聘

本页：
图5-59圣彼得堡 彼得-保罗城堡。圣彼得和圣保罗大教堂，东塔楼顶塔

右页：
图5-60圣彼得堡 彼得-保罗城堡。圣彼得和圣保罗大教堂，本堂内景

于包括丹麦和瑞典在内的各个欧洲宫廷。在这时期的俄罗斯，对方案最后拍板的仍然是彼得本人，他对建筑细部极感兴趣，基础完成后就原来提出的建筑外观改变主意也并非罕见。据伊戈尔·格拉巴尔记述："经常是一位建筑师开始设计某项工程，第二位继续他的工作并由第三位完成，最后第四位又重来一遍"。虽说彼得在支付这些外国建筑师的年薪上慷慨大方（如勒布隆每年可获得5000卢布，在当时也算巨额报酬了），但工作环境艰苦，体力透支也是实情（最不幸的如勒布隆，1719年因染天花身亡）。当然，成绩是不可否认的，彼得自国外请来的这批专家不仅创造了一种自成体系的巴洛克风格，而且为俄罗斯培养了整一代新的建筑师。

三、多梅尼科·特雷齐尼和彼得-保罗城堡的重建

可能早在波尔塔瓦取胜之前，彼得就已经打算在都城中心建一座城堡，它不仅要满足军事的需求，同时要成为新的政治体制下俄罗斯国家和东正教统一的象征。对彼得堡的建筑来说，这不啻是一次真正的变革和大胆的尝试。负责贯彻和落实这项工作的是彼得时期最有才干的建筑师之一——多梅尼科·特雷齐尼（图5-19、5-20）。1670年特雷齐尼出生于卢加诺附

第五章 俄罗斯巴洛克建筑

本页及右页:

(左上)图5-61圣彼得堡 彼得-保罗城堡。圣彼得和圣保罗大教堂,本堂仰视景色

(右上)图5-62圣彼得堡 彼得-保罗城堡。圣彼得和圣保罗大教堂,圣像屏近景(下部)

(中)图5-63圣彼得堡 彼得-保罗城堡。圣彼得和圣保罗大教堂,圣像屏上部及穹顶仰视

(右下左)图5-64圣彼得堡 彼得-保罗城堡。圣彼得和圣保罗大教堂,沙皇祈祷位

(右下右)图5-65圣彼得堡 彼得-保罗城堡。圣彼得和圣保罗大教堂,主教座

近的阿斯塔诺村(卡洛·马代尔纳和弗朗切斯科·波罗米尼都出身于这一地区)并在地方上受教育(可能曾到罗马学习)。1699年,他作为城防工程师在哥本哈根为丹麦国王腓特烈四世服务。1703年春受彼得邀请去俄国工作,是年8月,他带了一批工匠经阿尔汉

第五章 俄罗斯巴洛克建筑 · 1087

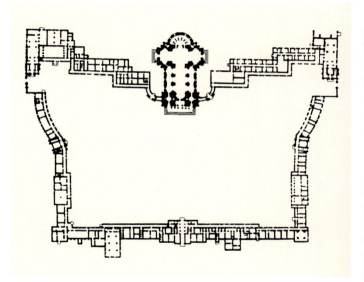
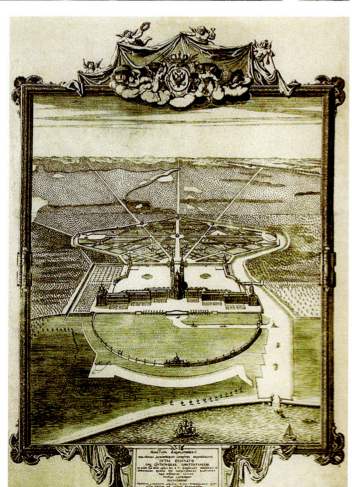

（左上）图5-66圣彼得堡 彼得-保罗城堡。圣彼得和圣保罗大教堂，尼古拉二世及家族墓碑（位于圣叶卡捷琳娜礼拜堂内）

（右上）图5-67圣彼得堡 彼得-保罗城堡。圣彼得和圣保罗大教堂，彼得一世墓

（左中）图5-68圣彼得堡 彼得-保罗城堡。圣彼得和圣保罗大教堂，钟室，排钟系列

（右下）图5-69圣彼得堡 亚历山大·涅夫斯基修道院。总平面（1715年，制定人多梅尼科·特雷齐尼；三一大教堂1776~1790年，建筑师伊万·斯塔罗夫）

（左下）图5-70圣彼得堡 亚历山大·涅夫斯基修道院。总图设计（1720~1723年，作者不明）

（上）图5-71圣彼得堡 亚历山大·涅夫斯基修道院。外景（版画，取自《Brockhaus and Efron Encyclopedic Dictionary》，1890~1907年）

（左中）图5-72圣彼得堡 亚历山大·涅夫斯基修道院。建筑群，俯视景色

（右中及右下）图5-73圣彼得堡 亚历山大·涅夫斯基修道院。入口大门及马赛克细部

（左下）图5-74圣彼得堡 亚历山大·涅夫斯基修道院。院落景色

格尔斯克抵达莫斯科。由于他具有在北方工作的经验，很快成为彼得新都建设的主要建筑师，设计了彼得-保罗城堡的第一批建筑，包括壮观的圣彼得和圣保罗大教堂（1712~1733年），以及像十二部院大楼（1722~1734年）、彼得大帝夏宫（1710~1711年）和冬宫（1726~1727年）这样一些重要的建筑。在圣彼得堡的城市规划上特雷齐尼也有诸多贡献，如喀琅施塔得城（1704年）、瓦西里岛的大部分（1715年）和亚历山大·涅夫斯基修道院（1717年）的规划。

1704年2月，特雷齐尼被召到彼得堡监督喀琅施

第五章 俄罗斯巴洛克建筑·1089

洛特棱堡的建造,这是捍卫自芬兰湾至城市西部入口的重要据点。尽管从军事工程的角度看,这座位于科特林岛(后为喀琅施塔得海军基地所在地)南端浅滩上,用原木和泥土筑成的八角形结构似属异类,但在1704和1705年夏季抵抗瑞典人的大规模进攻时,这些工程仍然起到了重要的作用。

由于在工程技术上的杰出才干,特雷齐尼接着受命重建在1704年8月俄国军队攻占纳尔瓦时破坏严重的城防工事[3](图5-21)。特雷齐尼在纳尔瓦待了几乎一年,在彼得-保罗城堡的监管工程师(一位名叫约翰·基尔兴斯泰因的撒克逊人)去世后,彼得提拔他担任这座国家主要城堡的建筑师。尽管土筑城堡已经完成,但彼得已有意用砖石墙体取代它。1706年5月,这位沙皇出席了缅希科夫棱堡的奠基仪式,设计和建造这座带有6座棱堡的彼得-保罗城堡遂成为特雷齐尼后半生(直到1734年去世)的主要工作之一。以前俄国引进的大都是两个世纪前陈旧的意大利城防技术,彼得则不同,他非常熟悉防卫工程的最新进展,城堡的设计也都符合西方的军事工程标准。

然而,彼得-保罗城堡从没有经受过战争的考验,其设计实际上更适合作为政治和实力的象征(历史图景:图5-22~5-24;俯视景色:图5-25-5-29;全

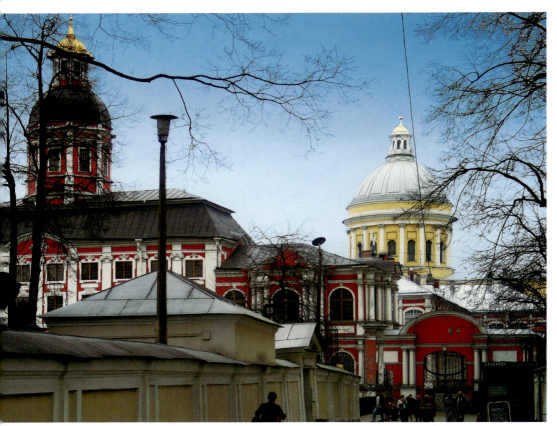

(上)图5-75 圣彼得堡 亚历山大·涅夫斯基修道院。天使报喜教堂(1717~1722年),西北侧远景(前景为墓地)

(下)图5-76 圣彼得堡 亚历山大·涅夫斯基修道院。天使报喜教堂,西北侧现状

（上）图5-77 圣彼得堡亚历山大·涅夫斯基修道院。天使报喜教堂，西南侧景观

（下）图5-78 圣彼得堡亚历山大·涅夫斯基修道院。天使报喜教堂，西侧，入口近景

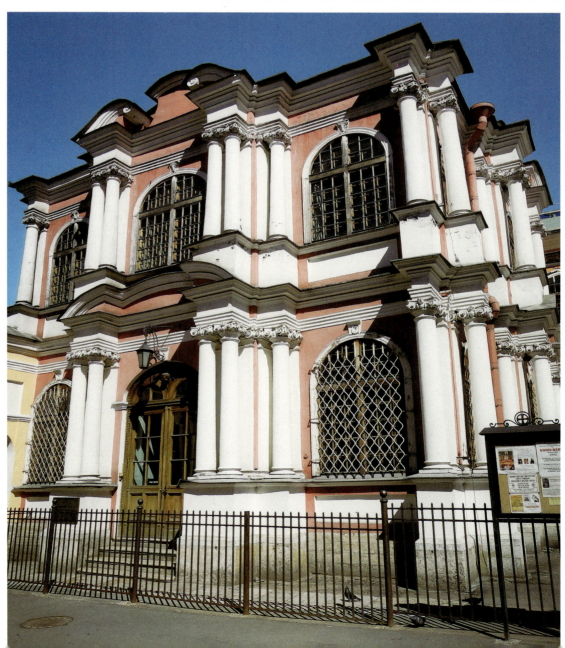

景：图5-30-5-33；城墙及角塔：图5-34；旗塔：图5-35）。城堡的主要部分、在外观上格外突出的六个棱堡，分别以彼得时期的重要官员（如缅希科夫）或皇室成员命名（缅希科夫棱堡：图5-36）。这种世俗的特色见于彼得时期建筑的各个方面，人们不再热衷于用象征的手法追溯俄罗斯的过去，红场上的圣母代祷大教堂表达的同样是俄罗斯帝国的新梦想（如今，这个新帝国的版图已成功地扩展到伏尔加河以外的地域）。不过，建筑各部分以皇室成员或军事首脑命名的这种倾向，并没有逾越东正教会的节庆历法及传统

规章（见第二章第二节）。尽管世俗国家的力量在不断增长，但16世纪的沙皇及其罗曼诺夫家族的继承人并不想公开挑战教会的权威——上帝的佑护原本是他们权力的基石。

然而，对彼得一世来说，新社会秩序的实质即政

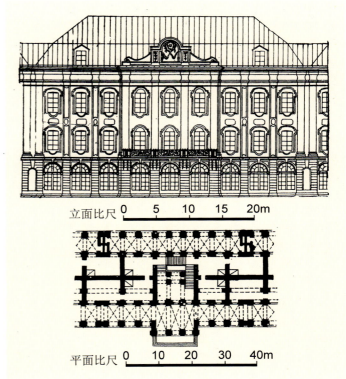

本页及左页：

（左上）图5-79圣彼得堡 亚历山大·涅夫斯基修道院。天使报喜教堂，入口处木雕

（中）图5-80圣彼得堡 亚历山大·涅夫斯基修道院。天使报喜教堂，塔楼，西北侧近景

（右下）图5-81圣彼得堡 瓦西里岛。"十二部院大楼"（1722~1741年），平面（据A.Shelkovnikov）

（右上）图5-82圣彼得堡 瓦西里岛。"十二部院大楼"，单元平面及立面（取自Академия Стройтельства и Архитестуры СССР：《Всеобщая История Архитестуры》，II，Москва，1963年）

（左下）图5-83圣彼得堡 瓦西里岛。"十二部院大楼"，18世纪景色[版画，1761年，作者M.I.Makhaev（1718~1770年）]

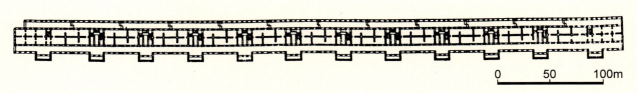

教分离和向世俗势力倾斜。在他这座大城堡里，甚至宗教典故（彼得对《圣经》非常熟悉）都被纳入到一个更具有西方氛围而不是俄国东正教的艺术环境和象征体系内。在这方面最典型的实例即彼得门（外景：图5-37～5-39；近景及细部：图5-40～5-42），这座凯旋门式的建筑原为木构（1708年，特雷齐尼设计建造），1715～1717年改用砖石重建，并配置了17世纪巴洛克风格的古典细部（有些类似克里斯托弗·雷恩于1672年设计的伦敦圣殿门的入口）。建筑上部原有圣彼得的木雕像，下面为康拉德·奥斯内制作的木浮雕，表现圣徒彼得战胜邪恶势力的代表魔术师西门的典故。毫无疑问，在这里，和城堡内大教堂的供奉对象一样，圣彼得即暗喻这位沙皇（浮雕则象征他战胜查理十二世）。既然伊凡雷帝时期圣母代祷大教堂的主入口是象征耶稣进入耶路撒冷，彼得堡城堡入口

（左上）图5-84圣彼得堡 瓦西里岛。"十二部院大楼"，19世纪初景观[彩画，1805～1807年，作者John Augustus Atkinson（1775～1833年左右）]

（右上及右中）图5-85圣彼得堡 瓦西里岛。"十二部院大楼"，19世纪上半叶景观（彩画，1820年，作者A.Тозелли）

（下）图5-86圣彼得堡 瓦西里岛。"十二部院大楼"，南侧俯视全景（自圣伊萨克大教堂上望去的景色）

1094·世界建筑史 俄罗斯古代卷

（上）图5-87圣彼得堡 瓦西里岛。"十二部院大楼"，南侧远景

（左下）图5-88圣彼得堡 瓦西里岛。"十二部院大楼"，东北立面，现状

（右下）图5-89圣彼得堡 瓦西里岛。"十二部院大楼"，东北立面，中段近景

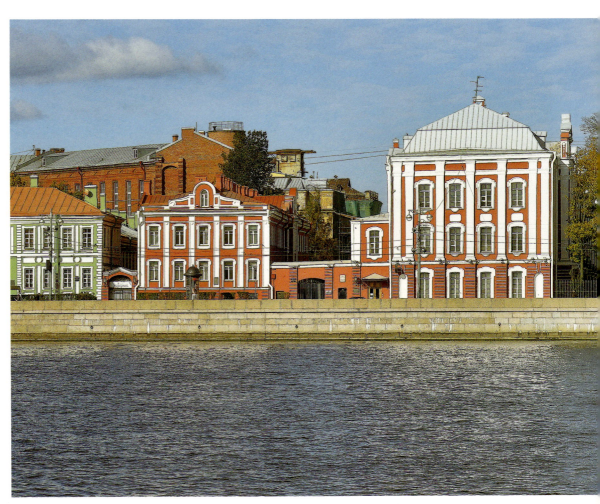

大门上的彼得雕像显然是象征他掌控着进入天堂和地狱的钥匙。正是这种对权力的占有欲和成就感构成了彼得时期全部寓意和象征体系的基础[既可采用基督教也可采用古典造型，如彼得门两侧龛室就用了贝罗纳（古罗马战争女神）和密涅瓦（智慧及工艺女神）的雕像]。由于皇位继承人阿列克谢·彼得罗维奇和父亲彼得因政见相异长期不和（图5-43），并于1718年

本页及右页：

（左上）图5-90圣彼得堡 瓦西里岛。"十二部院大楼"，北端，西北侧景色

（左下）图5-91圣彼得堡 瓦西里岛。"十二部院大楼"，西南侧，两层突出部分景观

（中上）图5-92圣彼得堡 瓦西里岛。"十二部院大楼"，廊厅内景

（中下）图5-93圣彼得堡 瓦西里岛。"十二部院大楼"，大厅，装修细部

（右上）图5-94小尼科迪默斯·特辛（1654～1728年）画像

（右下）图5-95小尼科迪默斯·特辛：旅游考察笔记（1687～1688年，第二部分，30～31和38～39页，现存瑞典国家图书馆）

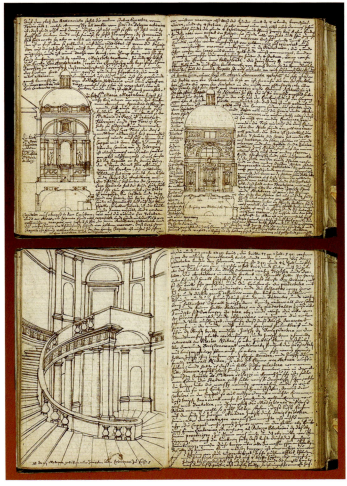

6月在一次据信有彼得一世参与的审讯后死在城堡里（年仅28岁），因而，钥匙作为权力和关押监禁的象征在这里就具有了格外的意义。

在城堡内部，特雷齐尼设计的圣彼得和圣保罗大教堂更是彻底背离了采用集中形制、以带穹顶的十字形平面为基础的俄罗斯传统教堂的模式。他以一个纵长的大型会堂式建筑取代了原有的木构教堂，在东端

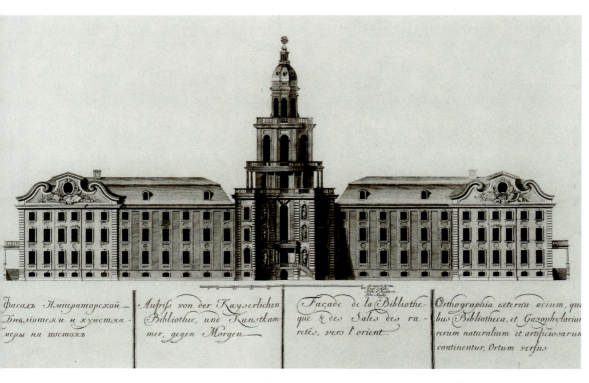

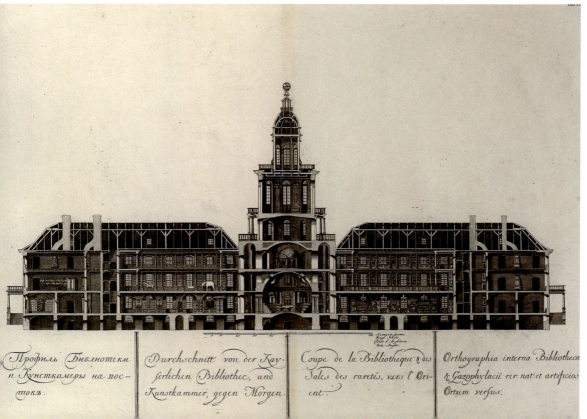

（上）图5-96 圣彼得堡 瓦西里岛。博物馆（1718~1734年），立面（取自George Heard Hamilton:《The Art and Architecture of Russia》，Yale University Press，1983年）

（中）图5-97 圣彼得堡 瓦西里岛。博物馆，立面（图版，作者Grigorii Kachalov，1741年，现存哈佛大学Houghton Library）

（下）图5-98 圣彼得堡 瓦西里岛。博物馆，剖面（图版，作者Grigorii Kachalov，1741年，现存哈佛大学Houghton Library；中央塔楼内安置解剖学演示厅及天象台，右翼为科学院图书馆，左翼为博物馆）

建造了一个不大的巴洛克式穹顶,西面入口处耸起一个更高的带尖顶的塔楼(平面及剖面:图5-44;历史图景:图5-45、5-46;外景:图5-47~5-50;近景及细部:图5-51~5-59;内景:图5-60~5-65;墓寝:图5-66、5-67;钟室:图5-68)。事实上,这座塔楼是彼得最主要的兴趣所在,被排在整座建筑的优先地位(结构的其他部分直到1732年才完成)。迅速建造的塔楼不仅为性急的彼得提供了一个可观测周围地区施

(上)图5-99圣彼得堡 瓦西里岛。博物馆,18世纪景色(彩画,1753年,原画作者М.И.Махаев,图版制作Г.А.Качалов和Е.Г.Виноградов)

(中)图5-100圣彼得堡 瓦西里岛。博物馆,东侧远景

(下)图5-101圣彼得堡 瓦西里岛。博物馆,滨河立面

(上)图5-102圣彼得堡瓦西里岛。博物馆,南侧景观

(下)图5-103圣彼得堡瓦西里岛。博物馆,塔顶天体仪

工进程的平台,同时也为他在荷兰定制的排钟提供了承载框架。到1717年,特雷齐尼已完成了塔楼的基本结构(尖塔和排钟于1720年安装)。这位沙皇就这样,再次使他的都城具有了可和莫斯科媲美的地标建筑,其排钟已超过了克里姆林宫的入口——救世主门塔。到1723年,镀金尖塔(顶上立十字架及天使像)的高度更达到112米,超过莫斯科的伊凡大帝钟楼32米。

尖塔和教堂主体一样，类似17世纪北欧的巴洛克建筑，在塔楼下部各层还综合使用了大型涡卷和古典的柱顶盘构件（前者除作为构图的过渡元素外同时还起结构支撑作用，后者用于在水平方向上划分各递升层位，见图5-51）。教堂水平方向的系列大窗在俄罗斯教堂建筑的设计和墙面分割上更是没有先例的表现，它们为室内的帝国徽章标记、旗帜及其他装饰提供了充分的光照。现在不清楚的是，这个大厅是否一

（左上）图5-104圣彼得堡瓦西里岛。博物馆，科学院图书馆内景（版画，作者M.G.Zemtsov，约1730年）

（下）图5-105安德烈亚斯·施吕特（1662～1714年）浮雕像（位于汉堡市政厅入口大厅处，约1890年）

（右上）图5-106柏林 明茨图尔姆塔楼。立面设计（作者安德烈亚斯·施吕特）

第五章 俄罗斯巴洛克建筑 · 1101

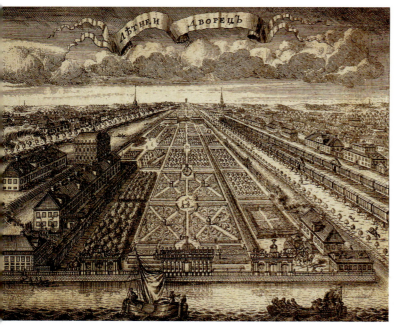

开始就打算作为罗曼诺夫王朝沙皇的埋葬地,总之,随着彼得大帝的去世(他的葬礼就在未完成的大教堂墙内搭建的一个临时性的木构教堂里举行),这一功能就从克里姆林宫的大天使教堂转移到了这里。事实上,彼得-保罗塔楼及尖塔已被视为和伊凡大帝钟楼以及科洛缅斯克的耶稣升天教堂相对应的作品,成为最高统治者权威的象征。

教堂室内由人造大理石柱墩分为三条廊道,柱墩

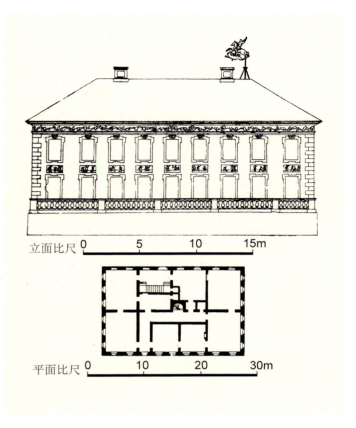

上饰金色科林斯柱头,顶上色彩柔和、表现建筑细部的透视画视觉上扩展了拱顶空间。墙上部为表现宗教题材的嵌板画,尽管具有西方的风格,实际上是由一组俄罗斯艺术家绘制。室内最主要的艺术品,是位于教堂东端穹顶下的镀金圣像屏帏(见图5-62、5-63)。由伊万·扎鲁德内设计的这个屏帏和17世纪后期精美的圣像屏帏相比,构图上显然更接近纪念国家重大事件(特别是颂扬彼得的胜利和武功)的凯

本页及左页:

(左上)图5-107圣彼得堡 冬宫(第二个,1716~1724年)。自涅瓦河上望去的景色(版画,原画作者M.I.Makhaev,图版制作E.Vinogradov,美国国会图书馆藏品)

(左中)图5-108圣彼得堡 夏园及夏宫。俯视全景图[版画,1716年,作者Алексéй Фёдорович Зýбов(1682~1741年左右)]

(左下)图5-109圣彼得堡 夏园。亭阁及水池

(中下三幅)图5-110圣彼得堡 夏园。园林雕刻:1、《自然女神》(17世纪末),2、《航行》(18世纪初),3、《安然》(18世纪初)

(中上)图5-111圣彼得堡 夏园。栏墙(1771~1784年,建筑师Ю.М.Фельтен和П.Егоров)

(右)图5-112圣彼得堡 彼得大帝夏宫(1711~1714年)。平面及北立面(取自Академия Строительства и Архитестуры СССР:《Всеобщая История Архитестуры》,II,Москва,1963年)

旋拱门。不过,17世纪屏帏的制作工艺可以很容易转换适应巴洛克风格的要求,事实上,这个镀金圣像屏帏已成为这种风格最完美的实例。由神话人物造型、吹喇叭及带翅膀的天使、扭曲柱和断裂山墙构成的框架,围绕着中央的基督升天画像。这部分系1722~1726年由在莫斯科的主要匠师制作,于1727年运到大教堂内组装。一般认为,中央圣像画是由莫斯科画家安德烈·梅尔库列维奇·波斯佩洛夫及其助手在

（左上）图5-113 圣彼得堡 彼得大帝夏宫。19世纪初景观[彩画，1809年，作者Андрей Ефимович Мартынов（1768~1826年）]

（右上）图5-114 圣彼得堡 彼得大帝夏宫。19世纪上半叶景色[彩画，1820年代，作者Karl Beggrov（1799~1875年）]

（中）图5-115 圣彼得堡 彼得大帝夏宫。东北侧全景

（下）图5-116 圣彼得堡 彼得大帝夏宫。东南侧全景

（左上）图5-117圣彼得堡 彼得大帝夏宫。东立面景色

（右上）图5-118圣彼得堡 彼得大帝夏宫。西北侧景色

（中）图5-119圣彼得堡 彼得大帝夏宫。西立面全景

（下）图5-120圣彼得堡 彼得大帝夏宫。南侧景观

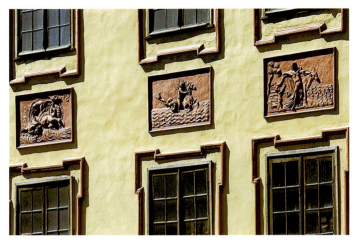

左页：

（上两幅）图5-121 圣彼得堡 彼得大帝夏宫。墙面装饰及嵌板细部

（左中）图5-122 圣彼得堡 彼得大帝夏宫。门头雕塑

（右中）图5-123 圣彼得堡 彼得大帝夏宫。彼得一世卧室，内景

（下）图5-124 圣彼得堡 瓦西里岛。缅希科夫宫邸（1710~1727年），东南侧地段全景（前景为涅瓦河）

本页：

（上）图5-125 圣彼得堡 瓦西里岛。缅希科夫宫邸，临河主立面景观

（下）图5-126 圣彼得堡 瓦西里岛。缅希科夫宫邸，西南侧全景

（左上）图5-127圣彼得堡 瓦西里岛。缅希科夫宫邸，东北侧景色

（下）图5-128圣彼得堡 瓦西里岛。缅希科夫宫邸，后院景色

（右上）图5-129圣彼得堡 瓦西里岛。缅希科夫宫邸，西翼近景

（上）图5-130 圣彼得堡 瓦西里岛。缅希科夫宫邸，西翼山墙

（下）图5-131 圣彼得堡 瓦西里岛。缅希科夫宫邸，主立面近景

现场绘制，细部极为精确，画风完全效法西方。

　　特雷齐尼、扎鲁德内及其他艺术家和匠师们以其出色的工作，明确表述了彼得让俄罗斯转型的决心。彼得堡许多采用早期巴洛克风格的世俗建筑也都清楚地展现了这一意图，但在新都城的第一座大教堂里就舍弃了俄国东正教建筑的传统，不能不引起人们的特别关注。事实上，这座大教堂同时还缺少传统教堂结构的另一个基本要素——半圆室（祭坛布置在东端的三个矩形跨间内）。进入城堡后直接看到的东墙遂成为凯旋拱门的另一种变体形式。

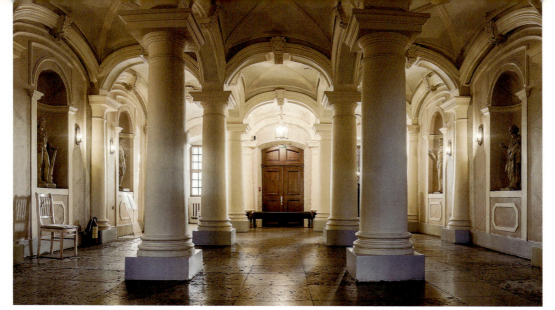

（上及中）图5-132圣彼得堡 瓦西里岛。缅希科夫宫邸，中央入口大厅及楼梯内景

（下）图5-133圣彼得堡 瓦西里岛。缅希科夫宫邸，大厅内景

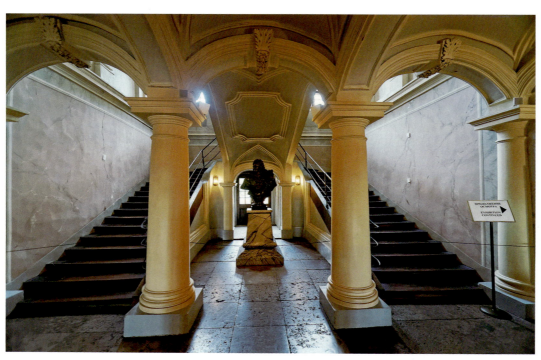

彼得绝非宗教上的异端另类，实际上，圣彼得和圣保罗大教堂舍弃传统的东正教建筑形式在意义上要比它类似西方大教堂更为重要。在教堂建筑和绘画中，新风格及它所代表的文化内涵同样反映了如费奥凡·普罗科波维奇这样一批观点鲜明的新一代教会人士的理想和才智，他们坚定地支持彼得时期的社会观念，并在自己的著作中采用巴洛克风格的装饰图案。1756年大教堂遭雷击和火灾，虽然卫戍部队救援及时，保护了圣像屏帏和室内大部分作品，但仍有一些较为精美的装饰损毁。之后穹顶、屋顶及尖塔在巴尔托洛梅奥·拉斯特列里和萨瓦·切瓦金斯基主持下进行了认真的修复（这两位均以建造豪华的巴洛克教堂而闻名，见第五章第二节），修复中保留了原有结构的

图5-134圣彼得堡 瓦西里岛。缅希科夫宫邸，胡桃客厅（原为缅希科夫书房）

基本特征。

四、教会和国家的早期建筑

与圣彼得和圣保罗大教堂的建造差不多同时，特雷齐尼着手设计供奉圣三位一体和圣亚历山大·涅夫斯基的修道院（修道院由彼得创建于1710年，1797年改名为亚历山大·涅夫斯基修道院）。虽然修道院的主要工作一直持续到18世纪末，建筑师原有的构思已在很大程度上被改动，但1715年特雷齐尼制定的平面，作为对传统俄罗斯形式的反动，仍然是彼得时期大部分宗教建筑的样板。和早先俄罗斯那种在几个世纪期间自然增长扩展的修道院组群不同，特雷齐尼从一开始就规划了一个采用对称格局组织严密的庞大建筑群，学校、教堂和行政建筑联合成一个由修道院大教堂统领的整体结构（总平面及总图设计：图5-69、

（上）图5-135圣彼得堡 瓦西里岛。缅希科夫宫邸，瓦尔瓦拉卧室
（下）图5-136《缅希科夫在别廖佐沃》(Меншиков в Берёзово)，油画，1888年，作者 В.И.Суриков，原画现藏莫斯科 Третьяковская галерея；表现缅希科夫和孩子们在流放地（西伯利亚别廖佐沃）的情景，1729年，他就在那里去世
（中）图5-137圣彼得堡 基金宫邸（1714年）。东南侧景色

5-70；历史图景：图5-71；俯视景色：图5-72；入口及院落景色：图5-73、5-74）。

　　亚历山大·涅夫斯基修道院的平面充分体现了彼得大帝求大求全的建筑设计观念，风格上则完全向世俗建筑看齐：灰泥墙面涂成红色和白色，以壁柱和嵌板进行分划，非常接近彼得早期的宫邸和行政建筑（如下面还要谈到的十二部院大楼）。从1716年祖博夫制作的一幅版画上看，特雷齐尼最初设计的修道院三一大教堂不仅是再现了圣彼得和圣保罗塔楼和尖塔

（上）图5-138圣彼得堡基金宫邸。南立面全景

（下）图5-139圣彼得堡基金宫邸。西南侧现状

（上）图5-140彼得霍夫1915年地段总平面

（下）图5-141彼得霍夫卫星图（图中：1、大宫，2、欢愉宫，3、马尔利宫，4、上花园，5、下花园）

1114·世界建筑史 俄罗斯古代卷

的造型，同时还在东面（即传统的半圆室立面处）设置了一个精美的巴洛克风格的入口。特雷齐尼由于有许多竞赛任务，并没有全程参与修道院的施工；他的设计由特奥多尔·施韦特费格具体落实，后者同时完成了亚历山大·涅夫斯基修道院天使报喜教堂的施工（1724年8月举行奉献典礼；图5-75~5-80）。此外，施韦特费格还按他自己喜爱的巴伐利亚巴洛克风格重新设计了三一大教堂并立即开始建造。然而，18世纪30年代宫廷的更迭和政治形势的变化使这个项目未能如期完成，由于结构上的缺陷（已有了裂缝），这座未完成的建筑最终于1755年被拆除（尚存一个木构模型）。之后取代它的豪华建筑将在第六章论述。

现存特雷齐尼主要作品中最后一个即所谓"十二部院大楼"（平面及立面：图5-81、5-82；历史图景：5-83~5-85；外景：5-86~5-91；内景：图5-92、5-93）。其中纳入了彼得设想的所有行政单位（参与策划的据信还有戈特弗里德·威廉·莱布尼茨[4]，目的

（上）图5-142彼得霍夫 中心区俯视全景（大宫位于上下花园之间，远方水域为芬兰湾）

（下）图5-143彼得霍夫 大宫。彼得橡木书房，内景

本页：

（上）图5-144彼得霍夫 欢愉宫（1714~1722年）。东南侧全景

（下）图5-145彼得霍夫 欢愉宫。南侧景观

右页：

（左上）图5-146彼得霍夫 欢愉宫。西侧现状

（左中）图5-147彼得霍夫 欢愉宫。西翼景色

（右上）图5-148彼得霍夫 欢愉宫。中国花园景色

（左下）图5-149彼得霍夫 欢愉宫。显耀厅，内景

（右下）图5-150彼得霍夫 欢愉宫。西廊，内景

是按近代组织原则，奠定俄罗斯的官僚体制），即政府的十个部（Colleges）、参议院（最高司法机构）和主教会议（Holy Synod）。这座长达383米的建筑充分体现了彼得改革的理性观念，同时也是这时期结构方法上的一次试验（理论上似乎安排有序，但实际效果并不理想）。按照彼得1723年的指令，各个部门要连成一排，每个都配备自成一体的屋顶，内部房间则根据各部门的需求布置（见图5-81、5-82）。特雷齐尼在哥本哈根工作时已经见识过这种用一个平面连接各单体建筑的做法（1619~1624年，由洛伦斯和汉斯·范·斯滕温克尔主持建造的哥本哈根交易所就采用

本页：

（左上）图5-151彼得霍夫 欢愉宫。花园，中央喷泉

（右及左下）图5-152彼得霍夫 欢愉宫。花园，喷泉雕刻（1817年，右侧普绪喀雕像为A.Canova原作的复制品）

右页：

（左上）图5-153彼得霍夫 上花园。大草坪

（右两幅）图5-154彼得霍夫 上花园。园林雕刻

（左中）图5-155彼得霍夫 上花园。橡树喷泉

（左下）图5-156彼得霍夫 上花园。阿波罗瀑布（前景，后为海神喷泉）

了类似的布置方式）。但在结构基础确定后，彼得又举办了一次立面设计竞赛。特雷齐尼的总体构思得到保留，但上两层的大部分细部均出自施韦特费格之手。本打算通过新体制提供灵活性并统一各部门的施工，实际上导致了材料交付和日程协调上的混乱，反而延搁了工程进度。1734年特雷齐尼去世后，该项目由他的女婿朱塞佩·特雷齐尼主持，直到1741年完成，同时沿背立面（即西立面）建了一条通长的廊道。

从十二部院大楼的基址草图上可知，原来还准备建一个作为瓦西里岛端头主要建筑的大教堂。彼得堡

第五章 俄罗斯巴洛克建筑·1119

本页及右页：

（左上）图5-157彼得霍夫 上花园。海神喷泉

（左中）图5-158彼得霍夫 上花园。东方池及喷泉（方形池，共两个，位于上下公园中轴线两侧，分别称东方池及西方池）

（右上）图5-159彼得霍夫 下花园。中心区鸟瞰全景

（下）图5-160彼得霍夫 下花园。中轴线（海运河），北望俯视全景

（上）图5-161彼得霍夫 下花园。中轴线（海运河），向南望去的景色

（中及下）图5-162彼得霍夫 下花园。西区，俯视景色

（上）图5-163彼得霍夫下花园。东区，俯视景色

（中）图5-164彼得霍夫马尔利宫（1720~1723年）。南侧俯视全景

（下）图5-165彼得霍夫马尔利宫。西侧俯视全景

的建筑师已提交了一批参赛方案，但彼得又邀请瑞典建筑师小尼科迪默斯·特辛（图5-94、5-95）做了一个设计，其方案实际上是重复了他本人1708年的斯德哥尔摩大教堂设计（采用华丽的意大利巴洛克风格）。尽管瓦西里岛大教堂并没有修建，但1724年特辛的设计进一步表明，除荷兰外，作为把巴洛克风格传播到这个北欧国家的中介，瑞典和丹麦同样起到了重要

（上）图5-166彼得霍夫马尔利宫。东面远景

（下）图5-167彼得霍夫马尔利宫。东南侧远景

的作用。无论是老特辛还是小特辛（两者为父子关系），都曾在法国和意大利（以及英国和荷兰）学习，并在瑞典发展出一种高雅华美的巴洛克风格，为18世纪的俄罗斯建筑师树立了榜样。在比南欧和西欧都更为寒冷和严酷的气候条件下，这批俄罗斯建筑师无论在公共建筑还是私人项目中，都开始采用这类豪华的巴洛克装饰。实际上，特辛设计的斯德哥尔摩巴洛克王宫（始建于1697年，但由于查理十二世的军事冒险导致的经济危机直到18世纪50年代才完成）在很大程度上是受到克洛德·佩罗和吉安·洛伦佐·贝尔尼尼作品的影响。类似的风格要素在1710年代后期乔瓦尼·丰塔纳和戈特弗里德·舍德尔为亚历山大·缅希科夫

设计的宫殿里再次出现（见下文）。

在18世纪早期，俄罗斯巴洛克建筑最引人注目的特色是色彩丰富的立面（砖墙外施抹灰，于彩色底面上起白色构件），北方清新柔和的光线进一步突出了这种华美的效果。从彼得时期瓦西里岛上的另一个重要建筑——博物馆[5]中可看到这一风格的特色，这是彼得堡第一个以传播科学知识为宗旨的学术机构。彼得清楚地认识到近代科学思想在国家发展上的重要作用，1718年2月，他颁布了一个为启示民众和推动科学研究征集各种"珍品"供博物馆展出的法令。到年末，迅速增加的收藏品从夏宫转运到原海军上将亚历

（上及中）图5-168彼得霍夫 马尔利宫。东北侧景色

（下）图5-169彼得霍夫 马尔利宫。西侧全景

本页：

（上）图5-170彼得霍夫 马尔利宫。西南侧景观

（中）图5-171彼得霍夫 马尔利宫。西北侧现状

（下）图5-172彼得霍夫 下花园。中心区全景

右页：

（上）图5-173彼得霍夫 下花园。中心区，东西台地两侧全景

（下）图5-174彼得霍夫 下花园。中心区，西台地，自西侧向下望去的情景

第五章 俄罗斯巴洛克建筑·1127

（上）图5-175彼得霍夫 下花园。中心区，西台地，西北侧景色

（下）图5-176彼得霍夫 下花园。中心区，西台地，西北侧近景

山大·基金的宫邸（见图5-137~5-139），宫邸尽管两翼进行了扩建，但仍不能满足公共藏品和研究区的要求，离市中心也太远。

新的博物馆建筑位于涅瓦河堤岸边，瓦西里岛端部范围（靠近未来的十二部院大楼），面对着河对岸的冬宫（立面及剖面：图5-96~5-98；外景及细部：图5-99~5-103；内景：图5-104）。平面的设计人为瑞士（也可能是普鲁士）出生的德国建筑师乔治-约

（上）图5-177彼得霍夫 下花园。中心区，西台地，西侧近景

（下）图5-178彼得霍夫 下花园。中心区，西台地，下部平台

翰·马塔尔诺维，他于1714年经著名的普鲁士巴洛克建筑师和雕刻师安德烈亚斯·施吕特（1662~1714年；图5-105）的推荐来到彼得堡，施吕特本人则是前一年由彼得聘为城市的总建筑师（两人都未能经受住彼得堡严寒的考验，施吕特在他到达后几个月即去世，马塔尔诺维死于1719年，即勒布隆去世那年）。尽管建筑始建于1718年，但直到1734年才完成，在这期间，包括加埃塔诺·基亚韦里（1689~1770年）和米

第五章 俄罗斯巴洛克建筑·1129

（上）图5-179彼得霍夫下花园。中心区，东台地，西南侧全景

（下）图5-180彼得霍夫下花园。中心区，东台地，东北侧近景

哈伊尔·泽姆佐夫（1688~1743年）在内的几位建筑师对马塔尔诺维的最初设计进行了一些修改，在中央塔楼两侧设置了华丽的巴洛克山墙和雕刻（见图5-96、5-97）。但基本的体形构图仍得到保留，并在彩色抹灰底面上大量采用了白色的分划部件，这也是特雷齐尼和施韦特费格作品中常用的手法。

博物馆作为学术中心的象征意义在中央塔楼的造型上得到体现，其顶上以一个多边形的顶塔和天体仪作为结束，充分表现出彼得对科学的兴趣和在新时期俄罗斯经济发展中应用科技成果的关注。塔楼的样

(上)图5-181彼得霍夫 下花园。大瀑布区,西北侧景观

(下)图5-182彼得霍夫 下花园。大瀑布区,东北侧景色

式有些类似施吕特设计的柏林明茨图尔姆塔楼(图5-106),因而有可能,作为施吕特的门徒,马塔尔诺维在彼得堡系采用了其导师的草图。塔楼内部安置了一个圆形的解剖学演示厅和一个天象台(为俄罗斯首例,见图5-98)。塔楼两侧向外延伸为图书馆和博物馆展厅,其后两端翼内布置办公用房。作为一个配有图书馆并收藏了彼得最早收集的大部分珍贵标本的人类学研究机构,设计可说是条理分明,合乎逻辑,人流和功能组织亦连续顺畅。在瓦西里岛堤岸边一系列水平延伸的古典立面背景下,博物馆的塔楼不仅构

（上三幅）图5-183彼得霍夫 下花园。大瀑布区，中央洞窟大厅，内景及雕刻（中上图为洞窟廊道内为大瀑布供水的水管）

（左中及左下）图5-184彼得霍夫 下花园。大瀑布区，中央水池近景

（全五幅）图5-185彼得霍夫下花园。大瀑布区，中央水池边雕刻

本页及左页：

（左上）图5-186彼得霍夫 下花园。中心区，雕刻组群近景

（左下）图5-187彼得霍夫 下花园。中心区，雕像组群（一）

（中左上下两幅）图5-188彼得霍夫 下花园。中心区，雕像组群（二）

（中右上下及右上三幅）图5-189彼得霍夫 下花园。中心区，雕像组群（三）

成了一个垂向构图要素（见图5-100），而且和彼得-保罗大教堂及涅瓦河南岸海军部的塔楼遥相呼应，成为它们之间的联系环节。

五、宫殿建筑

除了为军队、教会和民政部门建造的大型项目外，彼得同样着手对宫殿建筑进行大刀阔斧的改造（既包括风格，也包括更为实质性的内容），此前俄国仅有的这类建筑只是一些不起眼的宫邸（所谓палата，复数形式为палаты，指俄罗斯中世纪豪华的石砌或木构宅邸以及15世纪以后的石构建筑，通常为二三层或更高，公用部分位于底层，上层为居住区。到17世纪后期，该词也指小城堡或宅邸）。在这方面，多梅尼科·特雷齐尼同样扮演了重要的角色。1710年，他为彼得本人在涅瓦河左岸建造了两座宫邸：冬宫和夏宫，两者均为砖构抹灰。现已无存的这第一个冬宫完成于1710年，并在接下来的十年里至少扩建了两次。同一时期，彼得委托马塔尔诺维建造第二座宫殿（史称第二个冬宫）。建筑始于1716年，但由于马塔尔诺维1719年去世，这项工程及他主管的其他几个项目暂时中断，直到1724年才由特雷齐尼按马塔尔诺维的平面最后完成（图5-107），其外观颇似勒布隆为所谓高档府邸拟定的标准设计。宫殿中央带圆券大窗的三个跨间不是用通常的壁柱分开，而是采用了造型效果更为突出的成对附墙圆柱，如勒布隆

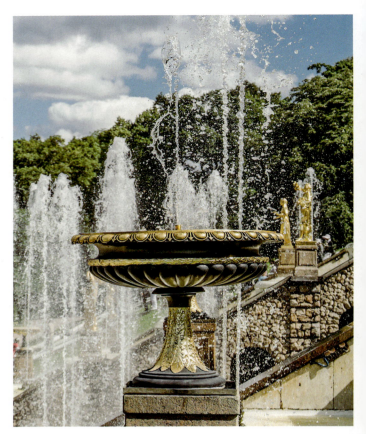

（左）图5-190彼得霍夫 下花园。中心区，洞窟拱门上部头像雕刻

（右两幅）图5-191彼得霍夫 下花园。中心区，瓶饰

（上三幅）图5-192彼得霍夫 下花园。中心区，喷泉小品（方形、船形和圆形的盆饰，设计人Adrei Voronikhin, 1801~1802年）

（左下）图5-193彼得霍夫 下花园。意大利盆泉（版画，1804~1805年，原画作者Silvester Shchedrin，版画制作Stepan Galaktionov）

（右下）图5-194彼得霍夫 下花园。法国盆泉，俯视景色

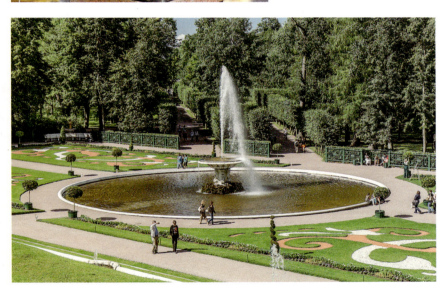

设计的斯特列利纳乡间宫邸中央的三券通道（见后文）。围绕着主要入口的这部分以装饰华美并带柱顶盘的巴洛克檐口作为结束，建筑上部配置了芒萨尔式的屋顶。

特雷齐尼设计的宫殿建筑中目前尚存的一例是位于丰坦卡和涅瓦河交汇处的彼得大帝夏宫。建筑位于夏园（图5-108~5-111）的一个角落里，规模一般，其主体结构完成于1712年，装修又用了两年（平面及立面：图5-112；历史图景：图5-113、5-114；外景及细部：图5-115~5-122；内景：图5-123）。室外的灰泥嵌板是施吕特的作品，表现古典神话场景，隐喻俄罗斯军队（特别是彼得舰队）的胜利。窗户细部简朴优雅，整个建筑尺度合宜，比例协调，是18世纪彼得堡皇家宫邸中最优美的实例之一。但因建筑不大，甚至在彼得时期已不能满足需求，自然更无法博得其继承人的欢心，建筑遂处于被遗弃状态，但也正因为如此，在那些更大的建筑最终被破坏后，特雷齐尼的这个精致的作品却几乎按原样留存下来。室内装饰大都依从彼得的荷兰情趣，但至少有一个房间是按勒布隆1717~1720年的设计，还有七幅表现寓意题材的天顶画。

不过，在这批早期宫殿中，也有一些具有相当的

第五章 俄罗斯巴洛克建筑·1137

本页：

（上两幅）图5-195彼得霍夫 下花园。宁芙大理石座椅喷泉（东西两个，位于弧形大理石座椅后）

（左下）图5-196彼得霍夫 下花园。亚当喷泉

（右下）图5-197彼得霍夫 下花园。金字塔喷泉

右页：

（左）图5-198彼得霍夫 下花园。夏娃喷泉

（右）图5-199彼得霍夫 下花园。罗马喷泉

规模，如瓦西里岛上亚历山大·缅希科夫的宫邸（外景：图5-124~5-128；近景及细部：图5-129~5-131；内景：图5-132~5-135）。这座砖石砌筑的建筑位于涅瓦河畔，花园一直延伸到瓦西里岛中部。建筑于1710年按乔瓦尼·马里奥·丰塔纳的设计开始建造，18世纪20年代初由戈特弗里德·约翰·舍德尔主持最后完成，其附加的侧翼将花园的大部分变成了一个场院。

1727年彼得二世（1715~1730年，1727~1730年在位，为彼得一世的孙子）继位后，缅希科夫随即倒台，他本人及其家族很快被逐出宫邸，流放到外地（图5-136）。1732年，建筑被改作军事学院，带侧面塔楼的陡坡芒萨尔式屋顶和入口上的一排寓意雕刻被移去。最近的修复揭示出室内最初的许多装修，包括大片的荷兰瓷砖墙面、带雕饰的嵌板、灰泥装饰及若干

天顶画。主立面第二层的壁柱柱头属俄罗斯采用复合柱式的早期实例,再次表现出人们对新建筑中采用柱式体系的兴趣。瓦西里岛的缅希科夫宫并不是他的唯一宫邸,1720~1723年,他委托约翰·弗里德里希·布劳恩施泰因在科特林岛上建造了另一个规模宏大的"意大利式宫殿"。从一幅早期的版画上可知,建筑底层采用了粗面石饰面,广泛使用壁柱作为分划墙面的手段,中部檐口上立雕像。设计再次使人想起小特辛的斯德哥尔摩作品。

在彼得堡本身,大部分彼得时期的宫殿都随后被拆除或被纳入到更大的结构里去。早期宫邸建筑中一个尺度虽小但极为优秀的实例是所谓基金宫邸(图5-137~5-139)。建于1714年的这栋建筑是彼得早期的宠臣、海军将领亚历山大·瓦西里耶维奇·基金(约1670~1718年)的几个府邸之一(基金是策划皇太子阿列克谢叛逃国外的核心人物,1718年被以磔刑处死)。尽管宫邸的建筑师无法查明,但从风格上看颇似勒布隆设计的彼得霍夫主宫(同样始建于1714

第五章 俄罗斯巴洛克建筑·1139

（上下两幅）图5-200彼得霍夫 下花园。狮子瀑布

年）。立面于红褐色抹灰底面上起白色构件（壁柱条带与大型窗框），大片的窗玻璃和前彼得时期那种与外部景观隔绝的宅邸形成鲜明的对比。

六、乡间宫邸

除了城市宫邸外，彼得大帝还鼓励人们在芬兰

（上）图5-201彼得霍夫 下花园。棋盘山瀑布（尼古拉·伯努瓦设计）

（中）图5-202彼得霍夫 下花园。金山瀑布，东南侧俯视景色

（下两幅）图5-203彼得霍夫 下花园。金山瀑布，自台地下望去的景色

第五章 俄罗斯巴洛克建筑·1141

湾南岸（见图5-2）和城市西南的森林地带建造乡间宫邸。这些项目中，范围最大的一个——彼得霍夫，位于与喀琅施塔得相对的一个不大的海岬上，最早的建筑是1710~1711年为彼得建造的一座木屋。1714年，彼得下令建造两座砖石结构的宫殿：一座称"欢愉宫"，位于一个直接面对水面的崖岸上；主要宫殿（大宫）则位于南面约500米处更高的地段上。工程由施吕特的主要助手之一约翰·弗里德里希·布劳恩施泰因监管，他在两年期间内完成了两座宫殿的中央结

（上）图5-204彼得霍夫 下花园。大瀑布区，中央水池（参孙池，版画，1810年代，原画作者Mikhail Shotoshnikov，版画制作Ivan Chesky）

（中）图5-205彼得霍夫 下花园。大瀑布区，中央水池（参孙池），东北侧全景

（下）图5-206彼得霍夫 下花园。大瀑布区，中央水池（参孙池），西北侧全景

（上）图5-207彼得霍夫 下花园。大瀑布区，中央水池（参孙池），背面全景

（下）图5-208彼得霍夫 下花园。大瀑布区，中央水池（参孙池），雕像近景

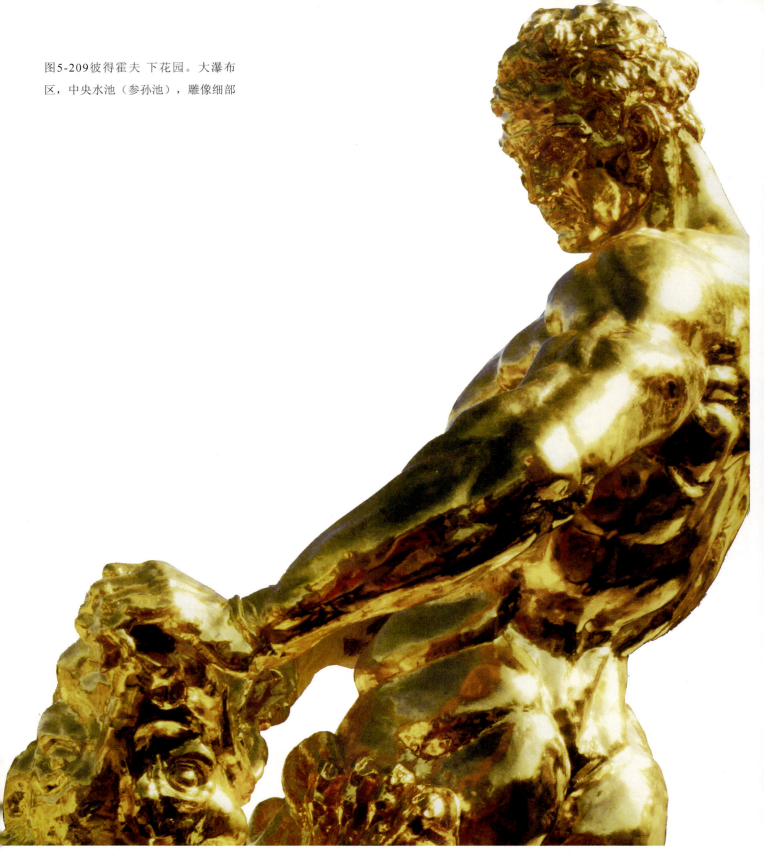

图5-209彼得霍夫 下花园。大瀑布区，中央水池（参孙池），雕像细部

构，上下两个花园和主要宫殿前的一个大的岩洞也基本成形（总平面及卫星图：图5-140、5-141；中心区俯视全景：图5-142）。1716年，项目改由勒布隆主持，他拓展了自海湾通向山洞的运河，并设计了公园的供水系统，同时监管宫殿室内豪华的装修工程。

在彼得霍夫，勒布隆的工作还包括部分改建和扩大了布劳恩施泰因的最初结构，不难看出，他的宫殿建筑设计实际上只是延伸了法国建筑大师朱尔·阿杜安-芒萨尔信奉的原则，后者为弗朗索瓦·芒萨尔的侄孙，曾任路易十四的宫廷建筑师并在17世纪最后

（上）图5-210彼得霍夫埃尔米塔日阁（1721~1724年）。南侧全景

（下）图5-211彼得霍夫埃尔米塔日阁。东南侧入口立面

(上)图5-212彼得霍夫埃尔米塔日阁。东侧景观

(下)图5-213彼得霍夫埃尔米塔日阁。西北侧全景

二三十年监管凡尔赛宫的施工。在这里,对称是首要的原则,中央结构高三层,配有山墙及科林斯壁柱,在拉斯特列里改建后的立面上,仍然可清楚看到这些特色(见图5-347)。该区包括一个自南立面一直延伸到北立面的前厅,一个通向成排礼仪厅堂的大楼梯。在勒布隆的扩建设计中,围绕着大空间布置了一些尺度更为亲切的"套房"(apartment)。

勒布隆在彼得霍夫设计的最大房间是所谓意大利客厅和彼得的橡木书房(图5-143),但两者他都没能看到其完成。在1721年一次大火后,这些房间

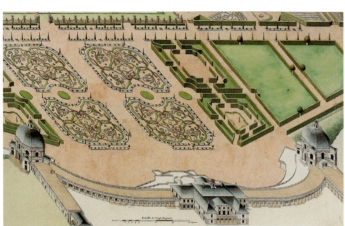

（左上）图5-214彼得霍夫 埃尔米塔日阁。窗栏细部

（右上）图5-215奥拉宁鲍姆 地区卫星图。图中：A、下花园，B、上公园，C、下池，D、上池，E、鲤鱼池，F、中国池，G、海渠；1、缅希科夫大宫，2、画廊，3、下住宅，4、彼得城堡大门，5、彼得三世宫，6、石厅楼，7、骑士楼，8、中国宫，9滑雪山阁，10、中国厨楼，11、凉亭

（左中）图5-216奥拉宁鲍姆 缅希科夫大宫（1711~1725年）。透视图（1778-1779年，作者П.де Сент-Илер）

（左下）图5-217奥拉宁鲍姆 缅希科夫大宫。全景图（版画，1717年，作者А.И.Ростовцев）

由尼古拉·米凯蒂（1675~1759年）主持进行了修复，他保留了在尼古拉·皮诺领导下雕制的轻橡木嵌板（其细部可能是效法凡尔赛的大特里阿农宫）。天顶画包括菲利普·皮耶芒和巴尔托洛梅奥·塔尔西亚（约1663~1739年）的作品，他们为意大利厅进行的设计得到了彼得的赞赏，但这些画是在他去世后一年才开始绘制。1721年，米凯蒂在勒布隆平面的基础上进行了扩建，从中央结构两侧向外延伸，增加了廊道和端部的阁楼。到1725年，宫殿主体部分基本完成，为巴尔托洛梅奥·弗朗切斯科·拉斯特列里进一步的大规模

Vue d'Oranienbaum Maison de Plaisance de Sa Majesté Impériale de toutes les Russies &c. &c. &c. sur le Golfe de Finlande vis à vis de Cronstadt

扩建准备了条件。

和主要宫殿不同，彼得"欢愉宫"尽管在战争中遭到破坏，其形式还是完好地保存下来（外景：图5-144~5-148；内景：图5-149、5-150；花园及喷泉：图5-151、5-152）。从名字上可知，这座尺度宜人的建筑是沙皇休憩娱乐的场所，中央区上置芒萨尔式屋顶，内有一个大的接待厅堂，两侧布置小房间，包括一个饰有中国式漆器的"中国书房"。中央形体两侧的拱券廊道始建于1717年，由一系列半封闭的房间和端头的阁楼组成。由于位于一个开敞暴露的地段上，廊

本页及左页：

（上及左下）图5-218奥拉宁鲍姆 缅希科夫大宫。全景图及局部（原画作者M.I.Makhaev，版画制作F.Vnukov和N.Chelnakov，原稿现存莫斯科Shchusev State Museum of Architecture）

（右下）图5-219奥拉宁鲍姆 缅希科夫大宫。东北侧俯视全景

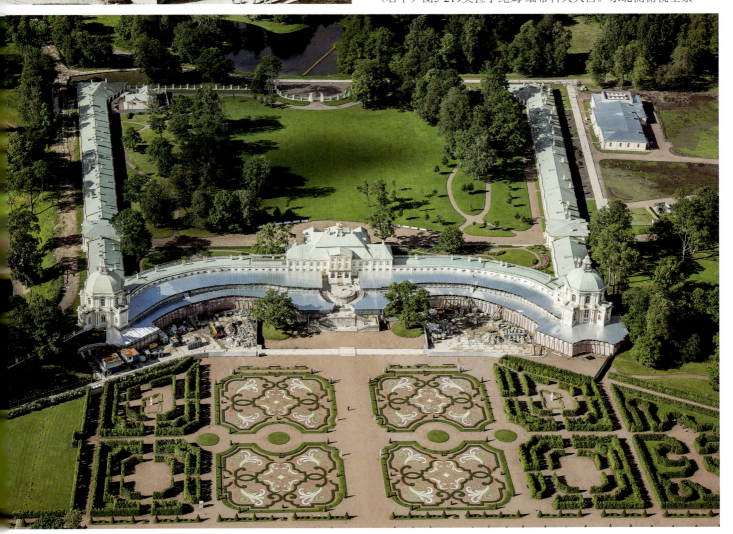

第五章 俄罗斯巴洛克建筑 · 1149

道的优雅券廊朝南,朝海湾的北面由砖墙保护,墙上开壁龛和较小的法国式券窗。这座小宫是18世纪彼得堡砖构建筑中室外不施抹灰的少数实例之一。室内按彼得的喜好采用了荷兰风格的装修,充分展现出勒布隆对整体的把握和娴熟的技巧,其中还包括卡洛·巴尔托洛梅奥·拉斯特列里(1675~1744年)设计的灰泥雕塑,带雕饰的橡木嵌板及1718~1722年菲利普·皮耶芒绘制的带寓意题材的天顶画(皮耶芒同样参与了彼得堡夏宫和缅希科夫宫的装修工作)。

勒布隆于1719年去世,继他担任彼得霍夫督导建筑师的是米凯蒂,他继续建造主宫,并对上下花园的扩展给予了特别的关注(这两个花园均为勒布隆创建,采用了法国造园风格;上花园:图5-153~5-158;下花园:图5-159~5-163)。但一些建筑(包括"欢愉宫"在内)的实际设计人为布劳恩施泰因。1721年,彼得本人要求"欢愉宫"以橡木作为墙面装饰材料,嵌板设计则要适合他搜集来的大批荷兰和佛兰德绘画作品(这里被认为是俄罗斯第一个艺术陈列馆)。布劳恩施泰因在彼得霍夫的其他作品还包括规模不大的马尔利宫(1720~1723年;图5-164~5-171),带水平接缝的壁柱条带,精心设计的窗户和两层楼之间的和谐比例关系,成为这座建筑最引人注目的特色。

和彼得时期各重要宫殿一样,在马尔利宫的设计中，人们同样考虑到水体在烘托建筑效果上的重要作用。尽管这种对水体的强调，在某种程度上可认为是顺其自然（特别是在彼得堡），但有人（如威廉·克拉夫特·布伦菲尔德）认为，它同样反映了彼得执政的一个基本目标，即掌控和利用水道，通过波罗的海出口和国内的运河体系形成一个高效的交通和运输网络。除了促成这些特定的政治和经济目标外，在彼得霍夫，设计师更通过水利工程创造出欧洲最复杂的一组由喷泉、瀑布及各种装饰性水池构成的园林组群，显示出这个专制体制所拥有的威权和掌控的丰富资源（中心区喷泉：图5-172、5-173；西台地：图5-174～5-178；东台地：图5-179、5-180；大瀑布区：图5-181～5-185；中心区雕刻组群：图5-186～5-192；其他喷泉瀑布：图5-193～5-203）。

左页：
（上下两幅）图5-220奥拉宁鲍姆 缅希科夫大宫。正面（东北立面）全景

本页：
（上）图5-221奥拉宁鲍姆 缅希科夫大宫。主立面，中部景观

（下）图5-222奥拉宁鲍姆 缅希科夫大宫。主楼，西北侧景色（自下花园处望去的情景）

就某种意义而论，这些精心设计的水法工程，和整个彼得霍夫园林一样，都是效法凡尔赛和马尔利。然而在彼得霍夫，它同样是象征彼得的胜利，不仅是压倒敌人，也是战胜自然。在主要宫殿大瀑布前面的轴线上，布置了一尊参孙的镀金雕像（卡洛·巴尔托洛梅奥·拉斯特列里设计，1735年第一次铸造；图5-204~5-209），表现这位大力士正在用强壮的双臂掰开和撕裂狮口，以此象征彼得在（按宗教历法）祭祀参孙那天在波尔塔瓦战胜瑞典国王查理。当年伊凡四世将攻占喀山和红场教堂的代祷节庆结合在一起，在这里，彼得同样是利用宗教象征体系为自己的政治目的服务。除了这种特殊的寓意外，穿过塑像的水体力量也是彼得大帝重塑自然要素的象征——不仅是展示水工技巧（为此开凿了24公里长的运河），同时也在城市建筑自身上作文章。

在位于芬兰湾岸边，四周为沟渠环绕的埃尔米塔日阁的设计中，水体同样起到了重要的作用（图5-210~5-214）。由布劳恩施泰因主持建于1721~1724年的这座建筑完全用于休憩，通过上层宽阔的法国式窗户可看到花园和海湾的景色。在"欢愉宫"尚有一间用于公务活动的办公室和书房，而在埃尔米塔日，整个上层全作为进餐和接待厅堂。和彼得堡的夏宫一样，"欢愉宫"、马尔利宫和埃尔米塔日无论在设计还

左页：

（上）图5-223 奥拉宁鲍姆 缅希科夫大宫。主楼，东北侧景色

（下）图5-224 奥拉宁鲍姆 缅希科夫大宫。主楼，西北侧近景（台地修复前）

本页：

（上）图5-225 奥拉宁鲍姆 缅希科夫大宫。主楼，楼前台地（修复后状态）

（下）图5-226 奥拉宁鲍姆 缅希科夫大宫。上花园面全景

是环境和规模上，此时已不能适应18世纪中叶展示帝国盛况的需求。从这些基本按原状保留下来的彼得时期的遗产上，已可看到迅速传播到俄罗斯的西方建筑技术和装饰艺术，俄罗斯匠师们正是通过对它们的吸收和同化，使自己的专业技能得到进一步的提高，建造出能和欧洲其他地方的重要文化中心相媲美的建筑。

在彼得时期的彼得霍夫及以外地区，尚有其他一

些宫殿建筑。这位沙皇选择了位于彼得堡南部约25公里处一片林木繁茂的内陆山地为他第二个妻子叶卡捷琳娜建造乡间宫邸,当地的芬兰居民称这里为"高地"(Saari Mois),最后演变成俄语"皇村"(Царское Село,现称普希金城,以纪念这位于1811~1817年就读于皇村中学的俄罗斯诗人)。1717~1723年,布劳恩施泰因为叶卡捷琳娜建造了一个小的两层宫邸,只

(上及中)图5-227奥拉宁鲍姆 缅希科夫大宫。主楼,上花园面景色(上图为修复前状态)

(下)图5-228奥拉宁鲍姆 缅希科夫大宫。主楼,西南侧景色(上花园处)

（上下两幅）图5-229 奥拉宁鲍姆 缅希科夫大宫。主楼，位于上花园的东西侧面

第五章 俄罗斯巴洛克建筑·1155

(上下两幅)图5-230 奥拉宁鲍姆 缅希科夫大宫。东阁楼(日本楼),自西面望去的景色

（上）图5-231奥拉宁鲍姆 缅希科夫大宫。东阁楼，东侧景观

（下）图5-232奥拉宁鲍姆 缅希科夫大宫。东阁楼，东南侧景色

是最初设计是否出自他之手尚不清楚。实际上，人们对叶卡捷琳娜这个宫邸目前知之甚少，在伊丽莎白统治时期，这座建筑已被拉斯特列里彻底改建。

在奥拉宁鲍姆，彼得时期的建筑留存下来的要更多一些（地区卫星图：图5-215）。在那里，亚历山大·缅希科夫的宏伟宫殿始建于1710年，主持人为乔瓦尼·丰塔纳（彼得堡缅希科夫宫殿的首期工程亦由他完成）。1713年丰塔纳离开俄罗斯后，监管缅希科

（上）图5-233奥拉宁鲍姆缅希科夫大宫。东阁楼，自上花园处望去的景色

（下）图5-234奥拉宁鲍姆缅希科夫大宫。西阁楼（教堂厅），东北侧，自下花园处望去的景色

（中）图5-235斯特列利纳主宫（1716~1750年代）。立面（取自William Craft Brumfield：《A History of Russian Architecture》，Cambridge University Press，1997年）

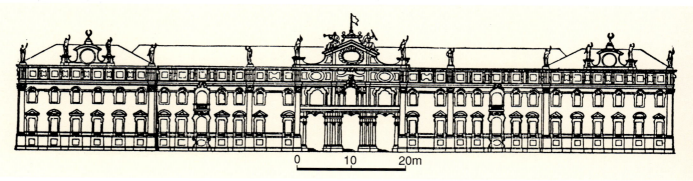

夫工程的责任落到了施吕特的同事戈特弗里德·舍德尔肩上，宫殿中央结构采用的德国北部巴洛克风格可能就是由于他的影响（历史图景：图5-216~5-218；俯视全景：图5-219；正面外景：图5-220~5-225；上花园面景色：图5-226~5-229；东阁楼：图5-230~5-233；西阁楼：图5-234）。18世纪中叶著名的俄罗斯画家米哈伊尔·马哈耶夫（1718~1770年）绘制了许多表现建筑风景的版画，很多都忠实地表现了帝国时期的宫殿，但他画的奥拉宁鲍姆宫尺度上显然有所夸大（见图5-216）。虽说拱券廊道下宽阔的双平台产生了极其宏伟的印象，但宫殿本身相对紧凑的结构表明，不可能具有这样的实际效果。不过，缅希科夫再次以其宫邸的尺度、居高眺望海湾的地位，挑战沙皇

1158·世界建筑史 俄罗斯古代卷

（上）图5-236斯特列利纳主宫。19世纪景观[彩画，1847年，作者Алексей Максимович Горностаев（1808~1862年）]

（下）图5-237斯特列利纳主宫及花园。卫星图

（中）图5-238斯特列利纳主宫。俯视全景

的权威却是不争的事实。在缅希科夫于1727年被流放后，建筑的所有权落到了若干皇室家族成员手中，包括短命的彼得三世（1728~1762年，仅在位半年，1762年元月5日至7月9日），女皇伊丽莎白还委托拉斯特列里为她重新设计了大部分室内装修。奥拉宁鲍姆的第二次繁荣则要到叶卡捷琳娜二世统治时期，其主持人为安东尼奥·里纳尔迪（见第六章）。

其他彼得时期的著名乡间府邸（目前大都处于失修状态），尚有斯特列利纳宫。这是最靠近彼得堡皇家建筑的宫邸（位于圣彼得堡本身和彼得霍夫之间，海湾边上），最初系作为海湾远处的沙皇休憩地。令人惊奇的是，在斯特列利纳，最初的木构宅邸还保存下来（约1710年，配有朴素的古典木构细部），19世纪许多俄罗斯庄园宅邸可能都采用了这种形式。

第五章 俄罗斯巴洛克建筑·1159

（上）图5-239斯特列利纳主宫。南侧远景

（下）图5-240斯特列利纳主宫。东南侧远景

主要宫殿则尺度要大得多，尽管经过大规模改建，但仍可作为勒布隆倡导的那种纵向排列室内空间的典型案例（他于1716~1719年参与这项工作）。在勒布隆去世后，接手监管施工的米凯蒂在设计上又作了一些修改（立面：图5-235；历史图景：图5-236；卫星图：图5-237；外景：图5-238~5-246；近景及细部：图5-247~5-249；彼得纪念像：图5-250；内景：图5-251、5-252）。米凯蒂于1723年离开俄罗斯，项目转由他的俄罗斯门徒中最有天赋的一个——米哈伊尔·泽姆佐夫负责。随着彼得霍夫工程的进展，彼得

(上)图5-241斯特列利纳 主宫。东侧远景

(下)图5-242斯特列利纳 主宫。北侧远景

来斯特列利纳的次数越来越少,这里成为他女儿、未来的女皇伊丽莎白(1709~1762年,1741~1762年在位)的房产并于1750年代在拉斯特列里的主持下最后完成。尽管花园和主要宫殿本身已具有一定的规模,但斯特列利纳并没有像其他的皇家建筑和园林那样受到格外关注,一些著名的建筑细部(如主要楼层中央的三券敞廊)实际上只是混杂使用各类部件的产物。

彼得的乡间宫邸,和它的欧洲范本一样,受到了来自各方的影响,由此形成的巴洛克风格在欧洲各地又依地方条件和统治者的个人情趣而有所变化。彼得

（左上）图5-243 斯特列利纳 主宫。北侧全景

（右上）图5-244 斯特列利纳 主宫。东南侧现状

（下）图5-245 斯特列利纳 主宫。东南侧全景

（中）图5-246 斯特列利纳 主宫。南立面全景

图5-247斯特列利纳 主宫。南立面中部各跨近景

极为关注皇家产业的发展，常常就其乡间宫邸的建筑细节和花园的总平面设计给予明确的指示，和彼得堡的建筑一样，这些宫邸汇集了荷兰、法国和普鲁士巴洛克风格的各种要素。和莫斯科统治者那种围绕着砖石教堂杂乱布置的木构乡间宅邸不同（其中最著名的实例即科洛缅斯克建筑群，平面、立面及模型：图5-253~5-255；历史图景：图5-256；现状：图5-257），彼得和缅希科夫的主要宫邸均用砖石砌筑并按对称均衡的原则、合乎逻辑地配置各部分（从中央结构到端头阁楼），即便是乡间宅邸及生活方式，也开始按新体制下的欧洲宫廷礼仪进行了规范和调整。

七、彼得时期建筑的变迁

在彼得晚年，都城的大部分主要建筑仍在建造之

（上）图5-248斯特列利纳主宫。北立面中部各跨近景

（下两幅）图5-249斯特列利纳 主宫。北立面柱式及龛室雕像近景

中，除了沙皇及其家族的各类宫邸外，几乎所有的建筑随后都进行了改造。彼得-保罗大教堂的钟塔已得到了最后的修饰，而教堂主体还远远没有完成。在圣三一组群，亚历山大·涅夫斯基修道院已经全面就位，但新的十二部院大楼的建造尚无头绪，博物馆的境遇也好不到哪里去。海军部作为一个沿涅瓦河向外

（左上）图5-250 斯特列利纳主宫。南广场彼得纪念像

（下）图5-251 斯特列利纳 主宫。大理石厅，内景

（右上）图5-252 斯特列利纳主宫。观景厅，内景

伸展的木构架组群已经完成，但到1721年，建造砖石建筑的准备工作又开始上路。

1719年勒布隆和马塔尔诺维相继去世，城市建设和皇家工程项目暂时停顿，接替他们主持城市建设的是卡洛·丰塔纳的门生、曾在罗马工作并得到彼得充分信任的米凯蒂。除了直接参与彼得霍夫和斯特列利

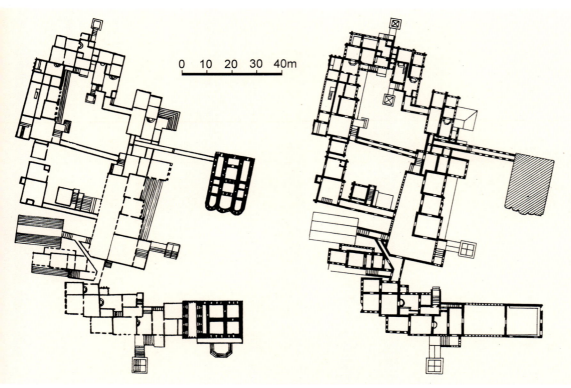

(上)图5-253莫斯科 科洛缅斯克。木构宫殿（1667~1681年），建筑群平面（左图据Nekrasov；右图取自Академия Строительства и Архитестуры СССР：《Всеобщая История Архитестуры》，II，Москва，1963年）

(下)图5-254莫斯科 科洛缅斯克。木构宫殿，建筑群东立面（取自Академия Строительства и Архитестуры СССР：《Всеобщая История Архитестуры》，II，Москва，1963年）

纳宫殿和园林的扩建外，米凯蒂还受彼得委托为他的妻子叶卡捷琳娜设计了位于雷瓦尔（现称塔林）附近的宫殿（外景：图5-258~5-263；近景及细部：图5-264、5-265；内景：图5-266、5-267）。尽管以巴洛克的标准来看，其外部装饰算不上豪华，但室内巨大的接待厅堂充分展现出丰富华美的罗马风格，特别是带天顶画和大量石膏装饰（包括完全模制的塑像）的白厅。

在这些工作中，米凯蒂都得到米哈伊尔·格里戈里耶维奇·泽姆佐夫（1688~1743年）的协助，后者属头一批掌握了新的西方建筑形式的俄罗斯建筑师。约

1709年，他从莫斯科来到彼得堡，在那里，他学会了意大利语并成为特雷齐尼的学生和助手。他在制图方面的天分和能力很早就引起了业内人士的注意。随着米凯蒂于1720年被提拔为"总建筑师"，泽姆佐夫在监管叶卡捷琳娜宫这样一些项目上开始起到了主导作用（设计室内部分及花园）。1722年，彼得派他到斯多哥尔摩进一步深造并按沙皇指定的专业招聘瑞典匠师。泽姆佐夫于1723年返回彼得堡，同年米凯蒂决定去意大利，不再续签新的合同，因而泽姆佐夫成为彼得霍夫花园和夏园这样一些重要项目的实际负责人，他不仅监管公园本身的扩建设计，同时还主持夏园

洞窟阁楼（图5-268）和大宴会厅（1727年）的建造（两者现均无存）。不过，此时政治形势的变化已开始影响到彼得堡建设的方向。

在彼得大帝统治终结的1725年，彼得堡已获得了作为一座重要城市进一步发展所必需的政治和经济基础。然而，对这座新城全面西化的做法不满的人对它作为俄罗斯都城的地位仍然抱有抵触情绪。在彼得的第二个妻子叶卡捷琳娜一世执政的短暂期间（1725~1727年），许多建设项目仍在继续，但叶卡捷琳娜既无彼得的精力也没有他那样的干劲，推动城市发展的主要动力仍然来自缅希科夫。1727年，年仅11岁的彼得二世·阿列克谢耶维奇（1715~1730年，彼得的孙子，其父为彼得第一次婚姻所生长子）继位后，实权落入由多尔戈鲁基家族把控的最高政务会（Supreme Council）手中，他们当即以腐化的罪名

（左上）图5-255 莫斯科 科洛缅斯克。木构宫殿，模型（1760年代，取自George Heard Hamilton：《The Art and Architecture of Russia》，Yale University Press，1983年）

（右上）图5-256 莫斯科 科洛缅斯克。木构宫殿，18世纪景色（版画，1780年，取自Н.Л.Найденов图集）

（下）图5-257 莫斯科 科洛缅斯克。木构宫殿，外景

第五章 俄罗斯巴洛克建筑·1167

(上及中)图5-258雷瓦尔(塔林) 叶卡捷琳娜宫(1720年)。东南侧远景

(下)图5-259雷瓦尔(塔林) 叶卡捷琳娜宫。主立面(东立面)全景

（上）图5-260雷瓦尔（塔林）叶卡捷琳娜宫。东北侧全景

（下）图5-261雷瓦尔（塔林）叶卡捷琳娜宫。西北侧全景

（这也是最容易落实的指控）将缅希科夫流放。到1728年，反对彼得改革的势力再次得逞，宫廷返回莫斯科，彼得堡面临着大批居民流失的危险，陆军和舰队被边缘化，由于赤贫的农民群起抗税国家财政状况亦急剧恶化。

1730年1月19日凌晨，彼得二世因染天花病逝，由于他没有留下子嗣，罗曼诺夫王朝男系继承谱系就此断绝。由保守派贵族掌控的最高枢密院（Su-

左页：

（上）图5-262雷瓦尔（塔林）叶卡捷琳娜宫。背立面（西立面）全景

（下）图5-263雷瓦尔（塔林）叶卡捷琳娜宫。西南侧全景

本页：

（上）图5-264雷瓦尔（塔林）叶卡捷琳娜宫。西立面近景

（下）图5-265雷瓦尔（塔林）叶卡捷琳娜宫。窗饰细部

preme Privy Council）决定由彼得一世的侄女、沙皇伊凡五世之女和库兰公爵的遗孀安娜·伊凡诺芙娜（1693～1740年，1730～1740年在位）继承皇位，是为俄罗斯帝国女皇安娜一世。但安娜登位后，并没有兑现向枢密院的承诺，拱手交出大权。她策动对枢密院大臣不满的贵族和禁卫军，强行解散了枢密院，宣布她登基前和最高委员会签订的权力划分协议无效，成为新的独裁君主。在禁卫军和大部分担任国家职务的贵族（两者均为彼得政策的产物）支持下，安娜再建独裁政权，并宣布重回彼得堡，就这样，在彼得二世将都城迁回莫斯科后4年，1732年，圣彼得堡再次成为俄罗斯帝国的都城，此后直到1917年政权更迭，186年期间，它一直是罗曼诺夫王朝沙皇宫廷的所在地。尽管此时其建筑、街道和运河因失修已开始破旧，但在特雷齐尼（时年61岁）和泽姆佐夫的努力下，很多都得到整治和修复。

在宫廷返回彼得堡后，建筑的复兴并没有达到原先的水平，但一些重要建筑完成的日期——如1733举行奉献仪式的圣彼得和圣保罗大教堂，1734年在泽姆佐夫主持下完成的博物馆——表明，在新形势下城市的发展仍在继续。其他值得注意的变化还包括始于1732年的海军部中央形体的改建（主持人伊万·科罗

（上）图5-266雷瓦尔（塔林）叶卡捷琳娜宫。大厅天棚画

（左下）图5-267雷瓦尔（塔林）叶卡捷琳娜宫。大厅花饰

（右中及右下）图5-268圣彼得堡 夏园。洞窟阁楼，立面及剖面

（上）图5-269 圣彼得堡 海军部（1704年，1732~1738年改建）。18世纪景色（版画，原画作者M.I.Makhaev，图版制作G.Kachalov，现存美国国会图书馆）

（下）图5-270 圣彼得堡 海军部。18世纪塔楼立面（改建前，取自Академия Строительства и Архитектуры СССР：《Всеобщая История Архитектуры》，II，Москва，1963年）

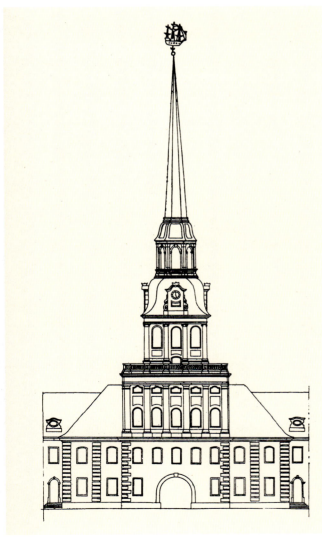

博夫，1700~1747年）。和泽姆佐夫一样，科罗博夫也是受彼得大帝资助去国外留学的俄罗斯建筑师，而且是这方面的一个更为典型的例证。1718~1727年科罗博夫在荷兰学习，1728年他在海军部谋得了建筑师的职位，但在彼得二世统治时期，除了在彼得堡建了两个木构教堂外，其他作品很少。因此，海军部的这个设计不仅是他个人职业生涯的转折点，在彼得堡的城市设计上，也具有里程碑的意义。

新设计保留了彼得时期海军部的基本廓线，长长的立面在两端设向涅瓦河延伸的垂直侧翼，将船坞围括在内。整个建筑群由围墙及壕沟护卫（早期建筑：图5-269、5-270）。彼得深知在建筑上突出海军部的意义：它不仅是俄罗斯作为海上强国的象征，同时也基于它在涅瓦河南岸的中心位置[当时该地区被称为"海军部岛"（Admiralty Island），尽管实际上它是大陆的一部分]。为此，彼得于1711年下令在砖砌的主立面中央部位上建一座带尖顶和大钟的木构架塔楼。随着城市向海军部南部和东部扩展，尖塔作为城市发展和构图聚合中心的重要性越来越明显，科罗博夫充分利用这个位置创造了彼得堡城市景观中最成功的一个地标建筑。塔楼汲取了许多北欧巴洛克建筑的要素，无论在当时还是现在，都构成了从涅瓦河到各干道及广场的构图中心，并为城市下一个世纪完整协调的平面布局打下了良好的基础。

第五章 俄罗斯巴洛克建筑·1173

第二节 巴洛克后期建筑：拉斯特列里的作品

一、历史背景和拉斯特列里的早期作品

[历史背景和早期建筑师的作品]

尽管安娜行为乖僻，靠秘密刑侦机构巩固统治，但在1730年代，政治上仍处在相对稳定的状态。她在位期间长期对外用兵，最重要的有两次：一次同奥地利联合，发动了对南方的克里米亚鞑靼人和土耳其的战争（1735~1739年），根据1739年签订的和约，俄罗斯得到了第聂伯河两岸的部分土地，但战争在人力物力上的花费严重影响了已经混乱的国民经济；二是积极参与了波兰王位继承战争（1733~1738年）[6]，与奥地利联合对抗波旁王室的法国国王路易十五并取得胜利。彼得大帝倡导的冒险精神，在安娜统治时期的白令探险中得到了突出的表现（1681年8月出生于丹麦的维图斯·约纳森·白令受彼得一世的邀请参加了当时新建立的俄罗斯海军并成为一名舰长，在对瑞典的战争中他表现出色，此后又参加了对土耳其的战争。他于1728年越过堪察加半岛和白令海峡到达美洲阿拉斯加岸边，完成了这次著名的探险，最后于1741年12

左页:
(上)图5-271圣彼得堡圣西门和圣安娜教堂(1731~1734年)。东南侧俯视全景

(下)图5-272圣彼得堡圣西门和圣安娜教堂。东南侧全景

本页:
图5-273圣彼得堡 圣西门和圣安娜教堂。西南侧全景

月在白令岛去世)。在帝国版图不断扩张的形势下,作为都城的彼得堡不仅需要完成在彼得时期已经开始的重要国家建设项目,同时还要为约7万城市居民提供必要的基础设施(住房、商店、教区教堂等)。

从这时期留存下来的两个教堂中,可看到特雷齐尼这样一些建筑师所引进的西方手法主义对俄罗斯教堂设计的影响(尽管是在不高的水准上)。两座建筑均取巴洛克风格,西端设尖塔,室内外采用古典柱式部件。一是米哈伊尔·泽姆佐夫设计的圣西门和圣安娜教堂(1731~1734年;图5-271~5-275),无论在古典柱顶盘的使用还是南立面的柱廊设计上,都可以看到特雷齐尼的影响。泽姆佐夫还在南立面两侧

图5-274圣彼得堡 圣西门和圣安娜教堂。西侧,自丰坦卡运河上望去的景色

采用了水平分缝的隅石条带,效果颇为突出。和这座教堂相比,伊万·科罗博夫设计的圣潘捷列伊蒙教堂(1735~1739年;外景:图5-276~5-280;近景及细部:图5-281~5-285)在采用巴洛克母题上要显得更为随意和粗放,这点在半圆室的细部上表现尤为明显,其顶部类似掷弹兵的头盔,由于教堂系纪念1714年俄罗斯海军在决定性的汉科角海战中击败瑞典人,这种做法或许不难理解。

然而,圣潘捷列伊蒙教堂这种半圆室形式同样表明,传统的俄罗斯形式已被重新纳入到彼得堡教区教堂的设计中。尽管泽姆佐夫和科罗博夫的教堂平面均属会堂类型,但各个教堂东跨间上的大型穹顶使人想起17世纪俄罗斯教堂建筑特有的"船式"构图。人们就这样,将欧洲的巴洛克建筑部件通过适当改造用于符合东正教礼仪要求的集中式结构,这种做法在随后二十来年拉斯特列里和切瓦金斯基的作品里,得到进一步的发展并获得了丰硕的成果。

尽管彼得采取了各种措施,但并没有杜绝城市火灾的发生,有的还造成了极为惨重的损失,这也是泽姆佐夫和科罗博夫留下的教堂作品甚少的原因之

（上）图5-275圣彼得堡 圣西门和圣安娜教堂。角阁楼外景（位于院落西南角）

（左下）图5-276圣彼得堡 圣潘捷列伊蒙教堂（1735~1739年）。东南侧俯视全景

（右下）图5-277圣彼得堡 圣潘捷列伊蒙教堂。东北侧地段形势

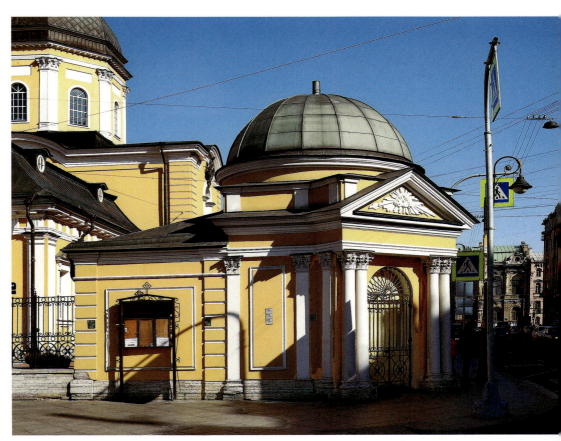

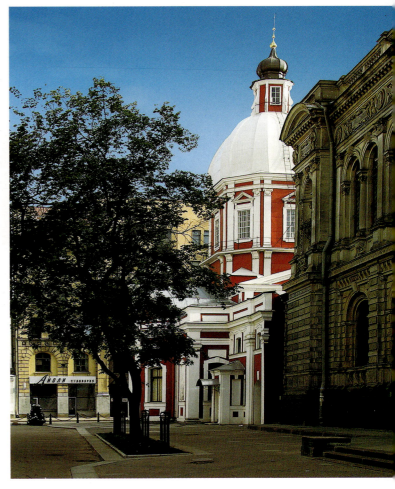

一。1736年夏季，城市人口最密集的海军部岛区发生了一次火灾。次年夏季，正当泽姆佐夫和其他建筑师制定地区的修复计划时，一场更大的火灾又将海军部地区残存的大部分建筑焚毁。为了组织大规模的重建和整治城市中心区，成立了一个新的中央规划机构——圣彼得堡建设委员会（Commission for the Construction of St.Petersburg）。虽然委员会的头目是女皇安娜手下的军队司令布哈德·克里斯托夫·明尼希伯爵，但其技术指导是彼得大帝当年派送罗马师从塞巴斯蒂亚诺·奇普里亚尼的建筑师彼得·叶罗普金（约

第五章 俄罗斯巴洛克建筑·1177

1698~1740年)。叶罗普金出身贵族家庭,是安娜女皇最亲近的顾问阿尔捷米·沃伦斯基的亲戚,属首批受到严格职业教育的俄国建筑师。他在意大利学习了8年之后于1723年回国,先在莫斯科从业,之后于1726年来到圣彼得堡,在多梅尼科·特雷齐尼和尼古拉·米凯蒂领导下工作。和许多同时代人一样,叶罗普金参与了彼得霍夫和斯特列利纳的帝国工程项目,但和具体的建筑实践相比,他的兴趣和才干更多地集中在建筑理论和城市设计上。

他的这些才干在建设委员会的工作中得到了充分的展现,其中包括城市的第一幅详尽的地形测绘图(主要标示已有的建筑而不是规划意图,1739年,莫斯科也绘制了一幅精度超过以往的地形图)。1742年终结工作的委员会在一份专门报告中提出了18世纪彼

得堡最重要的发展方向。对重建海军部被焚毁地区的许多建议都在泽姆佐夫的主持下很快得到落实。在主要干道及纪念性建筑的布置上,叶罗普金强调理性的几何构图,让重点建筑统领城市空间,在主要视点上创造最好的视觉效果(正是他设计了著名的三条会聚干道:涅瓦大街、沃兹涅先斯基大道和格罗霍瓦娅大道)。

本页及左页:

(左)图5-278 圣彼得堡 圣潘捷列伊蒙教堂。东侧全景

(中)图5-279 圣彼得堡 圣潘捷列伊蒙教堂。东南侧景观

(右)图5-280 圣彼得堡 圣潘捷列伊蒙教堂。西南侧全景

　　叶罗普金并没有建筑作品流传后世，但他被认为是俄罗斯第一个本民族的城市规划师，在理论著述上也颇有建树，他率先将帕拉第奥的著作译成俄文，其论著被当作建筑原理的纲要和彼得堡公共及私人建筑施工组织的指南。题为《建筑部门职责》（The Duties of the Architectural Office）的论著是他和米哈伊尔·泽姆佐夫及伊万·科罗博夫共同努力的成果（泽姆佐夫于1740年末完成了这份文件），但直到20世纪才正式刊行。这几个人都是经验丰富的导师：泽姆佐夫自1724年起就开始指导学生，科罗博夫紧随其后。事实上，科罗博夫的工作室在巴洛克后期已经培养了三个俄罗斯本土最成功的建筑师：亚历山大·科科里诺夫（1726~1772年）、萨瓦·切瓦金斯基（1713~1770年代）和德米特里·乌赫托姆斯基（1719~1775年）。

　　尽管《建筑部门职责》某些章节的水平和内容参差不齐，但叶罗普金撰写的导言和某些段落表明他非常熟悉古典建筑理论，特别是对帕拉第奥有专门的研究，在1730年代后期他开始根据原文全面翻译帕

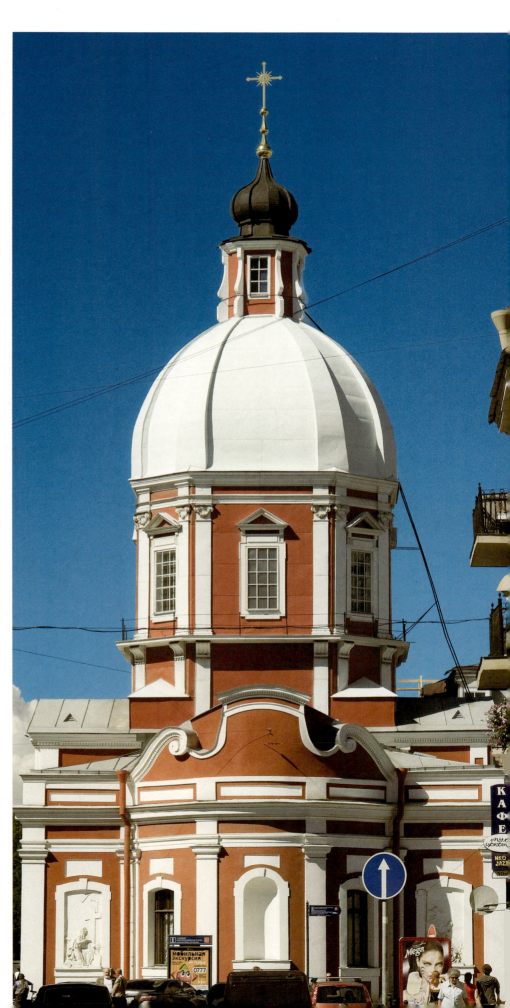

本页及左页：

（左）图5-281 圣彼得堡 圣潘捷列伊蒙教堂。西南侧近景

（中）图5-282 圣彼得堡 圣潘捷列伊蒙教堂。南侧近景

（右）图5-283 圣彼得堡 圣潘捷列伊蒙教堂。东侧近景

拉第奥的著作。遗憾的是,叶罗普金未能活到把这些计划付诸实现。1740年,他卷入到一起以权臣阿尔捷米·沃伦斯基为首企图推翻安娜及其德国顾问的密谋中。事败后,沃伦斯基被以叛国罪判处死刑[在这次镇压行动中,安娜的情人及宠臣恩斯特·约翰·比龙(比伦)伯爵[7]起到了重要的作用],叶罗普金也成为这次事件的牺牲者之一,于1740年6月在彼得-保罗城堡附近被公开处决。他提出的建设计划在泽姆佐夫主持下得到了部分实施,但直到伊丽莎白统治后期,这座都城才获得了叶罗普金及其同僚预期的皇家风貌。具有讽刺意味的是,这座都城的壮观景色在很

（左页左上）图5-284圣彼得堡 圣潘捷列伊蒙教堂。南侧墙面浮雕

（左页右上）图5-285圣彼得堡 圣潘捷列伊蒙教堂。南门马赛克细部

（本页上）图5-286巴尔托洛梅奥·弗朗切斯科·拉斯特列里（1700~1771年），约1750年代画像，作者Lucas Conrad Pfandzelt（1716~1786年）

（左页及本页下）图5-287 圣彼得堡 冬宫（第三个，1732~1735年）。18世纪中叶景色（油画及版画，约1750年，作者M.I.Makhaev）

本页及右页：

（左上）图5-288圣彼得堡 冬宫（第三个）。18世纪中叶景色（画面右侧，约1753年版画，原稿作者M.I.Makhaev，图版制作E.Vinogradov，莫斯科Shchusev State Museum of Architecture藏品）

（右上）图5-289圣彼得堡 冬宫（第三个）。18世纪下半叶景色（版画，1761年，作者M.I.Makhaev，远处可看到老的海军部大楼）

（右中）图5-290皇村（普希金城） 叶卡捷琳娜宫。琥珀厅，内景（老照片，1917年，Andrei Andreyevich Zeest摄，其时室内尚有普鲁士国王腓特烈大帝纪念碑的模型）

（右下）图5-291皇村（普希金城） 叶卡捷琳娜宫。琥珀厅，内景[老照片，1931年，Branson De Cou（1892～1941年）摄]

（左下）图5-292皇村（普希金城） 叶卡捷琳娜宫。琥珀厅，现状，全景图

大程度上是来自一位曾得到比龙大力支持的建筑师的努力。

[拉斯特列里：早期作品]

作为建筑师，巴尔托洛梅奥·弗朗切斯科·拉斯特列里（1700~1771年；图5-286）可说是既靠自己杰出的才干，又深得命运的眷顾：不仅在安娜时期顺风顺水，在伊丽莎白时期更是春风得意，被提拔到重要岗

本页：

（上）图5-293皇村（普希金城） 叶卡捷琳娜宫。琥珀厅，室内全景

（下）图5-294皇村（普希金城） 叶卡捷琳娜宫。琥珀厅，入口侧墙面（北墙），现状

右页：

图5-295皇村（普希金城） 叶卡捷琳娜宫。琥珀厅，北墙，琥珀拼图和马赛克《视觉》（1997年复原）

位。这位女皇对奢华装饰效果的喜好和拉斯特列里处理建筑的方法可谓一拍即合。1700年诞生于巴黎的拉斯特列里少年时期在法国度过,他的父亲卡洛·巴尔托洛梅奥·拉斯特列里伯爵(教皇给的封号)是在路易十四宫廷供职的佛罗伦萨雕刻师和建筑师。1715年这位"太阳王"去世后,彼得大帝及其代理人招聘法

本页及左页：

（左上）图5-296皇村（普希金城） 叶卡捷琳娜宫。琥珀厅，南墙，马赛克画《触觉和嗅觉》

（左中）图5-297皇村（普希金城） 叶卡捷琳娜宫。琥珀厅，墙角及天棚近景

（左下）图5-298皇村（普希金城） 叶卡捷琳娜宫。琥珀厅，琥珀拼图和镜面装饰

（中上及右上）图5-299皇村（普希金城） 叶卡捷琳娜宫。琥珀厅，金饰细部

（中下及右下）图5-300皇村（普希金城） 叶卡捷琳娜宫。琥珀厅，琥珀装饰细部

（上）图5-301伦达尔 宫殿（1736~1740年）。北立面（设计图，1736年，作者拉斯特列里）

（中）图5-302伦达尔 宫殿。北侧俯视全景

（下）图5-303伦达尔 宫殿。东北面，大院入口一侧全景

（上下两幅）图5-304伦达尔宫殿。大院入口近景

（上）图5-305伦达尔宫殿。大院西南侧，主立面景色

（下）图5-306伦达尔宫殿。大院主立面近景

国建筑师和技师赴俄罗斯工作，老拉斯特列里亦在其中。1715年，他带着儿子离开巴黎并于次年年初到达彼得堡，开始在斯特列利纳和彼得霍夫参与各项工作。

由于老拉斯特列里和勒布隆之间很快发生龃龉，到1716年夏季，他在俄罗斯的职业生涯似乎遇到了门槛。但天无绝人之路，恰逢此时缅希科夫委托制作一尊巨大的铜像，由于勒布隆素有傲慢自大的恶名，老拉斯特列里遂捷足先登，并借此在王公贵族圈里获得了一个宝贵的盟友，在缅希科夫的引荐下很快得到了沙皇的青睐。卡洛·拉斯特列里为彼得完成的作品主要是雕刻，包括独立的雕像和室内的石膏装饰（如"欢愉宫"的主厅）。他儿子参与的项目中，第一个有记录可查的是1717年在他父亲指导下制作的一

（上）图5-307伦达尔宫殿。大院内景（向东北入口方向望去的景色）

（中）图5-308伦达尔宫殿。西北面全景

（下）图5-309伦达尔宫殿。东南面景色

（上）图5-310伦达尔宫殿。花园立面（西南侧）全景

（下）图5-311伦达尔宫殿。花园立面近景

个斯特列利纳宫殿和花园的巨大木构模型。接着在1721~1727年，他为著名的俄罗斯诗人安季奥赫·坎捷米尔的父亲——摩尔达维亚大公德米特里·坎捷米尔建造了一座仿巴洛克风格的府邸（现已无存）。同时，他还参与了其他一些为彼得堡达官贵人建造的项目，只是有的未能实现，而且没有一栋留存下来。

（左上）图5-312伦达尔宫殿。接待厅，内景

（右上）图5-313伦达尔宫殿。公爵卧室，内景

（下）图5-314叶尔加瓦米塔瓦宫（1738~1740年）。东北侧俯视全景（前景为利耶卢佩河）

尽管有的传记作家表示，老拉斯特列里曾在1720年代中期把他年轻的儿子送到欧洲进一步学习和深造以提高其专业技能，但并没有充分的证据证明此事。不管他学艺的过程如何，到安娜统治初期，小拉斯特列里不仅获得了在充满宫廷密谋的险恶环境中明哲保身的技巧，同时也开始展现出他作为建筑师的杰出才干。1730年2月，拉斯特列里父子来到再次——尽管时间不长——成为首都的莫斯科，是年稍后，他们其中之一（是父亲还是儿子尚不清楚）被任命为宫廷建筑师。在这期间，他们受托为这位在莫斯科的女皇建造了两座大型木构宫殿：一是安娜冬宫（称Winter Annenhof，从这个名字上也可看出这位女皇的亲德倾向），为一栋靠近克里姆林宫新军械库的木构建筑，配有约130个房间；一是位于勒福托沃地区规模更大的安娜夏宫（Summer Annenhof），配置了220个房间及布局规整的大片园林。可惜这两座建筑都没有留存下来。

1730年代后期建造的安娜冬宫，是拉斯特列里臻于成熟的巴洛克作品中最早的实例之一，尽管单层结构的外形和相邻的克里姆林宫建筑看上去不很协调。大厅上有路易·卡拉瓦克绘制的天顶画，室内装饰想必相当豪华。1736年，仅在短暂期间内充当皇家宫邸的这座建筑被拆卸后运到勒福托沃。设计上更为复杂精巧的安娜夏宫完成于1731年，如此短的工期证明了拉斯特列里在动员和指挥大量劳动力上的杰出能力（参与工程的有6000多位木匠、泥瓦匠、雕刻师及其

他技工）。从室内的装饰设计草图和室外的巴洛克窗边饰上可想像建筑的盛况。尽管在夏宫建成后不久宫廷就迁回彼得堡，但这一工程已为拉斯特列里随后30年设计的那些规模更大、花费更多的帝国工程项目作了必要的准备。

二、拉斯特列里：18世纪30~40年代的作品

[30年代莫斯科、彼得堡和库尔兰的作品]

已下定决心返回圣彼得堡的女皇甚至在莫斯科的宫殿工程还在进行之际，便开始吩咐拉斯特列里在涅

左页：

（上）图5-315叶尔加瓦 米塔瓦宫。东南侧远景

（下）图5-316叶尔加瓦 米塔瓦宫。东南侧全景

本页：

（左上）图5-317叶尔加瓦 米塔瓦宫。院落主立面

（右上）图5-318叶尔加瓦 米塔瓦宫。院落侧立面

（下）图5-319女皇伊丽莎白·彼得罗夫娜（画像，作者L.Tocque，莫斯科Tretyakov Gallery藏品）

第五章 俄罗斯巴洛克建筑·1197

（左上）图5-320女皇伊丽莎白·彼得罗夫娜（画像，作者Carle Vanloo，1760年）

（右上）图5-321基辅 玛丽亚宫（马林斯基宫，1744~1755年）。20世纪初景色（老照片，1911年）

（右中）图5-322基辅 玛丽亚宫（马林斯基宫）。现状，俯视全景

（下两幅）图5-323基辅 玛丽亚宫（马林斯基宫）。主立面（东南侧）全景（上下两幅分别摄于2007和2014年）

（上）图5-324基辅 玛丽亚宫（马林斯基宫）。立面近景

（左下）图5-325基辅 玛丽亚宫（马林斯基宫）。院落栏杆及建筑北端近景

（右下）图5-326圣彼得堡 夏宫（第三个，1741~1743年）。18世纪景色（版画，原稿作者M.I.Makhaev，图版制作A.Grekov，美国国会图书馆藏品）

瓦河边建造一座木结构的夏宫（1731年）。其他建筑还包括一个在海军部边上沿着涅瓦河的开敞空间展开的马术学校，而这些建筑中最突出的则是位于前海军将领费奥多尔·阿普拉克辛宫基址上的第三个冬宫。

阿普拉克辛宫本是多梅尼科·特雷齐尼的作品（曾有几个方案，包括勒布隆的一个设计），1731年末，他开始改造这座建筑以满足安娜女皇的需要。但随着帝国对宫殿建筑需求的急剧膨胀，君主又委托弗朗切斯科·巴尔托洛梅奥·拉斯特列里搞了个更庞大的设计（可能是在老拉斯特列里的协助下）。

第五章 俄罗斯巴洛克建筑·1199

（上）图5-327圣彼得堡 阿尼奇科夫宫（1741~1750年代）。18世纪下半叶景色（版画，1761年，画面中央为涅瓦大街，向北可看到远方的海军部大楼，原稿作者M.I.Makhaev，图版制作Ia.Vasilev，美国国会图书馆藏品）

（中）图5-328圣彼得堡 阿尼奇科夫宫。19世纪上半叶景色[水彩，1840年，作者Vasily Sadovnikov（1800~1879年），前景为角上带驯马雕刻的阿尼奇科夫桥]

（下）图5-329圣彼得堡 阿尼奇科夫宫。19世纪上半叶景色[单彩，1843年，作者Johann Baptist Weiss（1812~1879年）]

1200·世界建筑史 俄罗斯古代卷

（左上）图5-330圣彼得堡 阿尼奇科夫宫。19世纪上半叶景色（自丰坦卡运河望宫殿景色，前景为院落柱廊；彩画，1838年，作者Vasily Sadovnikov）

（下）图5-331圣彼得堡 阿尼奇科夫宫。20世纪上半叶实况（1937年前老照片）

（右上）图5-332圣彼得堡 阿尼奇科夫宫。现状，东侧俯视全景（前景为丰坦卡运河）

（左中）图5-333圣彼得堡 阿尼奇科夫宫。主楼，东侧全景

当1735年完成时，这座三层楼高的冬宫当即成为城内最宏伟最华丽的建筑。不过，从这时期米哈伊尔·马哈耶夫等人绘制的油画及版画上看（图5-287～5-289），其外貌可说还相当笨拙，沿涅瓦河的主立面采取了不对称的设计，由改造后的阿普拉克辛宫和拉斯特列里设计的相邻结构组成，后者的规模

(上下两幅)图5-334 圣彼得堡 阿尼奇科夫宫。门廊近景

要大得多,沿涅瓦河朝海军部的方向延伸达60米。和宫邸面向涅瓦河的立面垂直,拉斯特列里建造了一个巨大的侧翼,本身亦形成一个宏伟的对称立面。高耸的芒萨尔式屋顶曾是大多数彼得时期宫邸的特色,但在这里似乎已经过时,拉斯特列里不久就舍弃了这种形式。

（上）图5-335圣彼得堡 阿尼奇科夫宫。东北侧全景（自阿尼奇科夫桥上望去的情景）

（下）图5-336圣彼得堡 阿尼奇科夫宫。东侧廊道（前景为丰坦卡运河）

（左中）图5-337圣彼得堡 阿尼奇科夫宫。东侧廊道，自东北方向望去的景色

（右中）图5-338圣彼得堡 阿尼奇科夫宫。花园亭阁（位于宫殿西面花园内，面对涅瓦大街）

第五章 俄罗斯巴洛克建筑·1203

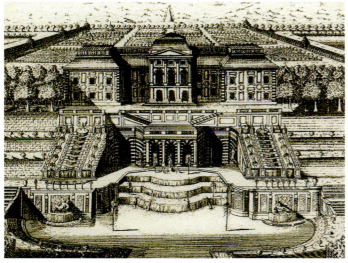

Петергофской Ея Императорскаго Величества дворецъ, на берегу финландскаго Залива въ тритцати верстахъ отъ Санктпетербурга.　　Peterhoff. Mai

不过，这第三个冬宫的室内，无论从结构尺度还是从所采用的装饰艺术上看，都是拉斯特列里空前的成就。按他本人的记述："在这座宫殿里，有一个大厅，一个廊厅和剧场，还有一个大的楼梯间和一个大礼拜堂，所有这些厅堂都和公务用房及套房一样，装饰着大量的雕刻和绘画。在这座大型宫殿里，有200多个厅堂及房间"。需要指出的是，室内工程一直延续到伊丽莎白时期为了建造更大的宫殿令工程终止之时（见后文）。在宫殿建设的后期阶段，最富丽堂皇的厅堂之一是所谓"琥珀书房"（亦称"琥珀间"），这批室内装修本是安德烈亚斯·施吕特为普鲁士国王弗里德里希-威廉一世设计。其嵌板制作于1701年，最初打算用于柏林夏洛滕堡宫内，但完成后的板块最后于1709年安放到柏林城市宫的书房内。彼得大帝1716年来访时对之赞不绝口，弗里德里希-威廉一世遂将全套装修（琥珀板块及其嵌板）作为礼品赠予彼得，以求巩固针对瑞典的同盟。根据一则可靠的记载，这些琥珀嵌板在俄国一直保存到1743年都没有派上用场，是年拉斯特列里在德国工匠的协助下将它们和26根镶镜面玻璃的壁柱一起布置在冬宫的一个接待厅堂里。琥珀的明亮色调很适合巴洛克的情调，但采用玻璃部件分割室内则是拉斯特列里自己的主意。在欧洲，镜面玻璃首先在17世纪的法国得到应用，由于能产生室内空间扩展的幻觉，很快成为室内装修的基本要素。勒布隆很熟悉这种手法，但充分发掘这种材料的潜力，并和法式窗户的透明玻璃相结合，则是拉斯特列里皇宫设计的独具特色。

本页及左页：

（左上）图5-339圣彼得堡 阿尼奇科夫宫。大厅，内景（彩画）

（中上）图5-340圣彼得堡 阿尼奇科夫宫。图书馆，内景（彩画，1869年，作者А.А.Бобров）

（左中）图5-341彼得霍夫 大宫（1716~1717年，建筑师J.-B.-A.Le Blond；1747~1752年改建，建筑师拉斯特列里）。早期建筑景观（版画，1717年，作者Alexei Rostovtsev）

（左下）图5-342彼得霍夫 大宫。改建后北立面全景（版画，1761年，据M.I.Makhaev原画制作，现存莫斯科Shchusev State Museum of Architecture）

（右中）图5-343彼得霍夫 大宫。19世纪景色[油画，1837年，作者Иван Константинович Айвазовский（1817~1900年）]

（右下）图5-344彼得霍夫 大宫。北侧俯视全景

1755年，彼得大帝的女儿、女皇伊丽莎白决定将这批琥珀嵌板安置到皇室夏季休闲的皇村主要宫殿（叶卡捷琳娜宫）里，房间经18世纪多次扩大及更新后，覆盖面积已达55平方米，琥珀重6吨多。二战期间苏德开战后，苏方负责官员打算拆卸运走，但由于琥珀已干燥极易碎裂，只好用壁纸遮盖。但这招未能奏效，1941年，纳粹德国北方军团占领了皇村，在两位专家的监督下，仅用了36小时就将大厅拆卸，装修被作为战利品劫走，是年10月，它们被运到东普鲁士的柯尼希斯贝格，在城堡内贮存和展出。1945年希特勒曾下令转移，但由于主管官员频频更换，加上英国空军的猛烈轰炸和城市大火，这批材料最后下落不明。1979年，苏联决定在皇村重建琥珀厅，但直到2003年，在经过40名俄罗斯和德国专家24年的努力并得到德国的捐赠后，才最后在圣彼得堡建城300周年纪念日落成，其间用了老的图纸和黑白照片，竭力按原样复原（老照片：图5-290、5-291；现状：图5-292~5-300）。

当冬宫正在施工时，拉斯特列里已开始为安娜的主要宠臣恩斯特·约翰·比龙伯爵设计一系列宫邸。其中伦达尔宫殿建于1736~1740年（立面：图5-301；俯视全景：图5-302；外景：图5-303~5-311；内景：图5-312、5-313），叶尔加瓦的米塔瓦宫建于1738~1740年（图5-314~5-318）。两者现均属拉脱维亚，但在拉斯特列里技艺的发展上具有重要意义。尽管这些宫邸的室内装饰随着1740年比龙被流放到西伯利亚而终止，但结构工程已完成并表现出拉斯特列里成熟期作品特有的造型以及均衡的装饰细部。伦达尔宫或许只能视为一个富有廷臣的豪华宫邸，而在比龙被任命为库尔兰统治者后开始建造的米塔瓦宫，则已经具有了可和斯特列利纳宫相媲美的帝国规模。然而，无论是伦达尔还是米塔瓦宫殿，都呈现出彼得堡早期巴洛克风格的特征，特别表现在大量采用壁柱作

本页及左页：
（左上）图5-345彼得霍夫 大宫。西北侧远景

（下）图5-346彼得霍夫 大宫。北侧全景

（右上）图5-347彼得霍夫 大宫。北立面，自主轴线上望去的景色

（上）图5-348彼得霍夫大宫。北立面，中央区段，自东北方向望去的景色

（下）图5-349彼得霍夫大宫。北立面，东翼

为分划主要立面的手段，利用矩形窗边醒目的边饰强化壁柱的垂向构图等方面。在拉斯特列里青年时代的作品中，不乏这种采用白色灰泥装修部件的例证，类似做法不仅见于特雷齐尼和施韦特费格的设计，也见于米凯蒂建造的斯特列利纳宫。拉斯特列里后期的作品则不同，更多采用水平形体作为洛可可装饰及附墙柱的背景。

[40年代彼得堡的作品]

1740年秋安娜女皇去世，比龙随即失势和倒台，拉斯特列里从库尔兰被召回圣彼得堡。尽管他和这位公爵有过一段紧密的工作联系，但总的来看，还是能置身于宫廷纷争之外，平安度过这段政治上动荡的时期[先是短暂的伊凡六世（1740~1764年）时期人们为争夺摄政权而进行的斗争和随后（1741年11月）伊

图5-350 彼得霍夫 大宫。墙面及屋顶近景

丽莎白发动的夺权政变][8]。新登基的伊丽莎白女皇（图5-319、5-320）少年时代受过法国式教育，正是她带动了俄罗斯贵族崇尚奢华精致的风气，比起行为粗俗的安娜女皇，可说是大相径庭。在她统治期间，俄罗斯开始逐渐形成了类似西欧的上流社会。

不过，拉斯特列里和比龙的这段关系多少妨碍了他在伊丽莎白统治初期获取宫廷的订单。在泽姆佐夫1743年去世后，拉斯特列里成为唯一具有丰富经验，

（上）图5-351彼得霍夫 大宫。北立面，窗饰及阳台

（中）图5-352彼得霍夫 大宫。南立面（背立面），全景

（下）图5-353彼得霍夫 大宫。南立面，中央区段近景

(上下两幅)图5-354彼得霍夫大宫。南立面,东翼

能满足新宫廷大型礼仪建筑需求的建筑师。但直到1744年他才获得新的指令,为这位女皇建造位于基辅的夏季宫邸——玛丽亚宫(马林斯基宫,1744~1755年;历史图景:图5-321;外景:图5-322~5-325),次年,又开始修复和重新装饰彼得霍夫的大宫(1755年正式开放)。

尽管拉斯特列里直到1748年才正式恢复宫廷总建筑师的头衔,但此前他已为伊凡四世的母亲和摄政王安娜·利奥波多芙娜设计了位于夏园内的新宫(第三个夏宫,始建于1741年)。这座休闲宫邸位于两条主

(上)图5-355彼得霍夫大宫。南立面,西翼

(下)图5-356彼得霍夫大宫。宫廷教堂,西北侧景色(自下花园处望去的情景)

要运河(丰坦卡和莫伊卡)交汇处一个精美的花园内(其中纳入了彼得大帝时期的夏园),是拉斯特列里最成功的洛可可作品之一(历史图景:图5-326)。

据拉斯特列里本人的报告:"(夏宫)具有160多个套房,包括一座教堂、一个大厅及许多廊厅。所有房间都用镜子及大量的雕刻加以装饰,花园配有壮观的喷

(上)图5-357彼得霍夫大宫。宫廷教堂,东北侧,自下花园处仰视景观

(下)图5-358彼得霍夫大宫。宫廷教堂,西北侧,自喷泉阶台处望去的情景

泉和一个隐居所……周围绕以植物棚架和各种镀金的装饰品。"尽管宫邸规模不大，只有160个套房（主要布置在二层），但结构和装饰的紧密结合，屋顶线的处理方式，均表明它和效法北欧范本的彼得时期建筑的决裂，标志着带有意大利和法国特色的所谓伊丽莎白巴洛克风格（Elizabethan baroque）的开始。

这第三个夏宫于1797年拆除，以便腾出地方来建保罗一世那座冷漠威严的米哈伊洛夫城堡（从建筑情趣上不难看出各个统治者的性格），但从18世纪中叶表现这座建筑的彩色图版及文字记载上多少可了解到拉斯特列里这座建筑的大致情况。立面顶部以带雕像的栏杆作为结束，亮丽的粉红色墙面上镶白色的框线，自灰绿色的粗面石底层上升起（在严寒的气候条件下，彼得堡建筑立面的色彩因经常重新粉刷而变化）。尽管立面的某些部分由壁柱分割，但主立面上较宽的窗间距使墙面在构图上的地位相当突出，作为洛可可装饰部件背景的色彩效果尤为明显。鲍里斯·维珀曾指出："拉斯特列里作品的丰富色彩——从浅黄绿色、天蓝色到橙色——颇似俄罗斯砖构教堂立面喜用的那种亮丽的彩色，如大量采用的金色叶片及来自植物图案的装饰细部"[9]。尽管拉斯特列里的作品和其他欧洲巴洛克后期建筑有诸多共同之处，但在建筑色彩的运用上，他显然要比同时期的欧洲建筑师具有更宽广的视野，18世纪后期见到拉斯特列里宫殿

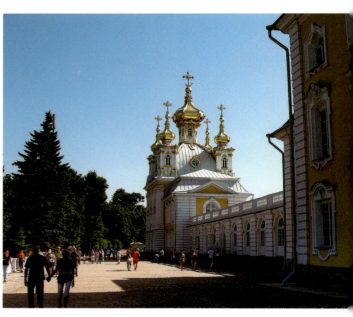

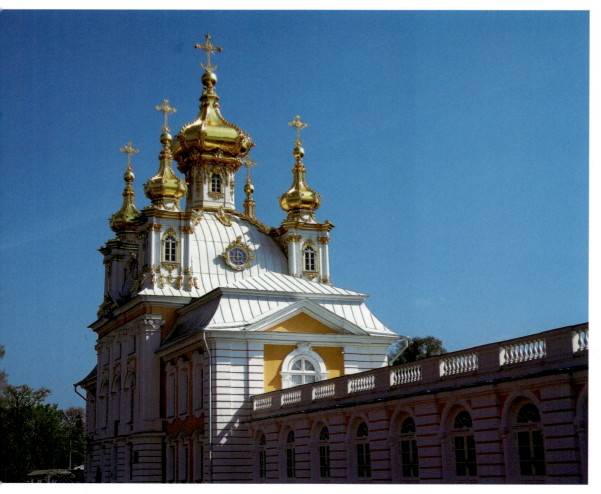

（上下两幅）图5-359彼得霍夫 大宫。宫廷教堂，西北侧，自台地上望去的景色

1214·世界建筑史 俄罗斯古代卷

（上）图5-360彼得霍夫 大宫。宫廷教堂，东南侧全景

（下）图5-361彼得霍夫 大宫。宫廷教堂，南侧雪景

(上)图5-362彼得霍夫大宫。宫廷教堂,西南侧,自上花园处望去的景色

(下)图5-363彼得霍夫大宫。宫廷教堂,南侧近景

图5-364彼得霍夫 大宫。宫廷教堂，穹顶及角塔近景

的西方旅游者在谈到他们的感受时也都明确提到这一事实。

和夏宫工程同时，拉斯特列里还完成了另一座皇室宫邸——位于涅瓦大街与丰坦卡河交会处的阿尼奇科夫宫（历史图景：图5-327~5-331；现状外景：图5-332~5-338；内景：图5-339、5-340）。建筑按泽姆佐夫的设计始建于1741年，尽管到他1743年去世时只建了很少一部分，但把他的方案图和1750年代结构完成后米哈伊尔·马哈耶夫的绘画（见图5-327）相比可知，建筑基本上是按他的设计。因此拉斯特列里想必只是完成了阿尼奇科夫宫的室内装修工程和设计了角翼的镀金穹顶结构（类似他建的彼得霍夫宫邸的端部

第五章 俄罗斯巴洛克建筑·1217

阁楼）。伊丽莎白将这座宫邸赐给了她的廷臣阿列克谢·拉祖莫夫斯基，之后叶卡捷琳娜大帝又把它送给格里戈里·波将金，并由伊万·斯塔罗夫按新古典主义风格进行了部分改造。

由于经历了多次改建，阿尼奇科夫宫最初的巴洛克装饰已所剩无几。仅通过版画人们才能对建筑的最

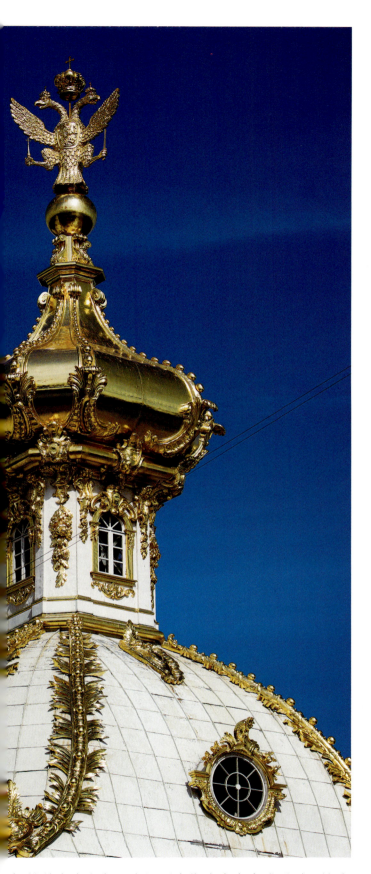

初外貌有个印象;在涅瓦大街尚未完全成形时,这座皇室建筑已扩展到丰坦卡河(涅瓦河左岸支流,长约6.7公里)的边界,这件事本身亦具有重要的意义。

本页及左页:

(左上)图5-365彼得霍夫 大宫。帝国徽章楼,东北侧,自下花园处仰视景色

(左下)图5-366彼得霍夫 大宫。帝国徽章楼,东北侧,自台地上望去的情景

(右上)图5-367彼得霍夫 大宫。帝国徽章楼,东南侧,自上花园处望去的景色

(右下)图5-368彼得霍夫 大宫。帝国徽章楼,北立面近景

(中)图5-369彼得霍夫 大宫。帝国徽章楼,顶塔近景

第五章 俄罗斯巴洛克建筑·1219

在拉斯特列里夏宫设计中大量运用的水体构图，在这里得到进一步的发展（可能是出自泽姆佐夫的设计），主要院落内布置了方形水池，从丰坦卡河来的运河船只可直达这里。但在彼得堡的气候条件下，将水引到宫殿墙体处弊端甚多，因而不久水池便被填塞；但它最初的出现表明，人们曾计划在这里创造一个类似威尼斯那样的环境，只是因地理条件差异过大而作罢。

三、拉斯特列里：彼得霍夫和皇村的作品

1745年，拉斯特列里受命改建彼得霍夫主要宫殿，开始采用了富丽堂皇的洛可可风格。在这里，宫殿的基本结构完成于1752年，但装修一直延续到1755年，此后几乎是马上又开始进行改造。拉斯特列里的设计承袭勒布隆的早期巴洛克风格，特别是中央结构部分（历史图景：图5-341～5-343；北侧主立面外景：图5-344～5-351；南侧背立面外景：图5-352～5-355），外部则沿袭最初的形式，保留了和彼得大帝相关的几个房间。中央结构和经拉斯特列里大规模扩建的端部阁楼均采用了芒萨尔式屋顶，同样表现出彼得时代的风格。和拉斯特列里后期作品相比，壁柱和粗面隅石的采用要更为节制（实际上只是灰泥墙面的装饰）。

但在两端阁楼式建筑的设计上，后期巴洛克的特点表现得要更为充分。它们分别是宫廷教堂（外景：图5-356～5-362；近景及细部：图5-363、5-364）及帝国徽章楼（外景：图5-365～5-367；近景及细部：图5-368～5-370），后者之名来自穹顶上布置的三维双头鹰标记。穹顶本身位于一个角锥形的凸出部分上，

左页：

（左）图5-370彼得霍夫 大宫。帝国徽章楼，顶饰细部

（右）图5-371彼得霍夫 大宫。大楼梯，全景

本页：

图5-372彼得霍夫 大宫。大楼梯，自楼梯处望上平台

其四边镶金色的花饰。这种形式多少有些类似科洛缅斯克大宫的木构球根状屋顶（拉斯特列里在他多次去莫斯科参观时可能见过它）；宫廷教堂的灵感来自包括萨瓦·切瓦金斯基和女皇本人在内的各个方面，它更为令人信服地表明，传统的俄罗斯形式如何按巴洛克的方式得到重新诠释。在教堂最初的五穹顶设计中，这种联系可看得更为清楚，其角上的穹顶（见图5-342）是后彼得时期建筑中回归这种形式的最早实

第五章 俄罗斯巴洛克建筑·1221

图5-373彼得霍夫 大宫。大楼梯,上平台内景

例之一。两个建筑的镀金穹顶不仅突出了结构实体本身,也成为衬托白色部件的浅黄色立面的补充。和其他彼得堡建筑一样,整个教堂随着阳光的变化呈现出不同的色彩效果,在芬兰湾边北方的蓝天和白云下,奏出了一支极其华丽浪漫的巴洛克畅想曲。

作为海湾边的夏季休闲宫邸,建筑的平面布局相对自由。主要入口和楼梯间(图5-371~5-374)位于建筑侧面向上花园延伸的西翼处,直接通向大的接待

（上两幅）图5-374彼得霍夫大宫。大楼梯，上平台，栏杆柱寓意雕像：《春》和《夏》

（下）图5-375彼得霍夫 大宫。舞厅，内景

（左上）图5-376彼得霍夫 大宫。舞厅，墙面装饰细部

（下）图5-377彼得霍夫 大宫。御座厅，内景

（右上）图5-378彼得霍夫 大宫。觐见厅（宫女厅），内景

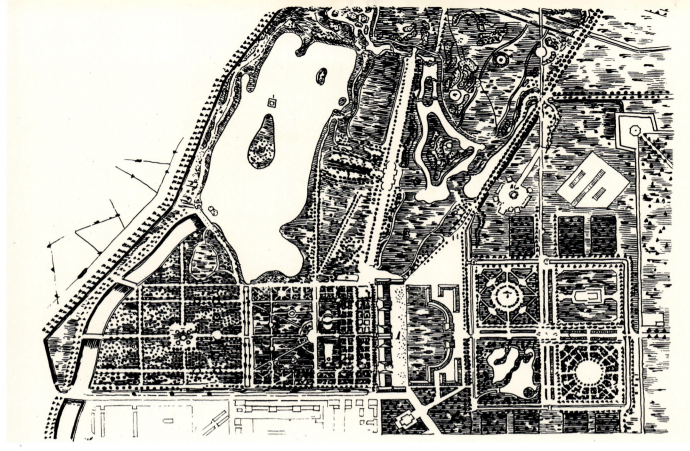

（上）图5-379皇村（普希金城）宫殿及园林建筑群。总平面规划设计（1777年，建筑师В.П.和П.В.Неелов；简图，取自Академия Стройтельства и Архитестуры СССР：《Всеобщая История Архитестуры》，II，Москва，1963年）

（右中）图5-380皇村（普希金城）宫殿及园林建筑群。19世纪中叶地区形势（1858年总平面图）

（下两幅）图5-381皇村（普希金城）宫殿及园林建筑群。20世纪初地区形势（左右两幅分别为1901和1912年地段总平面图）

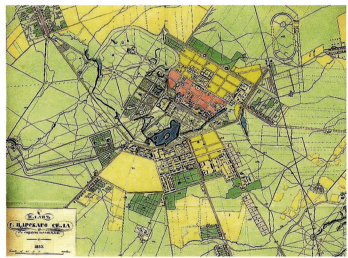

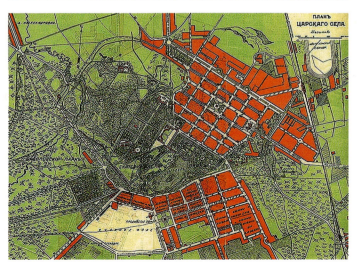

第五章 俄罗斯巴洛克建筑·1225

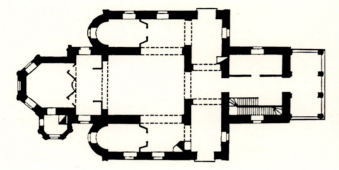

1226·世界建筑史 俄罗斯古代卷

左页：

（左上）图5-382皇村（普希金城）宫殿及园林建筑群。20世纪上半叶总平面（1930~1937年）

（右上）图5-383皇村（普希金城）宫殿及园林建筑群。现状，卫星图，图中：1、叶卡捷琳娜宫，2、冷水浴室（玛瑙阁），3、卡梅伦廊道，4、上浴室，5、埃尔米塔日，6、洞室，7、海军上将宫邸，8、切斯马纪念柱，9、土耳其浴室，10、大理石桥（帕拉第奥桥），11、"残迹"楼，12、中国村及中国楼（"吱吱楼"），13、大畅想阁，14、皇村中学，15、圣母圣像教堂，16、亚历山大宫

（左中）图5-384皇村（普希金城）圣母圣像教堂（1730年代）。平面

（下）图5-385皇村（普希金城）圣母圣像教堂。地段全景

本页：
图5-386皇村（普希金城）圣母圣像教堂。主立面

厅堂：舞厅、棋堂（在叶卡捷琳娜二世期间进行了改造）和大御座厅，它们与西翼垂直，占据了南北两个主立面之间的全部面积（舞厅：图5-375、5-376；御座厅：图5-377）。在结构中央部分，是一系列沙龙或"套房"，由此通向相互平行，连接系列餐厅、书房及其他公务房间的两条廊道。在这个核心区以外，单层的廊厅分别通向东翼的宫廷教堂和西侧的帝国徽章楼。尽管彼得霍夫这座宫邸规模不能算小，但在房间

第五章 俄罗斯巴洛克建筑 · 1227

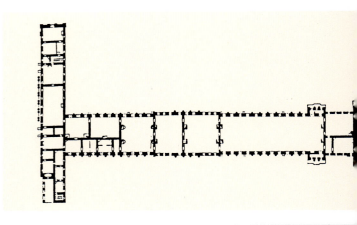
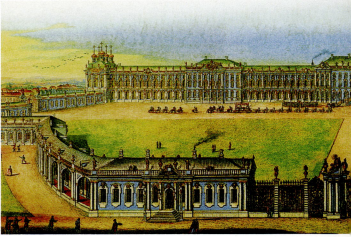

本页及右页：

（左）图5-387皇村（普希金城）圣母圣像教堂。近景

（右上）图5-388皇村（普希金城）圣母圣像教堂。内景

（中上）图5-389皇村（普希金城）叶卡捷琳娜宫（1749~1756年）。平面（取自William Craft Brumfield:《A History of Russian Architecture》，Cambridge University Press，1997年）

（下）图5-390皇村（普希金城）叶卡捷琳娜宫。院落立面（前景为附属建筑，版画，原画作者M.I.Makhaev，1761年，莫斯科Shchusev State Museum of Architecture藏品）

（中中）图5-391皇村（普希金城）叶卡捷琳娜宫。18世纪中叶景色（院落立面，彩画，作者M.I.Makhaev）

Maison de Plaisance de Sa Maj.^{té} Imp.^{le} de toutes les Russies &c. &c. &c. à Sarskoe Selo, 25 Verstes de St Petersbourg.

第五章 俄罗斯巴洛克建筑·1229

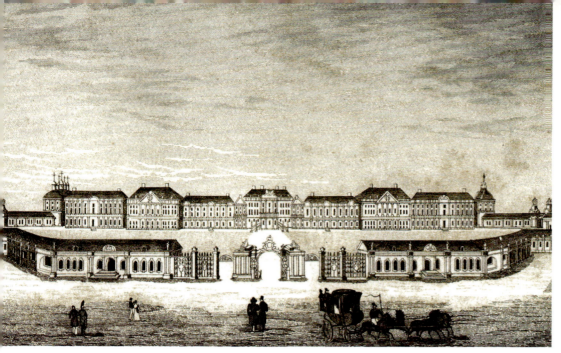

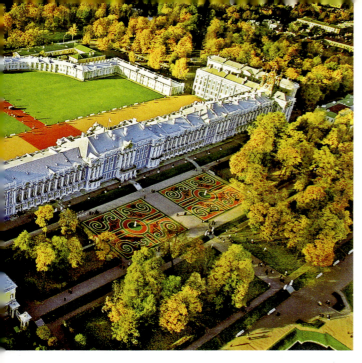

本页及左页：

（左上）图5-392皇村（普希金城）叶卡捷琳娜宫。19世纪中叶景色（院落立面，版画，1840年）

（左中）图5-393皇村（普希金城）叶卡捷琳娜宫。全景俯视图

（右上）图5-394皇村（普希金城）叶卡捷琳娜宫。现状，东南侧俯视全景

（右下）图5-395皇村（普希金城）叶卡捷琳娜宫。东侧俯视全景

（左下）图5-396皇村（普希金城）叶卡捷琳娜宫。西南侧俯视景色

布局和安排上，毕竟不像皇村宫殿那样壮观气魄。

彼得霍夫宫邸华丽的室内装修不仅要求大量的技工和匠师，同时还得益于随后（1760年代）建筑师让-巴蒂斯特·瓦兰·德拉莫特（1729~1800年）的合作。到1770年代，乔治·弗里德里希·费尔滕（1730~1801年）为了满足叶卡捷琳娜的情趣又对许多房间进行了改造，但一些主要房间（如大厅），拉斯特列里时的装修大体得到保留。除了极具特色地采用石膏装饰、镀金的洛可可细部和镜子外[在觐见厅（又称宫女厅，图5-378），还可看到其遗存]，室内尚有表现寓意题材的天顶画和系列椭圆形的肖像画[前者以巴尔托洛梅奥·塔尔西亚绘制的肖像厅和舞厅内的最为著名，后者以朱塞佩·瓦莱里亚尼（1708~1762年）绘制的舞厅内的一组为代表]。二战

第五章 俄罗斯巴洛克建筑·1231

本页：

（上）图5-397皇村（普希金城）叶卡捷琳娜宫。主立面（东南侧，面向花园）全景

（中及下）图5-398皇村（普希金城）叶卡捷琳娜宫。主立面，东南侧远景（自花园水池处望去的景色）

右页：

（上下两幅）图5-399皇村（普希金城）叶卡捷琳娜宫。主立面北段，东南侧景色

第五章 俄罗斯巴洛克建筑

（上）图5-400皇村（普希金城）叶卡捷琳娜宫。主立面南段，自台地下仰视情景

（下）图5-401皇村（普希金城）叶卡捷琳娜宫。主立面，中央区段景色

期间这些作品几乎全毁，大部分房间的室内装修基本上（即令不是全部）为重建。

彼得霍夫主要建筑的简朴外形表明，此时的拉斯特列里仍然遵循俄罗斯早期巴洛克建筑的模式，但他随后设计的宫殿则体现了伊丽莎白时代的精神：在继续保留大量柱子和巴洛克雕刻的节奏序列时，设计和

（左上）图5-402皇村（普希金城）叶卡捷琳娜宫。主立面，中央区段近景

（右上）图5-403皇村（普希金城）叶卡捷琳娜宫。主门廊，南侧近景

（下）图5-404皇村（普希金城）叶卡捷琳娜宫。主立面，人像柱区段

制作上更为奢华。在皇村，伊丽莎白登基后立即开始对早期宫殿进行大规模改建（18世纪30年代大部分时间她都在那里度过），最后把这里建成了一组重要的皇室宫殿及园林建筑群（总平面及地区形势：图5-379~5-382；卫星图：图5-383）。改建初期的工

本页及右页：

（左上）图5-405皇村（普希金城）叶卡捷琳娜宫。主立面，人像柱细部

（中上）图5-406皇村（普希金城）叶卡捷琳娜宫。背立面（西北侧立面，朝向院落），19世纪景色（彩画，作者Vasily Sadovnikov）

（下）图5-407皇村（普希金城）叶卡捷琳娜宫。背立面（院落立面），全景

（右上）图5-408皇村（普希金城）叶卡捷琳娜宫。背立面，中央区段

程主持人为布劳恩施泰因。18世纪30年代中期,泽姆佐夫及其助手伊万·布兰克(?~1745年)在皇村建造了圣母圣像教堂(平面:图5-384;外景:图5-385~5-387;内景:图5-388),接着又在1741年扩建宫殿。在他1743年去世后,该项目由年青的安德烈·克瓦索夫(1718~1772年)接手,后者完成了端头各翼的结构工程,并通过一个柱廊状的木结构廊厅和中央结构连在一起。1745年,克瓦索夫开始建造单层的周边建筑(其中纳入了服务用房及通向宫殿的主入口)。按拉斯特列里的平面布局,宫殿将构成这整个组群的

（上）图5-409皇村（普希金城） 叶卡捷琳娜宫。背立面，北翼景色

（下）图5-410皇村（普希金城） 叶卡捷琳娜宫。背立面，墙面装饰细部

主导要素（平面：图5-389；历代全景图：图5-390~5-393）。1745年，监管皇村工程的重任落到科罗博夫的助手、精明能干的萨瓦·切瓦金斯基肩上，他完成了周边建筑，用砖改建了廊厅部分，建了位于东翼的宫廷教堂，并在西边建了构图上与之均衡的橘园，同时开始改建中央部分的砖石结构。

切瓦金斯基改建的叶卡捷琳娜宫完成于1751年，基本保留了泽姆佐夫和克瓦索夫制定的平面，具有其

他皇家宫殿（如彼得霍夫）的共同特色：由两个侧翼和中央结构组成，其间以廊厅相连。然而，即使是这座刚落成的建筑，看来也无法满足伊丽莎白的要求，在这位女皇眼里，宫廷礼仪是国家和君主权威的象征，她希望把自己喜爱的这座叶卡捷琳娜宫（其名称可能来自她的母亲叶卡捷琳娜一世）建成彼得堡以外主要的皇家宫邸。1752年，作为宫廷总建筑师的拉斯特列里受命建造所有的宫殿并直接监管皇村工程，显然是期望建造一座在规模上与主要欧洲列强相适应的宫殿（在拉斯特列里为纪念宫殿重建铸造的纪念章上

（上）图5-411皇村（普希金城）叶卡捷琳娜宫。大院，自宫殿台阶处望入口大门

（中）图5-412皇村（普希金城）叶卡捷琳娜宫。大院，附属建筑西北翼

（下）图5-413皇村（普希金城）叶卡捷琳娜宫。大院，院门近景

本页及左页:

(左)图5-414皇村(普希金城)叶卡捷琳娜宫。宫殿教堂,南侧景观

(中)图5-415皇村(普希金城)叶卡捷琳娜宫。宫殿教堂,穹顶组群,西侧近景

(右)图5-416皇村(普希金城)叶卡捷琳娜宫。宫殿教堂,穹顶组群,南侧近景

声称这是"为了俄罗斯的光荣")。

为了达到这样的目的,切瓦金斯基已完成的宫殿大部分被拉斯特列里拆除(特别是廊厅部分)并在主要结构上增添了沿整个宫殿长度延伸的第三层。原来设置了廊厅及橘园、设计简洁的乡间宫邸,现成为以前所未有的规模展示帝国财富的豪华宫殿(现状俯视景色:图5-394~5-396;主立面:图5-397~5-405;背立面:图5-406~5-410;大院:图5-411~5-413)。

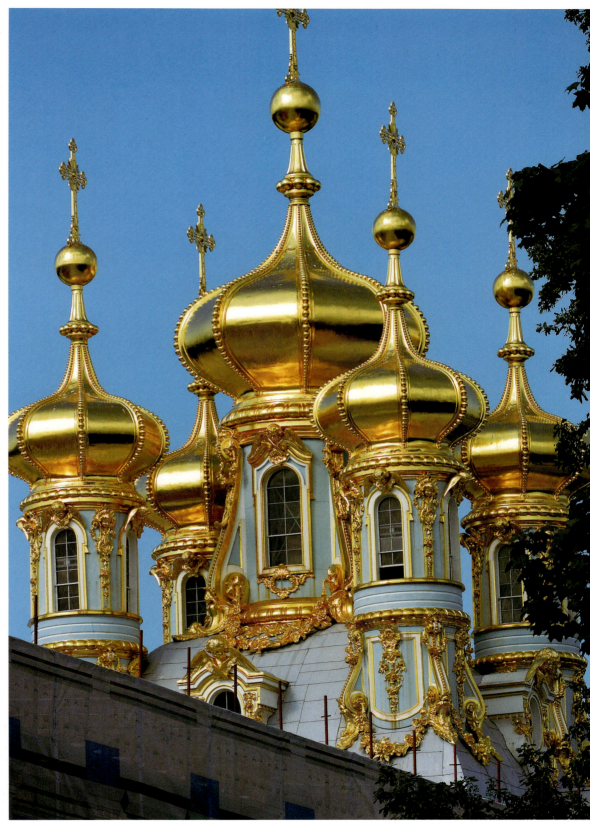

参与施工的有几千劳工和400名来自雅罗斯拉夫尔的工匠（该地的砖构教堂曾被视为17世纪俄罗斯的骄傲）。但建筑往往是今天建，明天拆，在达到现存状态前曾有六次一直拆到基础部分后重建。宫殿平面的频繁变动和扩展似乎是没有受到任何（特别是花销上的）制约。

正如拉斯特列里本人所说："在皇村，我建造了一座高三层的大型砖石宫殿……除了主要套房外，这

图5-417皇村（普希金城）叶卡捷琳娜宫。宫殿教堂，穹顶组群，东北侧近景

（左上）图5-418皇村（普希金城）叶卡捷琳娜宫。宫殿教堂，前厅，内景
（左下）图5-419皇村（普希金城）叶卡捷琳娜宫。宫殿教堂，楼梯间，内景
（右下）图5-420皇村（普希金城）叶卡捷琳娜宫。宫殿教堂，圣坛
（右上）图5-421伊波利特·莫尼格季（1819~1878年）画像[1840年，作者Karl Bryullov（1799~1852年）]
（左中）图5-422伊波利特·莫尼格季：设计图稿（公主尤苏波娃别墅，1856年）

座向两边延伸的庞大建筑还包括一个大廊厅和几个大型接待厅堂，一个饰有柱廊和雕像，带华丽的石膏和彩绘装饰的主楼梯……各种镀金的华丽装饰。此外还有一个覆以高贵的琥珀面饰的大厅，面板系在柏林制作，由普鲁士国王送给彼得大帝……这座大型宫殿的立面饰有各种华丽的建筑部件：带柱头的圆柱和壁柱、窗上山墙、雕像、瓶饰，一直到顶部栏杆，全都有镀金。"

（上及左下）图5-423皇村（普希金城） 叶卡捷琳娜宫。大楼梯（白色大理石装修与红色的窗帘和地毯形成对比，为新古典主义风格的典型表现）

（右下）图5-424皇村（普希金城） 叶卡捷琳娜宫。第一前厅，内景

"大型"、"华丽"、"高贵"、"镀金"，拉斯特列里所用的这些字眼看来并非夸张，而是这座皇村宫殿的真实写照。

由于在叶卡捷琳娜统治时期，室外大部分镀金都被除去，如今人们很难全面想像伊丽莎白时期这座巨大建筑的效果：镀金的力士像支撑着位于蓝绿色底面上的白色柱子，上部镀金的栏杆装饰着同样镀金的瓶饰和雕像，最后以银灰色的铁板屋顶作为结束。在18世纪下半叶，无论是俄罗斯人——特别是叶卡捷琳娜本人——还是欧洲参观者，均把这种炫耀摆阔的作风视为一种低级趣味。一位英国旅行家威廉·考克斯指出："伊丽莎白时建的这座宫殿是一个外抹白灰的砖砌结构，具有超出正常比例的长度，并采用了最奢华的建筑风格。室外柱子的柱头，许多其他的外部装饰，以及一系列支撑着檐口和装饰屋顶的木雕像都镀上了金，外貌极为粗俗艳丽"[10]。纳撒尼尔·拉克索尔爵士在参观了北欧的部分城市，特别是哥本哈根、斯德哥尔摩和彼得堡后，称它为"我在这些北方王国里看到的野蛮情趣的完胜极品"[11]。

这座宫殿的确很长（超过325米），从公园的林

（上下两幅）图5-425皇村（普希金城）叶卡捷琳娜宫。第一前厅，墙面装修近景及细部

中空地或主要宫殿大门处望去时，只能欣赏到立面的局部景色。从这些视点望去，不管宫殿是否饰有金色，都展现了拉斯特列里在把控形式和色彩上的才干。在粗面石的底层之上，法国式的券窗拱廊由力士像分开，其上墙面由白色的附墙柱分割，这些柱子使天蓝色的立面具有一定的深度，在拉斯特列里设计的

1246·世界建筑史 俄罗斯古代卷

早期宫殿里尚无这样的表现。尽管立面采取了对称布局，但最吸引人的部分与其说是中央结构，不如说是位于宫殿东翼节点处配置了五个穹顶的教堂（外景：图5-414~5-417；内景：图5-418~5-420）。这些镀金穹顶以巴洛克的方式组合在一起，和他设计的基辅圣安德烈教堂非常相似（1747~1767年，见图5-534），同时也预示了拉斯特列里斯莫尔尼修道院的设计，在那里，他将巴洛克风格和俄罗斯东正教教堂的建筑造型完美地结合在一起。

叶卡捷琳娜宫这种突出端头的构图方式（西面对应的穹顶楼阁之后在叶卡捷琳娜二世时期进行了改造）主要来自结构水平延伸的特色。这一原则在拉斯特列里的室内平面设计上再次得到证实，其主要入口布置在西翼（见图5-389）。从这里开始，平行的两列房间沿着宫殿纵向延伸，在中央一组厅堂处亦未被阻断。后来的中央前厅及大楼梯系1780年查理·卡梅伦（1745？~1812年）奉叶卡捷琳娜二世之命修建，1860年又由伊波利特·莫尼格季（1819~1878年；图5-421、5-422）进行了改造（图5-423）。它构成了建筑的中心，人们可由此通向两侧的系列厅堂，同时，也没有削弱最初设计的完整空间感觉。

这个轴向布局的尺寸可说几乎超出了人们的想象，它不仅反映了彼得堡本身的水平透视特色，同时也成为18世纪俄罗斯建筑那种宏伟帝国尺度的见证。在皇村，由于拉斯特列里将主要楼梯间布置在结构侧面，因而在通向主要大厅的路径上布置了一系列前厅（第一前厅：图5-424、5-425；第二前厅：图5-426；第三前厅：图5-427、5-428；门洞透视：图5-429）。主要大厅长48米，法国式券窗拱廊间点缀着镜子和洛可可风格的镀金装饰（图5-430~5-433）。自然光线和镜面反光的结合视觉上扩大了大厅的边界，避免了巨大的天顶寓意画产生压倒一切的感觉（天顶画

本页及左页：
（左上）图5-426皇村（普希金城）叶卡捷琳娜宫。第二前厅，内景
（左中）图5-427皇村（普希金城）叶卡捷琳娜宫。第三前厅，内景
（左下）图5-428皇村（普希金城）叶卡捷琳娜宫。第三前厅，墙面近景
（右）图5-429皇村（普希金城）叶卡捷琳娜宫。主要厅堂（金色列厅）门洞透视景观

左页：

（上）图5-430皇村（普希金城） 叶卡捷琳娜宫。大厅，室内全景

（下）图5-431皇村（普希金城） 叶卡捷琳娜宫。大厅，端墙近景

本页：

（上）图5-432皇村（普希金城） 叶卡捷琳娜宫。大厅，天顶画（《俄罗斯的胜利》，作者Giuseppe Valeriani，1753年），仰视全景

（中及下）图5-433皇村（普希金城） 叶卡捷琳娜宫。大厅，天顶画，局部

本页：

（上及左下）图5-434皇村（普希金城）叶卡捷琳娜宫。亚历山大一世中国厅，内景

（右下）图5-435皇村（普希金城）叶卡捷琳娜宫。亚历山大一世书房，内景

右页：

（左上）图5-436皇村（普希金城）叶卡捷琳娜宫。亚历山大一世书房，柱式细部

（右上）图5-437皇村（普希金城）叶卡捷琳娜宫。绘画厅，内景

（右下）图5-438皇村（普希金城）叶卡捷琳娜宫。肖像厅，内景

《俄罗斯的胜利》为意大利画家朱塞佩·瓦莱里亚尼绘于1753年)。需要说明的是,皇村宫殿的室内,和彼得霍夫的一样,都是在二战后马上进行了精心的修复,许多工作一直延续到20世纪末(各厅堂现状:图5-434~5-445)。

鲍里斯·维珀在评论拉斯特列里的皇村改建工程时指出,他设计的室内既没有法国贝壳装饰风格的随意性,也缺乏德国和奥地利巴洛克风格那种"神秘的氛围和激越的情感"[12]。维珀对叶卡捷琳娜宫构造特色的诠释(以壁柱分割墙面,配以直线和对称的装饰)已被拉斯特列里随后的表现证实,和法国的洛可可风格不同,他往往将柱式体系用于室内,而将洛可可华丽的手法主义装饰转移到室外,就这样,将一种装饰风格转换为表现纪念性建筑的手段。

当叶卡捷琳娜宫的工程尚在进行之际,拉斯特列里已着手创建花园、楼阁和亭台,在欧洲乡间宫邸环境氛围的形成上,这些都是不可或缺的要素。楼阁由于其紧凑的形体和精炼的装饰,往往构成俄罗斯

洛可可建筑中某些最成熟的作品。其中最大的埃尔米塔日阁位于叶卡捷琳娜公园内，最初由泽姆佐夫设计（1743年），结构工程在切瓦金斯基和克瓦索夫主持下完成（1746年；立面设计及模型：图5-446、5-447；外景：图5-448~5-452；内景：图5-453）。1748年，拉斯特列里受命重新设计埃尔米塔日的外部及室内装修。从1749到1753年，参与楼阁工程的除雕刻师、灰泥塑造师外，还有木工技师，室内最后以瓦莱里亚尼及助手们完成的天顶画作为结束。

有关这个建筑最恰当的记述仍是来自拉斯特列里本人："立面外部柱间和檐口上均饰雕刻（檐口上另设承雕像和瓶饰的基座）；穹顶顶部立一组雕像，如窗边饰、山墙和栏杆一样全部镀金。这座宏伟的建筑还配置了大的壕沟和吊桥（现已无存），饰有华丽的

栏杆，基座上立高6英尺的镀金雕像"[13]。中央穹顶上以雕刻表现珀尔塞福涅被绑架的典故[14]。

对雕刻的这些记述（在埃尔米塔日，雕刻全都没有留存下来）不仅表明在拉斯特列里的作品中它们具有格外重要的意义，同时也可看到彼得文化革命的重要举措之一——在短期内大量引进翻模制作的古典裸体雕刻。彼得本人收集的意大利大理石雕刻大都放在

本页及左页：

（左上）图5-439皇村（普希金城）叶卡捷琳娜宫。阿拉伯厅，内景

（左下、中中及中下）图5-440皇村（普希金城）叶卡捷琳娜宫。正蓝厅（卡梅伦设计），墙面装修及天棚细部（墙面采用植物花纹，天棚取庞贝风格）

（中上）图5-441皇村（普希金城）叶卡捷琳娜宫。红壁柱厅，内景

（右）图5-442皇村（普希金城）叶卡捷琳娜宫。绿壁柱厅，内景

第五章 俄罗斯巴洛克建筑·1253

（上）图5-443皇村（普希金城）叶卡捷琳娜宫。骑士餐厅，内景

（下）图5-444皇村（普希金城）叶卡捷琳娜宫。正白餐厅，内景

（上及左中）图5-445皇村（普希金城）叶卡捷琳娜宫。小白餐厅，内景及装修细部

（右中）图5-446皇村（普希金城）埃尔米塔日（1743~1753年）。立面设计（作者拉斯特列里）

（右下）图5-447皇村（普希金城）埃尔米塔日。模型

夏园里展示，但在皇村公园里，也有一批彼得时期进口的雕刻（原在缅希科夫领地花园内）。事实上，拉斯特列里在他设计的皇村教堂里，同样布置了许多大小天使的雕刻造型。

埃尔米塔日的平面由一个中央立方体和从这里依对角方向伸出的四肢组成（各肢平面亦为方形）。这个体形复杂的建筑由于在各角上采用了成对配置的柱子（柱上承华丽的雕饰山墙），立面构图效果格外突出（类似的手法另见于基辅圣安德烈教堂的设计，见图5-534）。室内综合采用镜子和带精美镀金框饰的法国式窗户，则为拉斯特列里特有的风格。建筑位于

第五章 俄罗斯巴洛克建筑·1255

宫殿花园的树丛中，穿过装饰华丽的大窗可看到外面的园林美景，充分体现了巴洛克乡间宫邸将出色的艺术品和自然环境相结合的特色。

最初由拉斯特列里设计的另一个皇村亭阁是始建于1749年的所谓洞室，但其室内装修直到1770年代后期才按安东尼奥·里纳尔迪的设计完成（外景：图5-454~5-461；内景：图5-462、5-463）。位于大池岸边的这座建筑最后系作为叶卡捷琳娜的雕塑陈列馆。外立面于门窗等部位叠置正在戏耍的水生动物造型，角上立粗面石状的柱子。平面由三个同样大小的房间

（上）图5-448皇村（普希金城）埃尔米塔日。俯视全景（位于叶卡捷琳娜公园内）

（中及下）图5-449皇村（普希金城）埃尔米塔日。正立面（西南侧），全景

组成，位于单一轴线上。

皇村的第三个主要亭阁——珍宝阁，本是最宏伟的俄罗斯巴洛克建筑之一，可惜已于尼古拉一世统治初期由1784年到俄罗斯的苏格兰建筑师亚当·梅涅拉斯（1753~1831年；图5-464）用仿哥特风格（Pseudo-Gothic style）进行了全面重建并改名为军

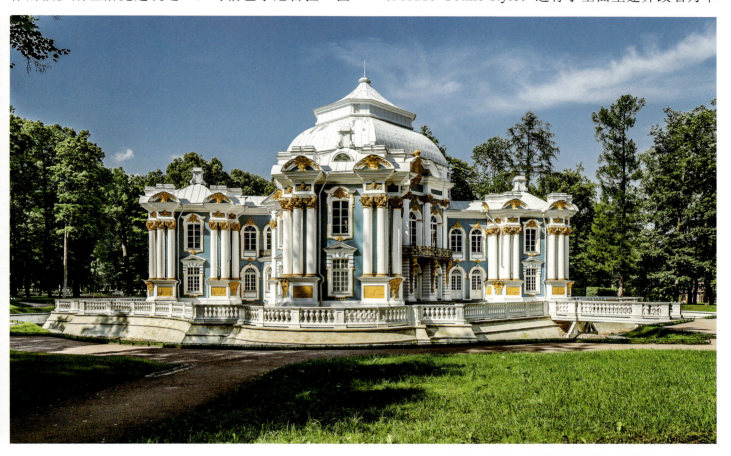

（上）图5-450皇村（普希金城） 埃尔米塔日。西侧，全景

（下）图5-451皇村（普希金城） 埃尔米塔日。南侧，全景

图5-452皇村（普希金城）埃尔米塔日。西南侧，近景

械阁，因而目前仅能根据有限的图像或文献资料想象它当年的壮观景象（图5-465）。1747年由萨瓦·切瓦金斯基作为猎庄设计的珍宝阁位于皇村保留猎区中央（现属叶卡捷琳娜宫西北面的亚历山大公园）。和埃尔米塔日一样，拉斯特列里于1754年接手完成了这个项目，基本按最初设计，很少改动。建筑由一个两层高的中央八角形体及沿对角方向延伸的四个单层房间组成。拉斯特列里建了八角形的穹顶并增建了一个上置吹号雕像的小穹顶。其他雕像则布置在首层屋顶、室外巴洛克大楼梯及建筑周围壕沟边的栏杆上。所有

这些雕像自然也都是镀金的。位于树篱修剪整齐、小径蜿蜒曲折的花园内，具有复杂空间形体和精美装饰的珍宝阁，就这样成为俄罗斯后期巴洛克建筑的典型作品。但到伊丽莎白统治后期，这座尺度不大、设计紧凑的建筑却被一座更能体现俄罗斯尺度的新建筑取代。

四、拉斯特列里：彼得堡作品（冬宫及其他）

和彼得堡附近皇家领地的工程同时，拉斯特列里设计了一系列位于都城本身的宫殿，这些建筑构成了他巴洛克作品的最后阶段。其中最早的一座始建于1749年，其主人是伊丽莎白夺权政变的主要领导者之

（右上）图5-453 皇村（普希金城）埃尔米塔日。内景

（右中）图5-454 皇村（普希金城）洞室（1749~1761年）。东南侧俯视全景（前方为大池，远处可看到叶卡捷琳娜宫和宫殿教堂上的穹顶）

（左中及下）图5-455 皇村（普希金城）洞室。西北侧远景

本页：

（上）图5-456皇村（普希金城）洞室。南侧远景

（下）图5-458皇村（普希金城）洞室。西侧全景

右页：

（左上）图5-457皇村（普希金城）洞室。东北侧（背立面）远景

（右上）图5-459皇村（普希金城）洞室。东南侧近景（远处可看到卡梅伦廊道）

（右中）图5-460皇村（普希金城）洞室。入口近景

（右下）图5-461皇村（普希金城）洞室。柱式细部

（左下）图5-462皇村（普希金城）洞室。室内，穹顶仰视

一米哈伊尔·沃龙佐夫伯爵。作为回报，沃龙佐夫获得了政府中的高级职位（特别是副大法官，自1758年起任大法官），这不仅扩大了他的影响，也使他得以迅速敛聚大量财富，其中大部分都用于其宫邸的建设。在这方面，他无疑得到了伊丽莎白的支持，获准让女皇最杰出的宫廷建筑师参与这项工作。然而，资金的困难阻碍了工程的进展，这座宫邸直到1758年才完成，是年举行了家族教堂的奉献典礼和女皇亲临的乔迁庆典。

和附近此时为阿列克谢·拉祖莫夫斯基占用的阿尼奇科夫宫殿类似，沃龙佐夫的宫邸也位于丰坦卡河边，但其主立面不是朝向运河，而是对着时尚的花园大街（平面及立面：图5-466；历史图景：图5-467；现状：图5-468、5-469）。主要结构前设一大型院落，两个侧翼向街道方向延伸，街道和建筑群之间通过拉斯特列里设计的一道铸铁栅栏分开。在丰坦卡河

（下两幅）图5-463皇村（普希金城）洞室。室内，转角及龛室细部
（上）图5-464亚当·梅涅拉斯（1753~1831年）画像[1790年，作者 Влади́мир Луки́ч Борови́ковский（1757~1825年）]

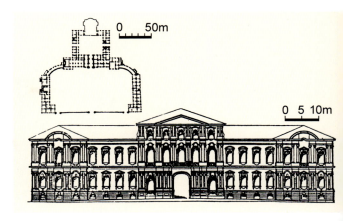

（左上）图5-465皇村（普希金城） 珍宝阁（1747~1754年）。18世纪下半叶景观（版画，1761年，原画作者M.I.Makhaev，现存莫斯科Shchusev State Museum of Architecture）

（右上）图5-466圣彼得堡 沃龙佐夫宫（1749~1758年）。平面及立面（据A.Shelkovnikov）

（左中）图5-467圣彼得堡 沃龙佐夫宫。19世纪景观（版画，约1858年，据Joseph-Maria Charlemagne-Baudet原画制作）

（右中）图5-468圣彼得堡 沃龙佐夫宫。主立面（西北面），全景

（下）图5-469圣彼得堡 沃龙佐夫宫。入口大门近景

一侧，规划齐整并配置了喷泉的花园一直伸展到河边。尽管没有拉斯特列里作品特有的那种鲜明的双色对比效果，但立面仍具有丰富的质地，以双柱支撑断裂的柱顶盘和檐口。随着1762年叶卡捷琳娜大帝登位，像沃龙佐夫这样一些伊丽莎白时代的宠臣均远离了权力中心或被免职。由于无力维持其城市宫邸，他

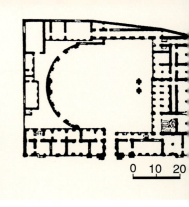

（右上）图5-470圣彼得堡 斯特罗加诺夫宫（1752~1754年）。平面（取自William Craft Brumfield:《A History of Russian Architecture》，Cambridge University Press，1997年）

（左上）图5-471圣彼得堡 斯特罗加诺夫宫。临河立面（西北面），地段全景（自莫伊卡运河上绿桥处向南望去的景色）

（左中）图5-472圣彼得堡 斯特罗加诺夫宫。北侧，现状

（左下）图5-473圣彼得堡 斯特罗加诺夫宫。西北面全景

（上）图5-474圣彼得堡 斯特罗加诺夫宫。街立面（东北面，面向涅瓦大街），全景

（中及下）图5-475圣彼得堡 斯特罗加诺夫宫。街立面，山墙、柱式及窗饰细部

（上）图5-476圣彼得堡 斯特罗加诺夫宫。临河立面，阳台及栏杆近景

（左下）图5-477圣彼得堡 斯特罗加诺夫宫。大厅，内景

（右下）图5-479圣彼得堡 冬宫（第四个，1754~1764年）。平面（取自William Craft Brumfield：《A History of Russian Architecture》，Cambridge University Press，1997年）

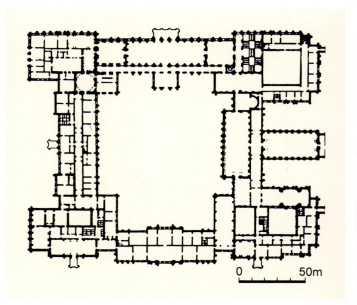

们往往将其让给新的权贵或交与国库。总之，其中大多数都进行了大规模改造，不仅是外部，室内尤甚，沃龙佐夫宫就是一例[1810年交付帝国军事学院（Imperial Institution of the Corps des Pages）使用，直到1917年]。

幸运的是，拉斯特列里为私人设计的一座最大的宫邸相对完好地保留了下来，其主人斯特罗加诺夫在那里一直住到1917年。斯特罗加诺夫家族在15世纪就拥有巨大的财富，16和17世纪又因开发乌拉尔地区

(上)图5-478 圣彼得堡 斯特罗加诺夫宫。大厅,天顶画(原作者意大利画家Valeriani和Antonio Pcresitotti,1993~2003年修复)

(下)图5-480 圣彼得堡冬宫。北侧俯视景色,背景处可看到海军部塔楼及圣伊萨克大教堂

的盐矿和经营铸造厂大发其财,同时他们也和沃龙佐夫一样,通过联姻成为女皇的亲戚。在这里,伊丽莎白再次应准拉斯特列里为他们服务。和沃龙佐夫不同的是,谢尔盖·斯特罗加诺夫男爵有充足的资金建造其宫邸,工程仅用了两年多一点的时间就大功告成(1752~1754年)。尽管和帝国宫殿相比规模

稍小，但在结构与装饰的关系上，特别是窗边饰的处理上，这座斯特罗加诺夫宫皆有可圈可点之处（平面：图5-470；外景：图5-471~5-474；近景及细部：图5-475、5-476；内景：图5-477、5-478）。朝涅瓦大街和莫伊卡运河的立面以及内院立面处理上极为精巧。由于朝涅瓦大街立面处街面升高，结构比例看上去要比最初设计更为扁平，但宫殿仍保留了动态的特色，一如斯特罗加诺夫本人的格言："生命在于活力"。

斯特罗加诺夫宫位于涅瓦大街和莫伊卡运河交会处的一块地面上，地段周边形成平面外廓（法规要求建筑与街道线齐平）。此外，斯特罗加诺夫本人还要求朝莫伊卡运河的一面（一般认为是侧立面）和朝大街的立面一样具有宏伟的外观。事实上，由于在俯视运河的主要楼层处，拉斯特列里均衡地布置了一系列复杂的附墙柱，檐口和山墙，这个立面甚至要比街立面更为壮观。由于采用了不同寻常的周边设计，内院的规划遂占有重要的地位。在从涅瓦大街穿过大的木门（饰有拉斯特列里的签名和巴洛克的狮子面具）进入大院后，人们就置身于一个被围护的空间中央，尽管没有两个外立面那样雄伟，但其中保留了一些拉斯特列里最精美的灰泥装饰作品。

1790年代早期，宫殿室内大部分毁于火灾。尽管斯特罗加诺夫家族让当时最伟大的俄罗斯建筑师之一安德烈·沃罗尼欣重新设计室内装修，但大部分巴洛克的室内作品已失。因而在这里，只能引用拉斯特列里本人的话来概括最初设计给人的印象，在评介这座"斯特罗加诺夫男爵的三层宫邸"时，他说："由50个房间组成若干套房，包括一个饰有灰泥作品的大厅，这些灰泥装饰均由技艺娴熟的意大利匠师完成。此外还有一个饰有镜子和镀金雕塑的廊厅，一些套房的天棚上有意大利艺术家的绘画。大楼梯上装饰着华丽的石膏作品和镀金的铸铁栏杆……两个主要立面上饰有意大利风格的华丽建筑部件"[15]。

本页及左页：

（上）图5-481圣彼得堡 冬宫。西北侧俯视全景（前景自右至左分别为冬宫、小埃尔米塔日和老埃尔米塔日，远处为宫殿广场）

（下）图5-482圣彼得堡 冬宫。面对涅瓦河的立面（自左至右分别为埃尔米塔日剧场、老埃尔米塔日、小埃尔米塔日和冬宫）

第五章 俄罗斯巴洛克建筑·1269

从文中频繁提及的"意大利作品"和"意大利风格"可知,北欧巴洛克风格和意大利建筑有密切的联系,在俄罗斯,意大利更被视为建筑风格取之不竭的源泉和界定真正建筑的至高权威。正是18世纪俄罗斯的建筑师——尽管其出身和国籍可能不同——对意大利原型进行了独特的诠释,发展出一种极富变化、极其独特的变体类型。事实上,在拉斯特列里写上述文字的年代,意大利风格已经获得了新的内涵,人们开始转向古典建筑,巴洛克风格逐渐被淘汰出局。在拉斯特列里最重要的作品中,设计上很可能也开始出现了新古典主义风格的早期要素,其最后的成功或许可从这里得到解释。

冬宫是拉斯特列里设计的最后一个帝国宫殿(1732~1917年间为俄罗斯君主的主要驻地)。位于宫廷滨河路和宫殿广场之间的这座建筑与彼得大帝最早的冬宫,即1711年特雷齐尼设计的第一个冬宫基址相邻。在讨论这座水平延伸的庞大组群时,首先必须提及的是,建筑师在这里面临着和彼得霍夫及皇村同样的限制,即要把一个很大的现存结构(在这里,是特雷齐尼设计的第三个冬宫)纳入到一个规模更大造价更高的建筑中去。在这里,有必要提下伊丽莎白时期的财政状态。按她的廷臣彼得·舒瓦洛夫的计划,最初拨给建造冬宫的款项859555卢布系取自持有国家经营执照的酒馆岁入,毫无疑问,这些酒馆正是拉斯特列里的劳动大军经常光顾的地方,其中大多数人每月的工资仅1卢布。尽管给冬宫的拨款数额巨大,但还经常超支,在七年战争期间(1756~1763年),由于资源空前紧张,工程有时还因缺少材料和金钱而停工。最后,这项工程花费了约250万卢布(取自酒和盐税)。尽管伊丽莎白随心所欲、反复无常,项目本身格外复杂、问题多多,但拉斯特列里凭借他的才干,不仅使冬宫跻身于欧洲最后一批重要的巴洛克建筑之列,同时,由于随后发生的事件,令其成为世界近代史上最著名的建筑之一。

(上)图5-483圣彼得堡 冬宫。滨河立面全景(自西侧望去的景色,自右至左分别为冬宫、小埃尔米塔日、老埃尔米塔日和埃尔米塔日剧场)

(下)图5-484圣彼得堡 冬宫。西侧全景(自涅瓦河上望去的情景)

本页及左页:

(左上) 图5-485 圣彼得堡 冬宫。西北立面全景

(右上) 图5-486 圣彼得堡 冬宫。西北立面近景

(左中) 图5-487 圣彼得堡 冬宫。广场面(东南立面),全景(自西南方向望去的情景)

(下) 图5-488 圣彼得堡 冬宫。东南立面,全景

建造这个新的（即第四个）冬宫的想法始于18世纪50年代早期，1753年，拉斯特列里递交了最终的平面方案。当1754年工程开始进行时，拉斯特列里认识到，新宫殿不应该是老建筑的简单扩展，而是应在它的基础上起建，因而有必要将原有结构上部完全拆除，而女皇开始还下不了这样的决心（为了让伊丽莎

本页及左页：
（左上）图5-489圣彼得堡 冬宫。东南立面，东段
（左下）图5-490圣彼得堡 冬宫。东南立面，中段
（右下）图5-491圣彼得堡 冬宫。东南立面，西段
（右上）图5-492圣彼得堡 冬宫。西南立面，全景

第五章 俄罗斯巴洛克建筑·1275

白暂时搬出宫殿,拉斯特列里还设计和建造了一座位于涅瓦大街的临时木构宫邸,这个大型单层结构于1755年秋季落成)。

伊丽莎白希望两年内建成冬宫,拉斯特列里并不想满足她这一不切实际的想法,不过他还是尽可能利

本页及左页:

(左上)图5-493圣彼得堡 冬宫。西南立面中区

(右上)图5-494圣彼得堡 冬宫。西南立面北段

(左下)图5-495圣彼得堡 冬宫。东南立面,中央山墙近景

(右下四幅)图5-496圣彼得堡 冬宫。屋檐雕像,近景

第五章 俄罗斯巴洛克建筑 · 1277

用自己的才干和丰富的经验指挥这一庞大的工程，施工组织之严密甚至在彼得堡也无前例。尽管不顾冬季的严寒，全年施工不间断，尽管女皇（她坚信在七年战争期间建成这座宫殿可大大提高国家的威望）不断下令催促进度并追加拨款，但伊丽莎白最终未能活着看到她这个最宏伟工程的完成。1761年12月25日，她在临时宫邸里去世。

冬宫采用了类似斯特罗加诺夫宫的周边布置方案，尽管规模要大得多（平面及俯视全景：图5-479、5-480；滨河面景色：图5-481~5-486；东南立面：图5-487~5-491；西南立面：图5-492~5-494；近景及细部：图5-495~5-500）。四边形的内院立面装

1278·世界建筑史 俄罗斯古代卷

本页及左页：

（左上）图5-497圣彼得堡 冬宫。东南立面，主门廊

（中）图5-498圣彼得堡 冬宫。东南立面，中央大门立面

（右上）图5-499圣彼得堡 冬宫。东南立面，中央大门内景

（左下及右下）图5-500圣彼得堡 冬宫。东南立面，中央大门，铁花及鹰饰细部

（上）图5-501圣彼得堡冬宫。内院，东北角景色

（下）图5-502圣彼得堡冬宫。内院，东南角景观

（左下）图5-503圣彼得堡 冬宫。内院，西北角景观

（上）图5-504圣彼得堡 冬宫。内院，东南翼大门近景

（右下）图5-505圣彼得堡 冬宫。内院，西北翼入口

饰处理上类似外墙（图5-501~5-505）。但完全没有斯特罗加诺夫宫那种亲切的尺度。能和这座新皇宫外立面相比的仅有皇村的叶卡捷琳娜宫（冬宫外立面中有三面对着主要公共空间）。在临河一面，不间断延伸的纵长立面长度逾200米，面向宫殿广场的立面则于中间配置三个通向主要庭院的拱券入口，这组入口的拱门因谢尔盖·米哈伊洛维奇·爱森斯坦（1898~1948年）等苏联时期导演拍摄的影片而闻名遐迩（尽管所谓"攻打冬宫"的情节现在看来很可能只是虚构）。面对海军部的立面包含了早先宫殿墙体的重要部件，由两翼围括的立面中央部分的装饰细部反映了拉斯特列里早期的手法主义风格。

尽管在立面分割上采用了严格的对称形制，但每个立面在山墙设计和附墙柱的配置上各有自己的程式，它们为水平延伸的立面提供了引人注目的连续节奏。700个窗户（不包括内院的）由250根柱子分划，窗边饰有20种不同的图案，包括拉斯特列里在30多年

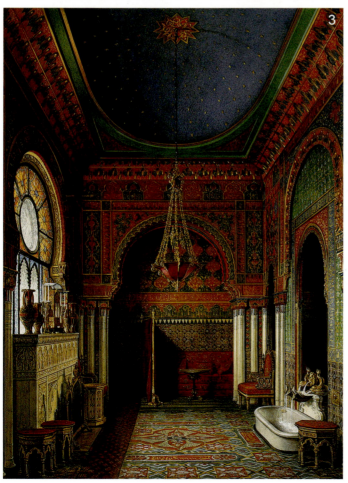

期间积累起来的系列装饰母题（如狮子面具及其他的怪诞造型）。冬宫的三个主要楼层位于基层平面上，基层的半圆形窗饰创造了拱廊的效果，上面几层窗户重复了这种构图。将第一层和上面两层分开的束带和

本页：

（上下三幅）图5-506圣彼得堡 冬宫。室内装修图集（一）：1、圆堂（Ефим Тухаринов绘，1834年），2、图书馆（Alexey Tyranov绘，1827年），3、皇后亚历山德拉·费奥多罗芙娜卧室（Edward Petrovich Hau绘，1870年）

右页：

（上四幅）图5-507圣彼得堡 冬宫。室内装修图集（二）：1、阿波罗厅（Edward Petrovich Hau绘，1863年），2、卫队室（Edward Petrovich Hau绘，1864年），3、皇后玛丽亚·费奥多罗芙娜御座厅（Евграф Фёдорович Крендовский绘，约1831年），4、皇后亚历山德拉·费奥多罗芙娜卧室（Edward Petrovich Hau绘，1859年）

（左下）图5-508圣彼得堡 冬宫。大教堂，楼梯间（彩图，作者Edward Petrovich Hau，1869年）

（右下）图5-509圣彼得堡 冬宫。大教堂，内景（彩图，作者Edward Petrovich Hau，1866年）

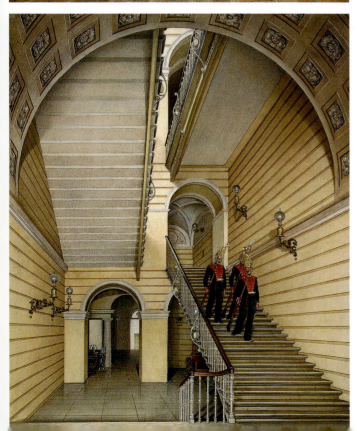
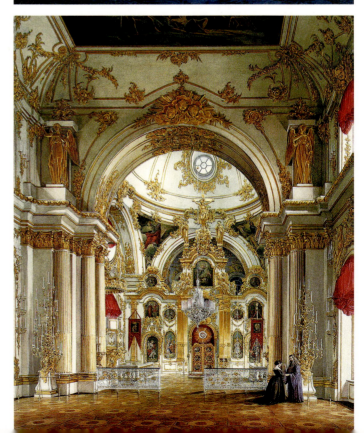

(上)图5-510 圣彼得堡 冬宫。大教堂,室内,仰视景色

(中)图5-513 圣彼得堡 冬宫。金厅(1789~1877年),内景(彩画,作者Alexander Kolb,1860年代)

(左下)图5-511 圣彼得堡 冬宫。陆军元帅厅,内景[油画,1836年,作者Sergey Konstantinovich Zaryanko(1818~1871年)]

(右下)图5-512 圣彼得堡 冬宫。陆军元帅厅,内景[彩画,1852年,作者Василий Садовников(1800~1879年)]

（上下两幅）图5-514圣彼得堡 冬宫。金厅，现状

（左上）图5-515圣彼得堡冬宫。亚历山大厅，内景（彩图，作者Edward Petrovich Hau，1861年）

（右上）图5-516圣彼得堡冬宫。皇后玛丽亚·亚历山德罗芙娜小客厅，内景（彩图，作者Edward Petrovich Hau，1861年）

（下）图5-517圣彼得堡 冬宫。皇后玛丽亚·亚历山德罗芙娜小客厅，现状

复杂的檐口线脚进一步强调了宫殿的水平构图，檐口上布置屋顶栏杆，其墩座上立176个大型瓶饰和寓意人物雕像。

随着时间的流逝，冬宫的结构和装饰不可避免地经历了种种变化。栏杆上的石雕因彼得堡的严寒气候受到侵蚀，于19世纪90年代被铜雕像取代；最初浅棕

（上）图5-518圣彼得堡冬宫。纹章厅，内景

（左下）图5-519圣彼得堡 冬宫。纹章厅，金柱细部

（右下）图5-520圣彼得堡 冬宫。彼得一世厅（小御座厅），内景（彩画，作者Edward Petrovich Hau，1863年）

色的灰泥立面日久天长后颜色逐渐消退，以后改刷了各种色彩，从19世纪后期的暗红直到如今的浅绿色，其色调要比斯特罗加诺夫宫更为明快。

　　拥有700多个房间的冬宫内部经历了更大的改造（室内装修图集：图5-506、5-507；大教堂：图5-508~5-510；陆军元帅厅：图5-511、5-512；金厅：图5-513、5-514；亚历山大厅：图5-515；皇后小客厅：图5-516、5-517；纹章厅：图5-518、5-519）。

第五章 俄罗斯巴洛克建筑·1287

本页：
（左上）图5-521圣彼得堡 冬宫。彼得一世厅，御座空间近景[彩画，1732年，作者Jacopo Amigoni（1682~1752年）]
（下）图5-522圣彼得堡 冬宫。彼得一世厅，仰视内景
（右上）图5-523《1837年12月17日的冬宫大火》（绘画，1838年，作者鲍里斯·格林）
右页：
图5-524圣彼得堡 冬宫。约旦楼梯（1754~1762年），内景（自楼梯平台上望去的景色）

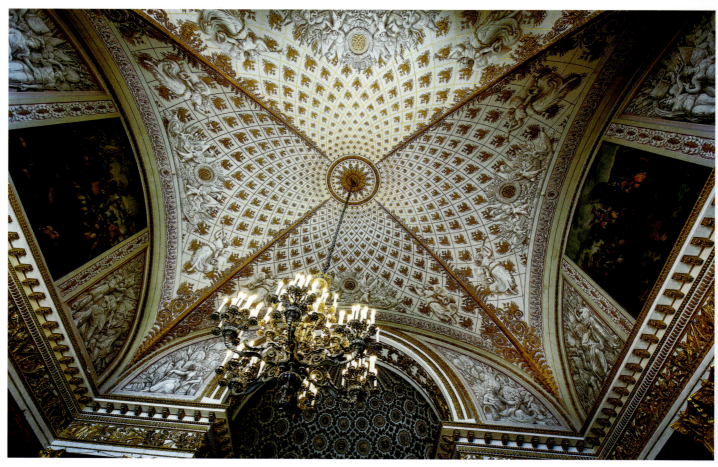

（上）图5-525圣彼得堡 冬宫。约旦楼梯，楼梯及平台俯视

（下）图5-526圣彼得堡 冬宫。约旦楼梯，内墙柱廊景色

1290·世界建筑史 俄罗斯古代卷

（上）图5-527 圣彼得堡 冬宫。约旦楼梯，外墙仰视效果

（下）图5-528 圣彼得堡 冬宫。约旦楼梯，天顶画

拉斯特列里最初的装修设计类似其早期宫殿，多以镀金的灰泥制品加木装修，像彼得一世厅（小御座厅）这样的空间则以精心制作的壁柱分割墙面，地面采用图案复杂的镶花地板（图5-520~5-522）。然而，拉斯特列里设计的洛可可风格的室内装饰留存下来的很少。如此精心打造的室内空间仅延续了几十年，为了满足叶卡捷琳娜大帝及其继承人的情趣，这些房间均进行了改造和重新装修。1837年宫殿内部遭火灾破坏，大火持续了两天多（图5-523）。重修时，大部分房间采用了19世纪中叶的折衷主义风格，或按拉斯

第五章 俄罗斯巴洛克建筑·1291

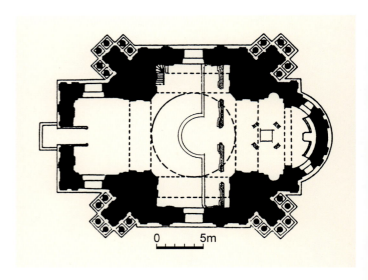

特列里装修冬宫的继承人（如贾科莫·夸伦吉）所采用的新古典主义风格进行仿造。仅主要楼梯间（约旦楼梯；图5-524～5-528）和通向它的廊道（拉斯特列里廊厅）系在瓦西里·斯塔索夫主持下，按拉斯特列里最初设计的风格进行了复原。

经多次改造后形成的冬宫成为俄罗斯帝国建筑的杰出代表，充分表现了促使其产生的专制国家的权威。建筑的巨大尺度是这种权威的直观体现，其水平延伸的线条通过不断重复的柱子和雕像加以分割。和巴洛克建筑那种错综复杂的构图相比，其体形相对简单，对这样一个建筑——特别是从古典主义的角度——来说，装饰和大量雕刻似无必要。但从另一个角度来看，由于冬宫位于一个可最大限度展示其建筑魅力的地段上，如果取消了这些装饰，势必会显得沉闷呆板。带主入口的南立面朝向一个宽阔的广场（其规划及实施者为帝国的另一个天才建筑师卡洛·罗西，见第七章）。北面宫殿面对涅瓦河的宽阔水面（或冰面）。不论有怎样的缺憾，冬宫毕竟是圣彼得堡宏伟建筑风格的代表作，是汲取西方建筑原则并按俄罗斯独特的方式和尺度加以运用的典范。

五、巴洛克后期的教堂建筑

尽管拉斯特列里设计的宫殿富丽堂皇，但俄罗斯后期巴洛克的精神仍然是在教堂建筑——特别是拉斯特列里和萨瓦·切瓦金斯基的作品——中得到了最充分的体现。彼得时期教堂设计特有的宗教建筑和世俗建筑相结合的表现尽管在某些方面（特别在教堂的手法主义装饰上）仍在延续，但在伊丽莎白时期，已可

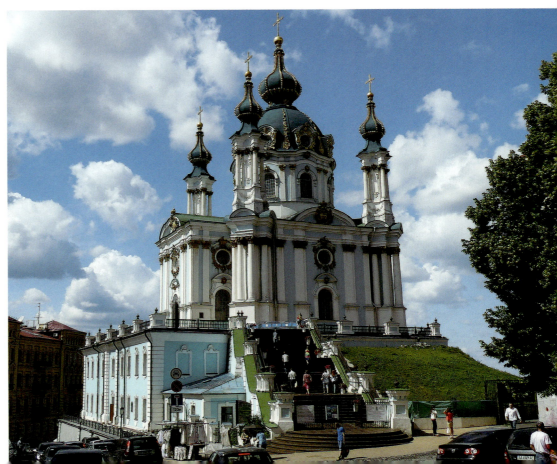

左页：

（左上）图5-529阿列克谢·格里戈里耶维奇·拉祖莫夫斯基伯爵（1709~1771年）画像

（右上）图5-530基辅 圣安德烈教堂（1748~1767年）。平面（取自William Craft Brumfield:《A History of Russian Architecture》，Cambridge University Press，1997年，经改绘）

（左下）图5-531基辅 圣安德烈教堂。外景（铅笔画，1844年，Johann Heinrich Blasius绘）

本页：

（上两幅）图5-532基辅 圣安德烈教堂。西北侧远景

（下）图5-533基辅 圣安德烈教堂。南侧全景

明显看到背离西方会堂模式重新转向传统形式（如带五个穹顶的集中式平面）的趋向。这次复兴的民族主义背景固然不宜夸大，但在安娜统治时期重用德国顾问及德国的行为方式之后，伊丽莎白支持俄罗斯传统的回归无疑是政治上的得分之举。教堂建筑就这样再次成为专制君主和臣民之间的联系纽带。

在这个俄罗斯巴洛克教堂建筑的最后阶段，最早的一个实例并不是位于俄罗斯本土，而是在基辅。在18世纪，基辅是乌克兰（即"小俄罗斯"，Little Russia）的精神都城和宗教中心。在17世纪，乌克兰发展出自己的一套宗教建筑形式，教堂中很多采用了中欧的巴洛克造型。而拉斯特列里的圣安德烈教堂则完全是个进口的设计，类似彼得霍夫的宫廷教堂。

建造这个教堂的想法来自伊丽莎白1744年到她情人（也可能是未公开的丈夫）阿列克谢·格里戈里耶维奇·拉祖莫夫斯基伯爵（1709~1771年；图5-529）

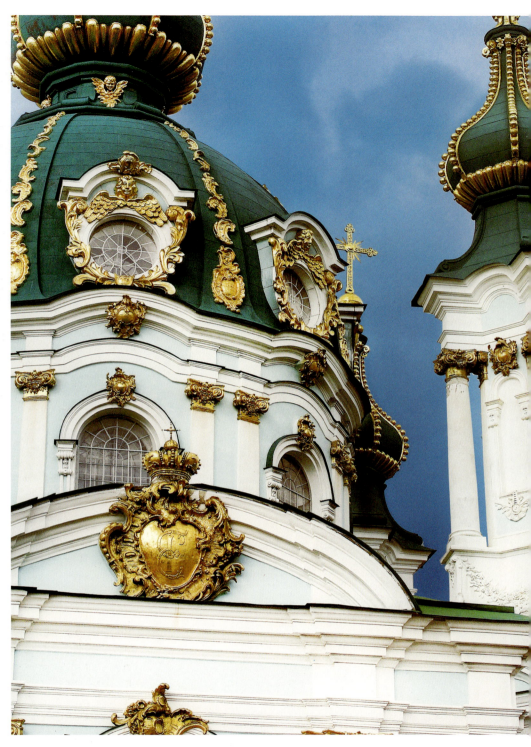

家乡的一次漫游。这位女皇为基辅所见倾倒，遂下令在一个与圣徒安德烈（传说他曾造访罗斯）有关的遗址附近、俯瞰第聂伯河的地方建造一座教堂。

1745年舍德尔（他在彼得堡工作后移居基辅）提交的最初设计没有被接受，伊丽莎白遂把任务转交给拉斯特列里，由于他手头还有这位女皇交办的许多重要项目，无法驻留基辅监管施工，因而在他设计的平面得到批准后，便于1748年委托伊万·米丘林

本页及左页：

（左）图5-534基辅 圣安德烈教堂。南侧，平台上景色

（中）图5-535基辅 圣安德烈教堂。东北侧，半圆室近景

（右）图5-536基辅 圣安德烈教堂。穹顶及鼓座近景

第五章 俄罗斯巴洛克建筑·1295

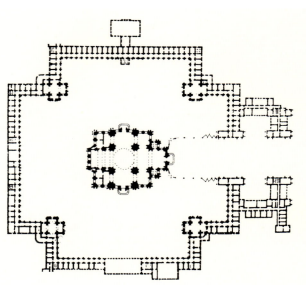

（上）图5-537基辅 圣安德烈教堂。室内，穹顶仰视

（左下）图5-538圣彼得堡 耶稣复活新圣女修道院（斯莫尔尼修道院，1748~1764年）。总平面（取自William Craft Brumfield:《A History of Russian Architecture》，Cambridge University Press，1997年）

（右下）图5-539圣彼得堡 耶稣复活新圣女修道院（斯莫尔尼修道院）。模型（Х.-Л.Кнобель据拉斯特列里的设计制作，1748年）

（1703？~1763年）实施，后者属最有天分的新一代莫斯科建筑师之一，他采取果断措施，解决了诸如山坡泡水等问题并于1753年完成了主体结构（装修工程直到1767年才结束）。米丘林挖掉了基址上的大量土方，实际上建造了一个高三层的巨大基座（供教士们居住），在这上面建起拉斯特列里雕饰华美的巴洛克教堂。教堂本身主体上承巨大的中央穹顶，使人想起16世纪俄国的塔楼式教堂，也有些类似切瓦金斯基和拉斯特列里本人设计的皇村楼阁。

这座教堂实际上是五穹顶形制的一个不同寻常的变体形式，其四个边侧穹顶并不是布置在教堂拱顶的鼓座上，而是立在嵌入十字形结构角上由独立的科

（左上）图5-540圣彼得堡耶稣复活新圣女修道院（斯莫尔尼修道院）。俯视全景

（下）图5-541圣彼得堡耶稣复活新圣女修道院（斯莫尔尼修道院）。夜景，自涅瓦河上望去的景观

（右上）图5-542圣彼得堡 耶稣复活新圣女修道院（斯莫尔尼修道院）。钟楼，木模型（约1750年，拉斯特列里设计）

第五章 俄罗斯巴洛克建筑·1297

(上)图5-543圣彼得堡 耶稣复活新圣女修道院(斯莫尔尼修道院)。耶稣复活大教堂(1748~1764年),总平面、立面及细部(图版,取自Академия Стройтельства и Архитестуры СССР:《Всеобщая История Архитестуры》,II,Москва,1963年),图中:1、修道院总平面,2、大教堂立面,3、柱式细部,4、窗饰

(下)图5-545圣彼得堡 耶稣复活新圣女修道院(斯莫尔尼修道院)。耶稣复活大教堂,模型(1748年)

（左上）图5-544圣彼得堡 耶稣复活新圣女修道院（斯莫尔尼修道院）。耶稣复活大教堂，剖面（据拉斯特列里最初设计制作，室内采用洛可可风格；图版制作Iu.M.Denisov及A.N.Petrov）

（右上）图5-546圣彼得堡 耶稣复活新圣女修道院（斯莫尔尼修道院）。耶稣复活大教堂，19世纪景色[版画，作者Карл Петрович Беггров（1799~1875年）]

（下）图5-547圣彼得堡 耶稣复活新圣女修道院（斯莫尔尼修道院）。耶稣复活大教堂，西侧，地段形势

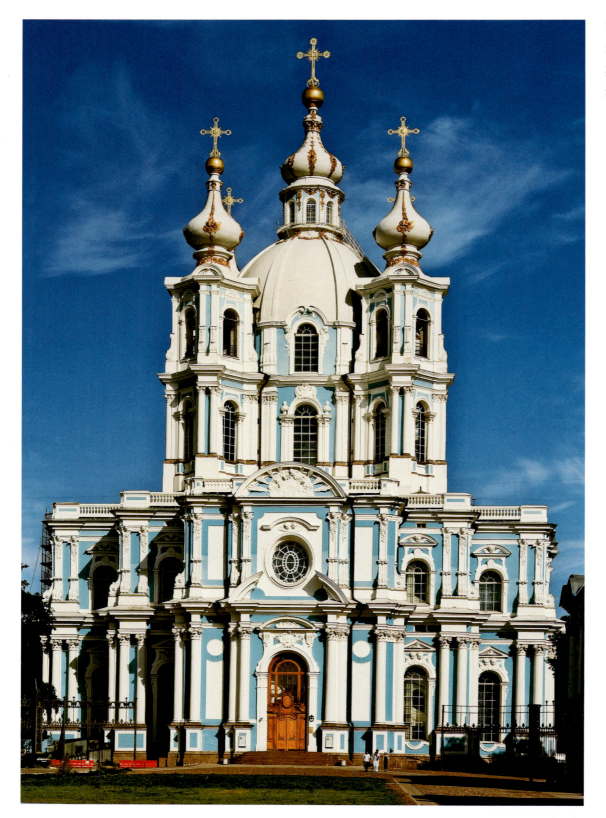

图5-548圣彼得堡 耶稣复活新圣女修道院(斯莫尔尼修道院)。耶稣复活大教堂,西立面全景

林斯柱子围括的墩座上(平面:图5-530;外景:图5-531~5-534;近景及细部:图5-535、5-536;内景:图5-537)。这些墩座构成墙体的支撑,事实上起着支撑巨大穹顶的作用,其外装饰着位于高基座上成对布置的科林斯圆柱。教堂立面的壁柱及柱头在同样高度上重复了这些柱式的构图。新近修复时,所有铸铁浇注的柱头及某些其他的装饰部件均依拉斯特列里当年的明确要求进行了镀金。

拉斯特列里这个圣安德烈教堂设计上可说独出心裁,实际上周围的小穹顶并没有什么实用价值,它只

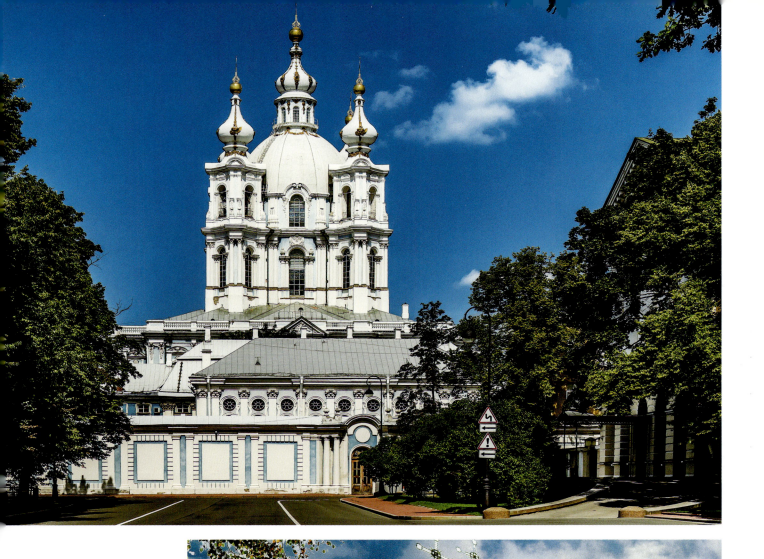

(上)图5-549 圣彼得堡 耶稣复活新圣女修道院(斯莫尔尼修道院)。耶稣复活大教堂,侧立面景观

(下)图5-550 圣彼得堡 耶稣复活新圣女修道院(斯莫尔尼修道院)。耶稣复活大教堂,上层近景

是反映了这类巴洛克楼阁的美学观念，尺度上也大体相当。但紧接着他就把这种美学观念引入到规模更大的建筑中，创造了更加引人注目的成就。他设计的这座耶稣复活大教堂位于同名新圣女修道院内（通称斯莫尔尼修道院，来自俄语"焦油、沥青"一词，因附近为彼得大帝海军贮存焦油处）。有证据表明，伊丽莎白不仅希望建造一座女修道院，而且想把它变成一座位于城郊为年轻的贵族女子提供良好教育的机构。事实上，对这位惯于将宗教信仰和休闲娱乐合为一体的女皇来说，其中可能还掺有个人的动机，希望能有一个具有优美环境的修道院供她消遣，对此拉斯特列里自然是心领神会。由于女皇创立的这个机构名声远扬，进而成为她支持俄罗斯教会的直观证明。

　　大教堂和修道院的基础工程始于1748年，为此调动了2000名士兵轮班倒挖掘壕沟并在涅瓦河边的沼泽地里打进了约5万根4到12米的柱桩。在这个初始阶

本页及左页：

（左）图5-551圣彼得堡 耶稣复活新圣女修道院（斯莫尔尼修道院）。耶稣复活大教堂，小塔近景

（右两幅）图5-552圣彼得堡 耶稣复活新圣女修道院（斯莫尔尼修道院）。耶稣复活大教堂，券面及窗饰细部

（中两幅）图5-553圣彼得堡 耶稣复活新圣女修道院（斯莫尔尼修道院）。耶稣复活大教堂，穹顶近景及装饰

第五章 俄罗斯巴洛克建筑·1303

段，拉斯特列里呈交了一个平面方案（总平面：图5-538；模型：图5-539；全景：图5-540、5-541），总体布局有些类似特雷齐尼设计的亚历山大·涅夫斯基修道院。大教堂位于巨大的院落中央，周边以封闭的廊道连接生活和行政区段，四个内角上布置次级教堂。女皇明确指示，大教堂要按莫斯科克里姆林宫圣母安息大教堂的模式建造，即采用带五个穹顶的十字形平面。伊丽莎白的统治就这样标志着俄罗斯东正教传统平面的复苏，只是在西方的影响下已有所变化。

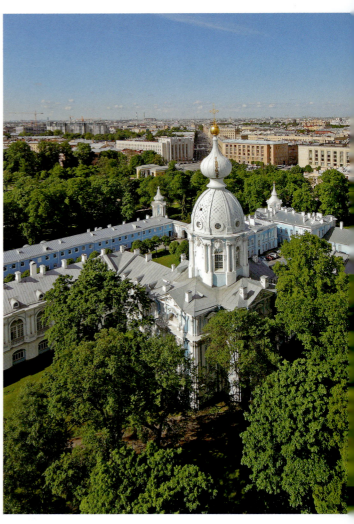

（左上）图5-554圣彼得堡耶稣复活新圣女修道院（斯莫尔尼修道院）。耶稣复活大教堂，内景，祭坛屏帏

（右上及下）图5-555圣彼得堡 耶稣复活新圣女修道院（斯莫尔尼修道院）。礼拜堂，俯视景色（上下两幅分别示西南和西北礼拜堂）

1304·世界建筑史 俄罗斯古代卷

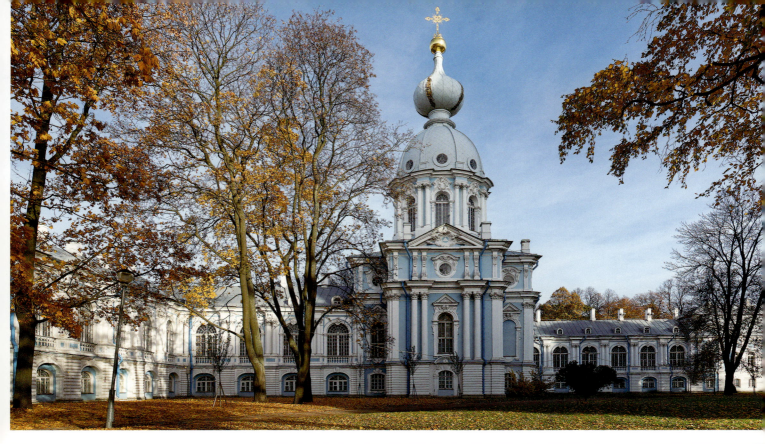

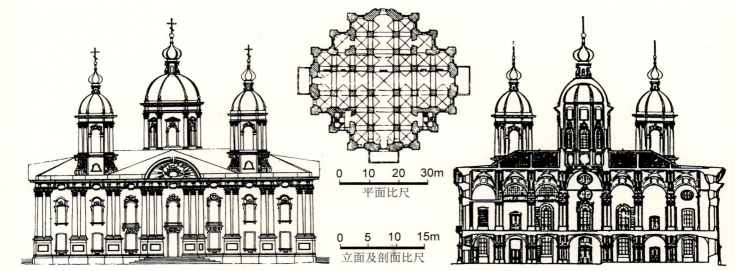

（上）图5-556圣彼得堡 耶稣复活新圣女修道院（斯莫尔尼修道院）。礼拜堂立面

（中）图5-557圣彼得堡 圣尼古拉大教堂（1753~1762年）。平面、西立面及剖面（平面及剖面取自William Craft Brumfield:《A History of Russian Architecture》，Cambridge University Press，1997年；西立面取自Академия Стройтельства и Архитестуры СССР:《Всеобщая История Архитестуры》，II，Москва，1963年）

（下）图5-558圣彼得堡 圣尼古拉大教堂。西南侧外景（彩画，1841年，作者F.-V.Perrot）

第五章 俄罗斯巴洛克建筑·1305

（上）图5-559圣彼得堡 圣尼古拉大教堂。西南侧远景（前景为克里乌科夫运河）

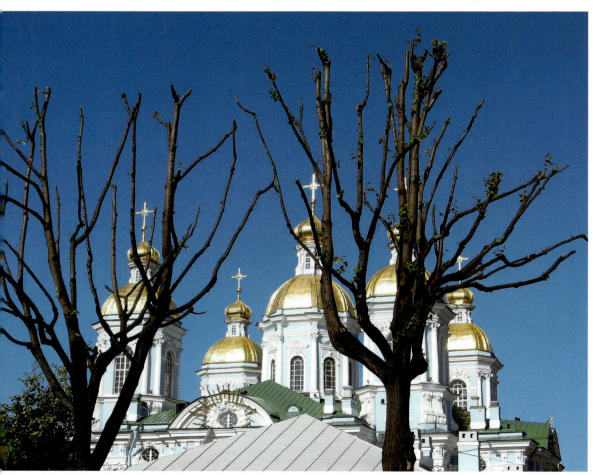

（下）图5-560圣彼得堡 圣尼古拉大教堂。西南侧景色

此外，修道院入口处还要求立一座巨大的钟塔，高度在140~170米之间（取决于不同的设计），同样按克里姆林宫伊凡大帝钟楼的样式向上逐层收缩，只是高度至少为其两倍。

不过，实际工程进展缓慢：在1749年伊丽莎白批准拉斯特列里提交的方案后，用了七年时间

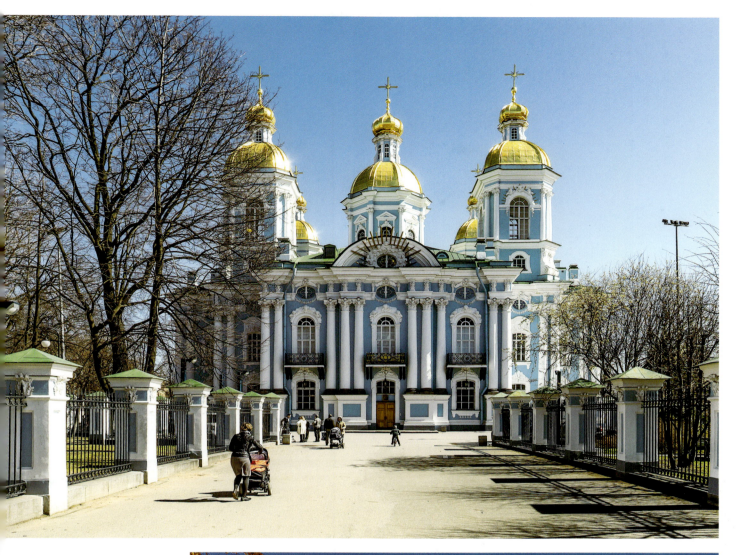

（上）图5-561圣彼得堡 圣尼古拉大教堂。西侧地段形势

（下）图5-562圣彼得堡 圣尼古拉大教堂。西立面全景

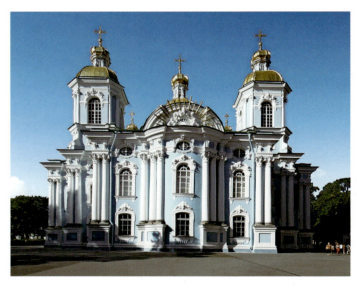

(上) 图5-563圣彼得堡 圣尼古拉大教堂。北侧全景

(左下) 图5-564圣彼得堡 圣尼古拉大教堂。东侧全景

(右下) 图5-565圣彼得堡 圣尼古拉大教堂。柱式及窗饰细部

（上）图5-566 圣彼得堡圣尼古拉大教堂。山墙细部

（下）图5-567 圣彼得堡圣尼古拉大教堂。半圆室，柱头及山墙近景

（1750~1756年）仅完成了一个制作精细的模型（它本身可视为俄罗斯细木工的杰作；图5-542）。直到1760年，大教堂外部始具备了最后的形态。由于技术的复杂，施工的延搁和高昂的成本，斯莫尔尼修道院一直未能按拉斯特列里或伊丽莎白的要求完成。特别是本可成为18世纪最杰出工程成就之一的钟楼，因七年战争的爆发而中止（由于战争的花费，甚至女王自己的宫殿都受到了影响）。1761年末伊丽莎白去世后，钟楼遂从计划中取消。修道院直到1764年才在乔治·弗里德里希·费尔滕的主持下完成，大教堂的室内更拖到了19世纪30年代，方在瓦西里·斯塔索夫主持下按新古典主义风格进行了装修，但和拉斯特列里最初的意图已相去甚远（平面、立面、剖面及细部：图5-543、5-544；模型：图5-545；历史图景：图5-546；外景：图5-547~5-549；近景及细部：图5-550~5-553；内景：图5-554）。

不过，拉斯特列里设计的大教堂外部，仍可认为是极其独创地融汇了东西方的要素。教堂按俄罗斯传统的五穹顶模式，四个附属穹顶立在两层高的塔楼上，围绕着中央第五个穹顶成组布置；然而其布局和设计，以及肋状穹顶的形式，又使人想起弗朗切斯

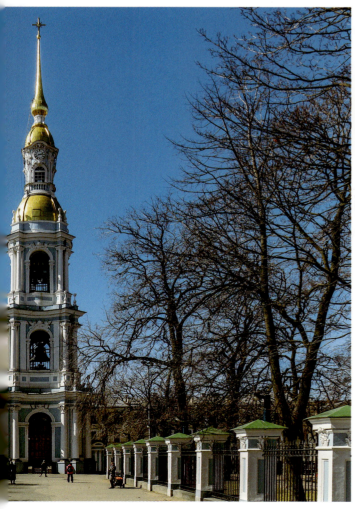

科·波罗米尼的作品和17世纪罗马巴洛克的造型。而中央穹顶和附属穹顶紧密结合的完整形态则类似两个最伟大的俄罗斯中世纪建筑——克里姆林宫的圣母安息大教堂和诺夫哥罗德的圣索菲亚大教堂（在拉斯特列里的结构模型里，周围穹顶和中央穹顶之间距离要更为明显）。四个角上的礼拜堂与大教堂的垂直动态

本页及左页：

（左上）图5-568圣彼得堡 圣尼古拉大教堂。现状内景

（左下）图5-569圣彼得堡 圣尼古拉大教堂。圣坛近景

（中上）图5-570圣彼得堡 圣尼古拉大教堂。钟塔（1756~1758年）。西北侧远景（自克里乌科夫运河处望去的景色）

（中下）图5-571圣彼得堡 圣尼古拉大教堂。钟塔，东侧景观

（右）图5-572圣彼得堡 圣尼古拉大教堂。钟塔，南侧全景

第五章 俄罗斯巴洛克建筑·1311

相互应和（图5-555、5-556），其高耸的单一穹顶从远处望去好似主要结构的延伸。

当从正面望去时，构成西立面的各连续平面角上立壁柱和成组的圆柱，层层向前直至入口门廊，形成高度几近100米的巨大穹顶的宏伟基座。侧立面各面尤为统一，仅门廊标示出带华丽壁柱装饰的立面中心。如彼得堡巴洛克教堂的通常表现，半圆室并没有在结构上扮演重要的角色，只是东立面上一个稍稍向

本页及右页：
（左）图5-573圣彼得堡 圣尼古拉大教堂。钟塔，西南侧全景
（中）图5-574圣彼得堡 圣尼古拉大教堂。钟塔，西北侧全景
（右）图5-575圣彼得堡 圣尼古拉大教堂。钟塔，装饰细部

外凸出的矩形部分。俄罗斯巴洛克建筑的另一个特色是色彩的运用，在这里，是在浅蓝色抹灰立面上用白色表现建筑的结构和装饰部件。作为最后的结束，自五个穹顶上方金光闪闪的圆球处耸起各自的十字架（见图5-548）。

在彼得堡，能和拉斯特列里设计的斯莫尔尼教堂媲美的另一个巴洛克建筑是1753~1762年萨瓦·切瓦金斯基建造的圣尼古拉大教堂，在这之前，切瓦金斯基已在皇室领地内完成了许多工作。但只是这座圣尼古拉大教堂，才真正使他成为18世纪俄罗斯本土的第一个天才建筑师，并有别于泽姆佐夫、科罗博夫（切瓦金斯基的导师）及其他在汲取西方建筑上作出一定贡献的人们。

这座在天蓝色底面上采用白色装饰部件和金色穹顶的建筑，坐落在彼得堡风景最优美的地段之一，靠近叶卡捷琳娜和克里乌科夫两条运河的交会处（平面、立面及剖面：图5-557；历史图景：图5-558；外景：图5-559~5-564；近景及细部：图5-565~5-567；内景：图5-568、5-569）。大教堂将精心设计、严格对称的形体和华丽的巴洛克装饰结合在一起。其平面属十字类型，但在十字形的每个内角上嵌入一个单跨间。尽管各立面装饰处理上有所变化（特别是东侧，

（上）图5-576圣彼得堡 圣尼古拉大教堂。钟塔，塔顶近景

（左下）图5-577圣彼得堡舍列梅捷夫伯爵宫（1750~1755年）。西南侧俯视全景

（右下）图5-578圣彼得堡舍列梅捷夫伯爵宫。西立面全景（前景为丰坦卡运河）

1314·世界建筑史 俄罗斯古代卷

（上）图5-579圣彼得堡 伊万·舒瓦洛夫宫（1753~1755年）。东侧全景（前为丰坦卡运河）

（左下）图5-580圣彼得堡 伊万·舒瓦洛夫宫。檐口细部

（右中及右下）图5-581圣彼得堡 伊万·舒瓦洛夫宫。楼梯间及穹顶（经修复）

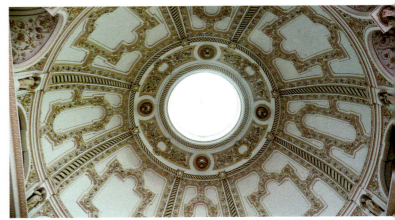

即半圆室立面），但北、南和西立面通过门廊两边三根一组的科林斯圆柱使中心部位得到了格外的强调。这些柱子上承带有精美灰泥装饰的半圆形山墙（雕塑表现小天使的面相）。实际上，主要结构的柱顶盘有些类似古典柱式体系的相应部件，只是柱头上加了小天使像并以植物题材的装饰代替了三陇板。切瓦金斯基的设计强调水平线条，有别于斯莫尔尼大教堂的垂向构图。其比例优美的中央穹顶并没有凌驾于周围四个附属穹顶之上，后者位于结构的四个角上（即十字形臂翼内角的四个"嵌入"跨间上），不仅和中央穹顶保持了一定的距离且具有一定的独立性。

在室内，门廊通向底层的"冬季"教堂，通过西面两个角跨间内的楼梯可达上部宽阔敞亮的主教堂（每个楼梯间均由自身穹顶鼓座上的窗户采光，见图5-557）。切瓦金斯基如俄罗斯中世纪的大师那样，对结构、功能和装饰的关系把控自如。和拉斯特列里在斯莫尔尼的遭遇不同，他还有幸把自己的室内设计付诸实施。其中最主要的是带有巴洛克和古典主义部

第五章 俄罗斯巴洛克建筑 · 1315

本页：

（上）图5-582莫斯科 城市景观平面（作者Siegmund Freiherr von Herberstein，1556年，为莫斯科最早的城图）

（下）图5-583莫斯科 城市景观平面 [16世纪下半叶，作者Frans Hogenberg（1535~1590年）]

右页：

图5-584莫斯科 城市景观平面（取自Áдам Олеáрий：《Описание путешествия Голштинского посольства в Московию и Персию》，1638年）

件、雕饰复杂的木构祭坛屏栏。

大教堂宏伟的钟塔以最有效的方式表明,切瓦金斯基如何将传统和创新结合在一起(外景:图 5-570~5-574;近景及细部:图5-575、5-576)。在俄罗斯,自17世纪以来,钟塔通常都是和教堂的西部结构连在一起,但历史上也有分开的情况。切瓦金斯基将这个独立的塔楼布置在大教堂西入口的轴线上,但离开约30米。耸立在克里乌科夫运河边上的塔楼不仅为组群提供了垂向构图部件,同时也更加突出了西立面和主入口(至大教堂的主要街道通向其北面)。圣尼古拉大教堂及其钟塔构成了最宏伟的俄罗斯巴洛克建筑之一,但它已包含了迈向新古典主义时代的初始要素。在彼得堡,这个新时期同样诞生了自己的教堂建筑杰作。

切瓦金斯基同时还为P.B.舍列梅捷夫(彼得大帝的陆军元帅鲍里斯·舍列梅捷夫之子)这样一些名流设计了宫邸建筑(P.B.舍列梅捷夫伯爵宫)。如其他的彼得堡建筑一样,在这里,1710年代建造的老木构宅邸于1730年代后期被一座砖构府邸取代,后者又于1750~1755年由切瓦金斯基按拉斯特列里早期作品的风格全面改建(图5-577、5-578)。风格上更为优雅且更接近斯特罗加诺夫宫的是他于1753~1755年为伊万·舒瓦洛夫(属伊丽莎白顾问中最有文化教养的人士之一)建的宫邸(外景及细部:图5-579、5-580;内景:5-581)。只是这两座建筑均在18世纪后期和19世纪经历了若干改造。

六、莫斯科的巴洛克后期建筑

尽管在18世纪中叶,大部分建筑资源,无论是人

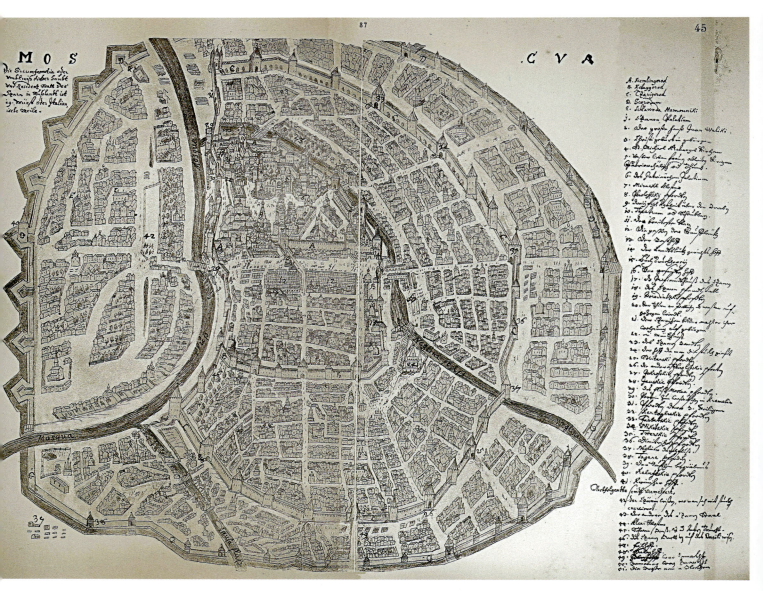

才还是资金,仍集中在彼得堡,但莫斯科已开始恢复其作为一个主要建筑中心的地位。拉斯特列里为女皇安娜建造的几个木构宫邸都没有存续多久(安娜夏宫1744年开始拆除,冬宫于1753年焚毁),但它们已经成为一种成熟的巴洛克风格在当年这座都城内出现的先兆。18世纪以前的莫斯科城图只具有示意的性质(各时期城图:图5-582~5-587),直到1739年,才由伊万·米丘林编制了第一个精确的城市测绘图(图5-588)。1737年,和彼得堡一样,一场大火使莫斯科遭受了毁灭性的破坏;1742年,帝国政府颁布了一道管理和控制城市建设的法令,同时,还新设了一个城市监管建筑师的职位,第一个担任此职的是当时学识最渊博的地方建筑师之一伊万·布兰克。1741年伊万·科罗博夫自彼得堡来到莫斯科,令地方建筑学派的发展有了更大的空间。事实上,米丘林和科罗博夫

(两人均留学荷兰)的创作室已成为莫斯科培训建筑人才的重要场所,正是从他们这里,走出了莫斯科巴洛克后期最伟大的建筑师——德米特里·乌赫托姆斯基。

由于布兰克1745年去世,科罗博夫亦疾病缠身,乌赫托姆斯基随即被任命为监管建筑师,在接下来的20余年里,他竭力整顿城市的外貌。但他的大部分作品或已无存,或未实现(如1759年设计的莫斯科残疾医院建筑群;平面及立面设计图:图5-589),或一直未能引起人们的注意,其中包括政府建筑(有的位于克里姆林宫内)、商业结构(包括位于他建的库兹涅茨基桥附近和中国城内的部分建筑)、马厩、餐馆、消防站,以及拓宽街道,整修城墙、修道院及教堂等。在他参与的项目中,比较有名气的是位于米亚斯尼茨基大街的所谓"红门"(立面图:图5-590;历

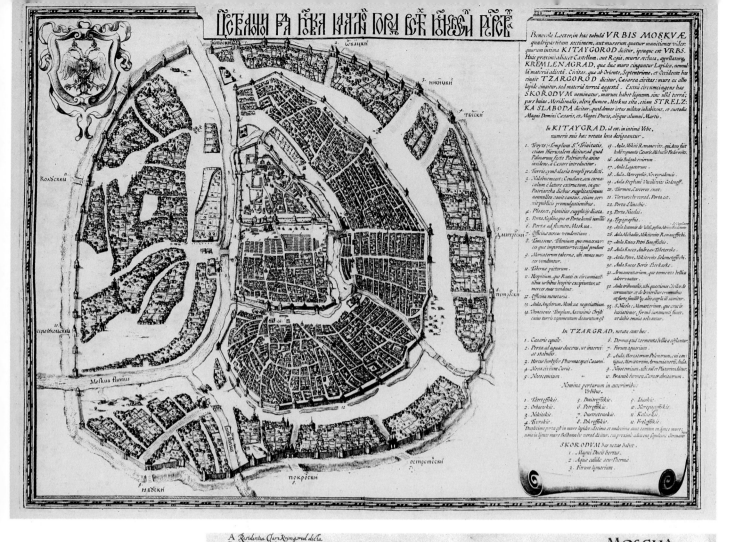

左页：

图5-585 莫斯科 城市景观平面（作者Augustus Mayerberg，1661年）

本页：

（上）图5-586 莫斯科 城市景观平面[1662年，作者Joan Blaeu（1596~1673年）]

（下）图5-587 莫斯科 城市总平面（1678年，作者Tanner）

第五章 俄罗斯巴洛克建筑·1319

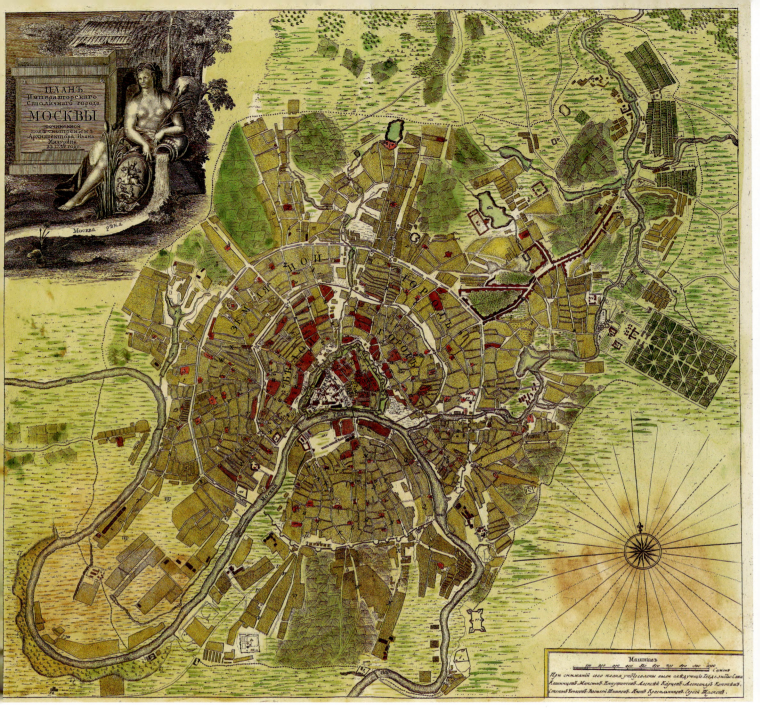

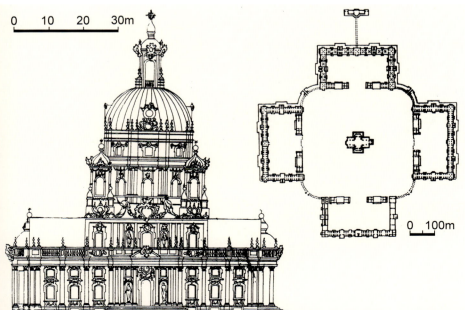

（上）图5-588莫斯科 城市总平面（伊万·米丘林编制，1739年，为第一个精确的城市测绘图，现存哈佛大学Houghton Library）

（下）图5-589莫斯科 残疾医院（1759年）。建筑群平面（中间为教堂）和教堂立面（设计图，作者乌赫托姆斯基，取自Академия Строительства и Архитектуры СССР:《Всеобщая История Архитектуры》, II, Москва，1963年）

（左中）图5-590莫斯科"红门"（1753~1757年，现已无存）。立面图[Pietro di Gottardo Gonzaga（1751~1831年）绘，1826年]

（上）图5-591莫斯科"红门"。19世纪上半叶景色（版画，1840年代，作者Jean-Baptiste Arnou）

（左下）图5-592莫斯科"红门"。19世纪后期景色（老照片，1884年，取自Nikolay Naidenov系列图集）

（右中及右下）图5-593莫斯科"红门"。拱心石浮雕残块（天使头像）

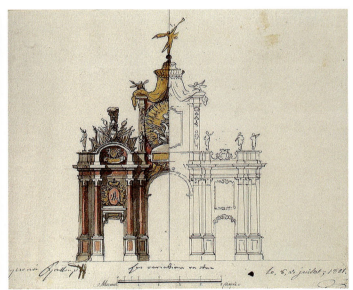

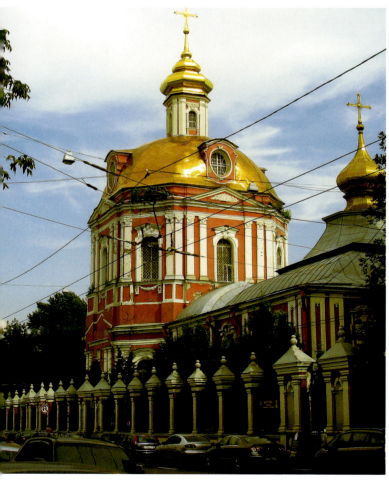
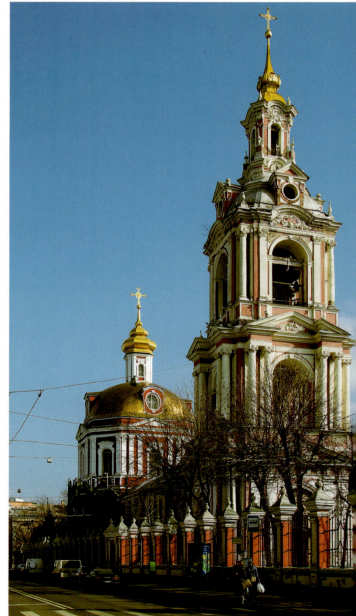

左页：

（左上）图5-594莫斯科 殉教士圣尼基塔教堂（1751~1752年）。东北侧全景

（右上）图5-595莫斯科 殉教士圣尼基塔教堂。北侧景观（自马路对面院落内望去的情景）

（右下）图5-596莫斯科 殉教士圣尼基塔教堂。西北侧全景

（左下）图5-597莫斯科 殉教士圣尼基塔教堂。东头，西北侧近景

本页：
图5-598扎戈尔斯克 圣谢尔久斯三一修道院。钟塔（1741~1758年），东南东远景

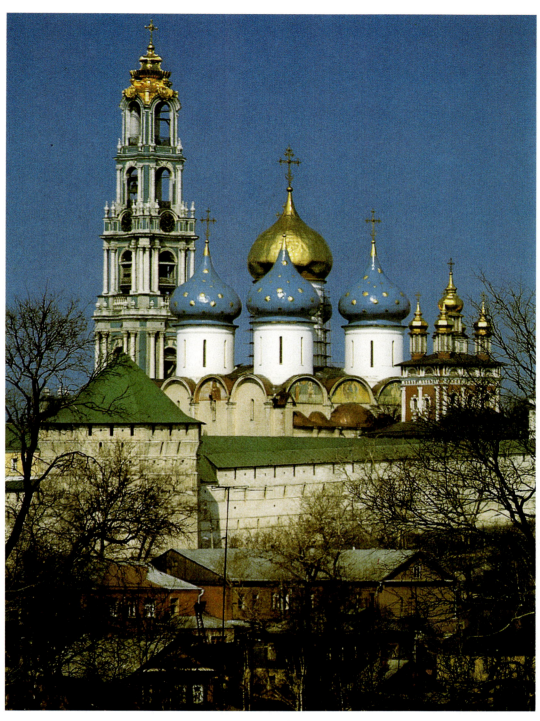

史图景：图5-591、5-592；拱石残块：图5-593），建于1753~1757年的这座拱门是伊丽莎白到莫斯科进行正式视察时举行入城仪式处。立面的巴洛克雕像及装饰并没有削弱这个壮观的设计及其宏伟的尺度（到吹喇叭的天使雕像顶部高26米）。可惜这座建筑已于1927年拆除，仅有部分雕刻及装饰留存下来。莫斯科巴斯曼大街上采用巴洛克风格的殉教士圣尼基塔教堂（1751~1752年；图5-594~5-597）一般也认为是乌赫托姆斯基的作品。

然而，他最重要的成就还是一批钟塔的设计，特别是圣谢尔久斯三一修道院主要塔楼的建造。这个高88米的结构统领着周围的建筑空间（图5-598~5-605），在这方面甚至要比克里姆林宫伊凡大帝钟楼的表现更为突出。伊万·舒马赫尔（1701~1767年）的最初设计仅有三层。1741年，工程在米丘林监管下正式开工，但由于他1747年去基辅主持建造拉斯特列里设计的圣安德烈教堂，建造塔楼的任务遂由乌赫托姆斯基接手。他认为有必要大幅度增加塔楼的高度，因

第五章 俄罗斯巴洛克建筑·1323

（左）图5-599扎戈尔斯克 圣谢尔久斯三一修道院。钟塔，东南南远景

（中）图5-600扎戈尔斯克 圣谢尔久斯三一修道院。钟塔，南侧全景

（右）图5-601扎戈尔斯克 圣谢尔久斯三一修道院。钟塔，东北侧景观

第五章 俄罗斯巴洛克建筑·1325

(左)图5-602扎戈尔斯克 圣谢尔久斯三一修道院。钟塔,东侧全景
(中)图5-603扎戈尔斯克 圣谢尔久斯三一修道院。钟塔,东南侧,仰视景色
(右)图5-604扎戈尔斯克 圣谢尔久斯三一修道院。钟塔,山墙细部

而在继续建造到预定高度的同时,加固了大的两层基础。在1753年伊丽莎白到修道院视察期间,乌赫托姆斯基呈送了他增建两层的方案并获得了女皇的首肯。塔楼结构部分完成于1758年,但安装和装饰工程一直延续到1770年。

事实证明,乌赫托姆斯基增加高度的决定无论从结构本身还是从它和3个世纪以来形成的丰富多样的建筑环境的关系上看,都是完全正确的。塔楼的力度通过第二和第三层成对布置的圆柱得到了直观的表现,它们构成了底层粗大的壁柱和上两层单一附墙柱之间的过渡。处于阴影中的钟室洞口、蓝绿色的底面和明亮的白色灰泥部件及镀金的巴洛克穹顶之间,形成了鲜明的对比,创造了丰富华丽的效果。在这里,每层都有明确的构造等级,对应一定的柱式体系且各不重复,和克里姆林宫钟楼那种简单的构图完全异趣。

显然,莫斯科的传统建筑完全能成功地吸收和同化巴洛克风格,这种能力表明,在莫斯科建筑和自文艺复兴以来西方建筑的并行演化中,两者已确立了一种内在的联系。在诸如修复新耶路撒冷修道院耶稣复

活大教堂这样一些项目中，两种文化的聚合更是展现得极为清楚。拉斯特列里的设计大胆地融合了古典部件、巴洛克风格和俄国的建筑传统（总体上类似俄罗斯的"帐篷式"屋顶，但同样参照了罗马万神殿的藻井顶棚），再次证实了他在提取和重新组合来自各个不同建筑传统的要素时表现出来的杰出才干，尽管所采用的方式和斯莫尔尼大教堂完全不同。

将拉斯特列里的设计付诸实施的主持人为卡尔·伊万诺维奇·布兰克（1728~1793年），在1760年工程完成时，布兰克自己的职业生涯也进入了高峰，这也正是从巴洛克风格到新古典主义的过渡期。布兰克在库斯科沃城郊领地的作品将在下章提及；但他为救世主教堂（位于莫斯科南面沃罗诺沃的沃龙佐夫领地）所做的设计可作为巴洛克教堂建筑的后期表现放在这里评介。可能建于1760年代的这座教堂具有巴洛克风格的典型特征（平面：图5-606；外景：图5-607），如对形体造型的强调（特别是圆弧状的角跨间），精心制作的灰泥装饰和窗户的边饰（和切瓦金斯基一样，布兰克大量采用小天使的母题）。教堂中央立一大型鼓座及穹顶，但没有附属穹顶，表明这

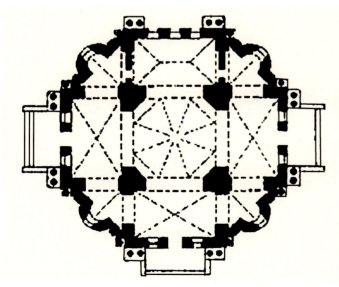

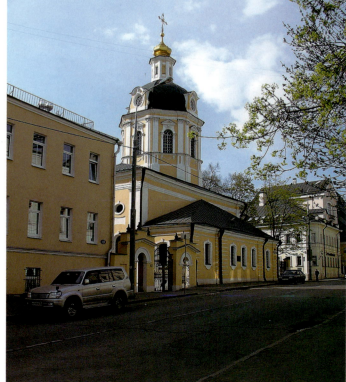

1328·世界建筑史 俄罗斯古代卷

左页：

（左上）图5-605扎戈尔斯克圣谢尔久斯三一修道院。钟塔，塔顶近景

（左下）图5-606沃罗诺沃救世主教堂（1760年代）。平面

（右上）图5-607沃罗诺沃救世主教堂。东侧全景

（右下）图5-609莫斯科 罗日代斯特温卡大街圣尼古拉教堂。现状外景

本页：
图5-608莫斯科 弗斯波利圣叶卡捷琳娜教堂。现状外景

是在俄罗斯传统塔楼式教堂的基础上发展出来的一种新的巴洛克变体形式。与此同时，在自由运用古典柱式和立面山墙的设计上，布兰克的作品又反映出新古典主义时期的某些特色。在离教堂约50米的钟塔上（建造时间可能稍后），古典主义表现得更为明显。布兰克在莫斯科建造的另两座教堂，同样采用了这种单穹顶和鼓座的造型，仅比例上有所区别（弗斯波利圣叶卡捷琳娜教堂：图5-608；罗日代斯特温卡大街

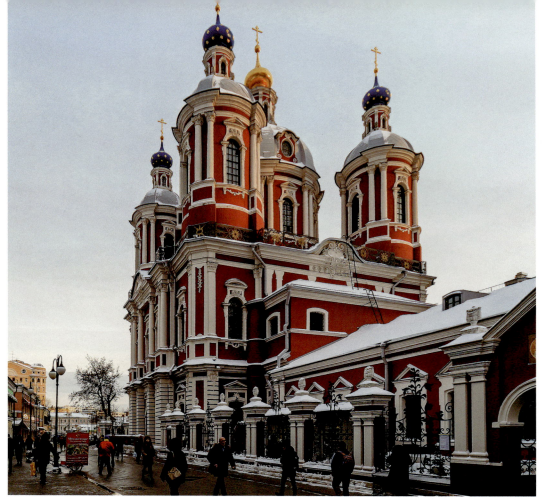

本页：

（上）图5-610莫斯科 圣克雷芒教堂（可能1762~1770年）。西北侧全景

（下）图5-611莫斯科 圣克雷芒教堂。东侧全景（前景为院落大门）

右页：

图5-612莫斯科 圣克雷芒教堂。东立面景观

圣尼古拉教堂：图5-609）。

在莫斯科市内，最后一个巴洛克大型宗教建筑是可能建于1762~1770年的圣克雷芒教堂（外景：图5-610~5-613；塔楼：图5-614、5-615；近景及细部：图5-616、5-617），其设计人通常被认为是彼得堡建筑师彼得罗·安东尼奥·特雷齐尼，尽管找不到相关的文献根据。特雷齐尼还参与了亚历山大·涅夫斯基修道院的后续工程；但他在彼得堡主持建造的最重要教堂是由俄国最精锐的普列奥布拉任斯基（来自一村落名）近卫军团创立的主显圣容大教堂。建筑按泽姆佐夫的设计始建于1743年，同年泽姆佐夫去世后，工程由特雷齐尼接手，但直到1754年才完成。这座教堂被认为是彼

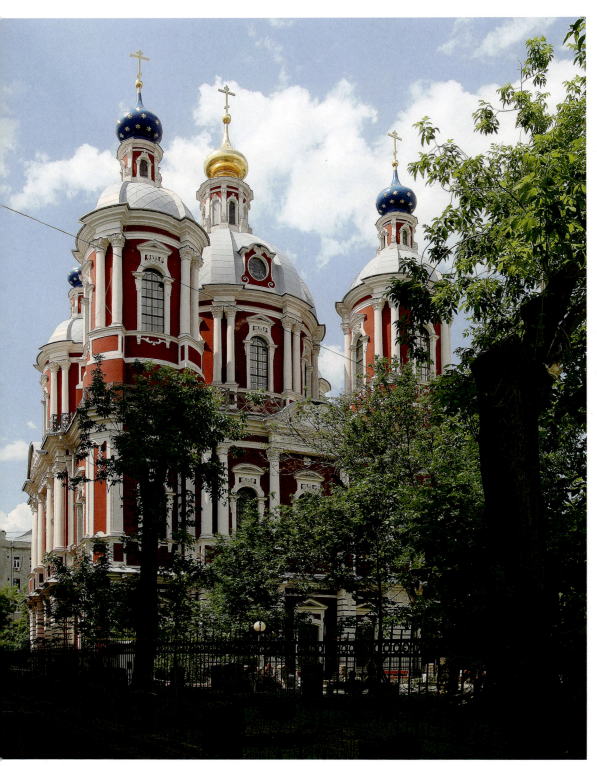

图5-613莫斯科 圣克雷芒教堂。东南侧景色

得堡复兴五穹顶形制的最早实例（建筑1825年毁于火灾，在瓦西里·斯塔索夫主持下进行了重建，见图8-328）。

莫斯科的圣克雷芒教堂继续表现出这种复兴的倾向，其紧凑单一的形体颇似斯莫尔尼大教堂（规模上也差不多）；但角上各穹顶和中央大穹顶之间的距离更大，穹顶鼓座的高度则相等。尽管垂直构图得到强调（特别是成对布置的附墙柱，其向上的动态一直延伸到穹顶肋券处），但由于各鼓座高度相等，因而促成了结构由两部分组成的印象：一是明确界定的基层，自粗面石的底层至檐口处；上面是由五个鼓座及穹顶构成的圆堂组群。也就是说，圣克雷芒教堂提供了另一个复兴五穹顶平面的例证，其设计显然有别于拉斯特列里和切瓦金斯基的先例，从这里也可看出，

1332·世界建筑史 俄罗斯古代卷

（左上）图5-614莫斯科圣克雷芒教堂。塔楼，东南侧景色

（右上）图5-615莫斯科圣克雷芒教堂。塔楼，西北侧景观

（下）图5-616莫斯科 圣克雷芒教堂。穹顶及鼓座近景

这种最早起源于拜占廷的形制实际上可衍生出各种各样的变体形式。

最后要提一下莫斯科的住宅建筑。18世纪初和安娜统治时期建造的系列宫殿并没有改变城市长期以来形成的面貌，实际上，此时的城市只是一些自发形成的住宅群落，主要由木构房屋及按前彼得时期样式建造起来的砖构宅邸（palaty）组成。这时期仅有少数比较考究的府邸，如位于城市北部波克罗夫斯基门处的M.F.阿普拉克辛府邸。在18世纪70年代早期特鲁别茨科伊家族购得这栋建筑后，两翼进行了扩建，但带

（上）图5-617莫斯科 圣克雷芒教堂。窗饰细部

（中）图5-618莫斯科 阿普拉克辛府邸（18世纪中叶）。地段全景

（下）图5-619莫斯科 阿普拉克辛府邸。临街立面

（上）图5-620莫斯科 阿普拉克辛府邸。中央山墙近景

（下两幅）图5-621莫斯科 阿普拉克辛府邸。端头近景

有曲线巴洛克立面及灰泥装饰的中央结构得到保留（图5-618~5-621）。事实上，阿普拉克辛府邸只是波克罗夫卡大街一个砖石结构组群中留存下来的部分。虽说行列式布局表现了控制和使建筑更为规整化的努力（如改建莫斯科的米丘林规划所要求的那样），但在莫斯科，住宅组群和相邻区段仍由相对宽敞的空间分开，和彼得堡中心区那种更为密集的沿街建筑不同（事实上，莫斯科和彼得堡在住宅组群布置上的这种不同做法一直持续到苏联时期）。

第五章注释：

[1]北方大战（Great Northern War），1700~1721年俄国为夺取波罗的海出海口而发动的对瑞典的战争。这场战争一直拖到1721年，是年8月30日，缔结了《尼什塔特和约》，俄国获得波罗的海沿岸的广大地区和出海口，最后确立了在北欧的霸权。

[2]亚历山大·丹尼洛维奇·缅希科夫（Alexander Danilovich Menshikov，Алекса́ндр Дани́лович Ме́ншиков，1673~1729年），俄罗斯帝国著名的权臣、陆军元帅，神圣罗马帝国伯爵。本是莫斯科街头一卖饼少年，后成为彼得一世的马童、青少年时代的朋友及后来的宠臣。1708年被授予陆军元帅称号，1709年在波尔塔瓦战役中有出色表现。在叶卡捷琳娜一世统治期间，因与女皇有旧情成为俄罗斯实际掌权者。彼得二世继位后被解除官职，流放西伯利亚。

[3]纳尔瓦（Нарва），现为爱沙尼亚第三大城市，位于该国东端与俄罗斯接界处，在1700~1721年北方战争期间，瑞典和俄罗斯两军主力的第一次大会战（1700年11月）就发生在这里。瑞典的查理十二世在兵力仅有彼得的1/4到1/3的情况下取得了胜利，但到1704年，趁瑞典大军南下彼得再次夺回了这座城市。

[4]戈特弗里德·威廉·莱布尼茨（Gottfried Wilhelm Leibniz，1646~1716年），德国哲学和数学家，在许多学科都取得了杰出成就；1711年，彼得大帝造访北欧时，曾在汉诺威停留并会见了他；莱布尼茨晚年对俄国事务一直很关注。

[5]博物馆（Kunstkammer，Кунсткамера），为彼得大帝创建的俄罗斯第一个这类建筑，完成于1727年，现为彼得大帝人类学及民族志博物馆（Peter the Great Museum of Anthropology and Ethnography，Музей антропологии и этнографии имени Петра Великого Российской академии наук），有藏品近2百万件。

[6]波兰王位继承战争（War of the Polish Succession），发生于1733年。是年2月，波兰国王、萨克森选帝侯奥古斯特二世病故，一部分贵族在俄国和奥地利支持下，图谋选举奥古斯特二世的儿子弗里德里克·奥古斯特二世为波兰国王，并决定把波兰的属地库尔兰送给俄国女皇安娜·伊万诺夫娜的情人和宠臣恩斯特·约翰·冯·比龙，以酬谢俄国的支持。但波兰多数贵族一致提名斯坦尼斯瓦夫一世·列琴斯基为王位继承人。列琴斯基是法国国王路易十五的岳父，得到法国和西班牙的支持。1733年9月12日，列琴斯基以绝对多数票当选波兰国王；随之爆发了以西班牙、撒丁、法国为一方，以俄、奥为另一方的战争。俄军占领华沙，列琴斯基逃到但泽（今格但斯克）。10月5日，俄军强迫波兰议会选举弗里德里克·奥古斯特二世为波兰国王，称奥古斯都三世。1734年5月29日，俄军攻陷格但斯克，列琴斯基逃往普鲁士。1735年10月，在维也纳签订了初步和约，双方承认奥古斯都三世为波兰国王。1738年，法国和奥地利正式签订《维也纳和约》（Treaty of Vienna）。

[7]恩斯特·约翰·冯·比龙（比伦）伯爵（Count Ernst Johann Biron，Bühren），1737年被封为库尔兰公爵（Duke of Courland，库尔兰位于今拉脱维亚境内）。

[8]安娜去世前安排的继承人伊凡六世加冕时只是一个两个月大的婴儿，摄政王为安娜宠臣比龙。伊凡六世继位后不到两周，陆军元帅布哈德·克里斯托夫·冯·明尼希（Burkhard Christoph von Münnich，1683~1767年）发动政变，逮捕并流放了摄政王比龙，明尼希名义上拥戴伊凡六世的母亲任摄政王，实际上实权把握在自己手里。不久明尼希又被安德烈·伊万诺维奇·奥斯特尔曼伯爵（Count Andrey Ivanovich Osterman，Андрей Иванович Остерман，1686~1747年）推翻，后者自任摄政王。但不出一年，1741年2月，彼得大帝和他第二个妻子所生的女儿伊丽莎白发动政变，不仅推翻了奥斯特尔曼，连同一岁多点的小皇帝及其母亲等统统逮捕关押，伊丽莎白自己登上了俄罗斯帝位。

[9]见Boris Vipper：《Arkhitektura Russkogo Barokko》，72页。

[10]见William Coxe：《Travels into Poland, Russia, Sweden, and Denmark》，1785年。

[11]见Sir Nathaniel Wraxall：《A Tour through Some of the Noretherm Parts of Europe, Particulary Copenhagen, Stockholm, and Petersbourgh》，1775年。

[12]见Boris Vipper：《Arkhitektura Russkogo Barokko》。

[13]转引自Ovsiannikov：《Rastrelli》。

[14]珀尔塞福涅（希腊语：Περσεφόνη；英语：Persephone），为希腊神话中冥界的王后，众神之王宙斯和农业女神德墨忒尔的女儿，被冥王哈迪斯（Hades）绑架到冥界与其结婚，成为冥后。

[15]转引自Ovsiannikov：《Rastrelli》。

第六章 彼得堡的新古典主义建筑：叶卡捷琳娜大帝时期

第一节 历史背景及法国建筑的影响

一、历史背景

在拉斯特列里和切瓦金斯基设计的后期巴洛克建筑中，不乏俄罗斯建筑史上最杰出的作品。但直到新古典主义时期，彼得堡才基本上形成了与帝国都城相称的环境和氛围，莫斯科也成为鼎盛时期俄罗斯贵族们的宜居处所。在西欧，特别是法国和英国，新古典主义风格的形成有明显的先例，而在俄罗斯，则是从巴洛克建筑中演化而来。尽管在两种风格之间的过渡期产生了综合新老形式的中间形态，但仍然可寻得巴洛克风格被新古典主义取代的明确迹象。1762年叶卡捷琳娜二世（图6-1、6-2）通过宫廷政变登上权力的宝座（正是这次政变导致她丈夫彼得三世的死亡）就是这种变化的明确标记（不仅在政治层面上，同样也

图6-1 叶卡捷琳娜二世（坐像，作者Fedor Rokotov，1763年，原画现存莫斯科Tretyakov Gallery）

图6-2作为司法女神殿立法者的叶卡捷琳娜二世[油画，1780年代初，作者Дмитрий Григорьевич Левицкий（1735~1822年）]

包括美学观念的更替）。在一直挚爱建筑艺术的叶卡捷琳娜看来，伊丽莎白奢华的情趣正说明她在国家事务的管理和宫殿设计上缺乏理性和规矩。

实际上，在叶卡捷琳娜登位之前，在一个不断发展的城市环境里，特别是在一些实用建筑的设计上，背离巴洛克奢华作风的转变已很明显（在这些场所，宫殿和教堂那种精心制作的雕像和装饰显然是不适宜的）。从彼得堡所谓"商人场院"的建造过程可很清楚地看到这点，这是为改造涅瓦大街上的城市主要商业群组而搞的一个项目。1752年拉斯特列里的最初设计系取代一个在1736年火灾中毁掉的类似结构，但这个场院大楼直到1752年才开始动工，同时因伊丽莎白其他一些大型建筑项目的挤压受到严格的限制。拉斯特列里沿地段周边设计了一个高两层平面梯形的建筑，

（上下三幅）图6-3圣彼得堡"商人场院"（1758~1785年）。面向涅瓦大街的立面[自上至下分别为全景、立面西段（对景为海军部）和立面东段]

(上下两幅)图6-4圣彼得堡"商人场院"。涅瓦大街立面中段及中央山墙细部

内外两侧均设拱廊,檐口以上大量采用了灰泥装饰及雕像。但组群工程于1760年末中断,设计亦被提交复审。

此时,设计由让-巴蒂斯特·瓦兰·德拉莫特(1729~1800年)负责进行修改。于1759年到达彼得堡的瓦兰·德拉莫特,在俄罗斯新古典主义建筑的发展上起到了重要的作用。他保留了拉斯特列里平面设计的基本特色,但去掉了雕像等装饰,采用了简单的结构细部,其长长的拱廊和粗壮的柱列反倒给人们留下了深刻的印象(外景:图6-3~6-7;廊道内景:图6-8)。因为入口两边采用多立克立柱,古典要素表现得尤为明确。尽管采取了这些一些简化措施,但由于建设资金须由使用它们的商家负担,工程仍拖到1785年才完成。

伊丽莎白去世后,拉斯特列里的职业生涯开始无可挽回地走下坡路(晚年拉斯特列里画像:图6-9)。彼得三世曾授予他圣安娜勋章并于1762年初提升他为少将,但在这位皇帝被废黜并于同年7月死后,伊万·别茨科伊即取代他成为皇室建筑总管,拉斯特列里获准携全家去意大利长期休假。尽管他于次年回国,但实际上已被有礼貌地辞退,得了一笔不菲的退休金后走人。1764年拉斯特列里离开彼得堡后,没有再去意大利旅行,而是在库尔兰逗留了一段时间。在那里,已从西伯利亚流放回来的比龙再次委托他扩建几乎30年前他自己设计的米塔瓦和伦达尔宫邸,只是时过境迁,当年的风格如今已不再时兴。

1779年,即在叶卡捷琳娜大帝统治(1762~1795年)的第17年,这位女皇在给她的文化事务顾问、哲学家弗里德里希·梅尔希奥·格林(1723~1807年)的一封信中,表达了她对建筑的激情:

"我们的建筑风暴现在刮得比以前任何时候都更为猛烈,即使是一次地震恐怕也难以破坏我们正在建造的那么多建筑。建筑是一种耗费大量金钱的行为,你建的越多就越想建。这简直就是一种病,就像酗酒

一样，也可能是一种习性"。

的确，除了彼得大帝以外，看来没有另一个俄罗斯的统治者像叶卡捷琳娜这样，把建筑作为社会进步和帝国荣誉的象征。她不仅在彼得堡和莫斯科启动了大量的工程项目，涉及城市中大片地区的改建，同时还创建了一个规划委员会，其指令可覆盖帝国范围内各个地方城市。虽说政府的独裁本质并没有根本性的

（左上）图6-5 圣彼得堡"商人场院"。面对花园大街的立面

（左中）图6-6 圣彼得堡"商人场院"。罗蒙诺索夫大街立面景色

（左下）图6-7 圣彼得堡"商人场院"。杜马大街立面景色

（右三幅）图6-8 圣彼得堡"商人场院"。廊道内景

图6-9晚年的拉斯特列里[画像，1756~1762年，作者Pietro Antonio Rotari（1707~1762年）]

变化，但这些行政机构搞的新古典主义建筑和规划毕竟反映了启蒙运动的理性主义思潮。尽管她的业绩离所树立的远大目标还有一段距离，但俄罗斯的许多地方城市已打上了这位女皇追求秩序的印记。

正是在彼得堡，人们经受了这一轮建筑"风暴"的冲击，叶卡捷琳娜主持的这一不同寻常的庞大计划构成了俄罗斯新古典主义建筑的第一阶段。这时期的建筑师和前期一样，来自世界各地，如来自法国的让-巴蒂斯特·米歇尔·瓦兰·德拉莫特，意大利的安东尼奥·里纳尔迪和贾科莫·夸伦吉，德国的乔治·弗里德里希·费尔滕，苏格兰的查理·卡梅伦，还有一批在欧洲留学或按欧洲方式培养出来的俄罗斯本土建筑师。瓦西里·巴热诺夫设计的莫斯科及彼得堡的工程和伊万·斯塔罗夫主持的建筑项目均可作为最典型的实例，说明俄罗斯建筑师如何汲取和同化西方的建筑语汇。

18世纪新古典主义建筑的来源主要有三个，即意大利的文艺复兴、法国17世纪的古典建筑和英国的帕拉第奥风格，所有这些建筑都从不同角度，提供了对古典建筑精髓的诠释，特别是帕拉第奥的著作及作

图6-10 德尼·狄德罗（1713~1784年）画像（作者Louis-Michel van Loo，1767年）

品，影响最为深远（俄罗斯人对帕拉第奥、维尼奥拉、维特鲁威的论著和其他有关古典柱式体系的经典著作的兴趣始自18世纪初，但在彼得时期，并没有这些著作的真正译本问世）。在所有国家当中，又以法国的榜样力量最为突出，正是它为俄罗斯提供了采用古典建筑原则的样板（如路易十四的所谓"罗马"帝国风格，以及随后定义更严格的希腊变体形式）。

俄罗斯之所以能很快地接受新古典主义，在很大程度上是受到18世纪法国文化艺术界启蒙运动的影响。俄罗斯并没有对这一发展作出任何理论上的贡献，只是利用它；但其成功的缘由则和欧洲其他地方类似：新古典主义之所以受到欢迎，是因为它摒弃了后期巴洛克那种"混乱"的构图，重申古代哲学和建筑里表现出来的理性原则。正如一位批评家在描述法国这场运动时所说："这一剧变表现为抵制洛可可风格及它所体现（或至少是暗示和容忍）的全部价值观，在某些情况下意味着一种本能的厌恶；然而，一般而论，到18世纪中期开始渗透到艺术中的这种新的教化热情仍带有理性主义的色彩和禁欲主义的基调……"[1]

图6-11让·勒龙·达朗贝尔（1717~1783年）画像[作者Maurice Quentin de La Tour（1704~1788年），1753年]

对俄罗斯——或更准确地讲，是对叶卡捷琳娜本人——来说，情况也是这样，她对伊丽莎白那种奢华的巴洛克风格有"一种本能的厌恶"，希望扮演一个开明统治者的角色，和一些著名的法国哲学家，如狄德罗（图6-10）、伏尔泰、孟德斯鸠、卢梭、达朗贝尔（图6-11）和格林保持着密切的联系，有的还长期通信来往。实际上，叶卡捷琳娜的新古典主义风格根据结构的功能和建筑师对古典原则的理解而有很大的变化；但总的意图仍很明确：构图新颖节制（特别是在室外装饰上），严格遵循古典柱式体系的规章和法则。

二、瓦兰·德拉莫特

尽管"商人场院"的设计已明显呈现出变化的迹象，但在展现新古典主义的原则上，瓦兰·德拉莫特主持设计的彼得堡帝国艺术学院显然更为重要。和1755年创建的莫斯科大学一样，艺术学院最初的创立应归功于米哈伊尔·罗蒙诺索夫的努力和伊万·舒瓦洛夫的支持（其倡议书于1758年得到参议院的批准）。同时学院还和莫斯科大学确立了固定的联系，从后者吸收大部分学生来彼得堡学习（最初这个学院位于舒

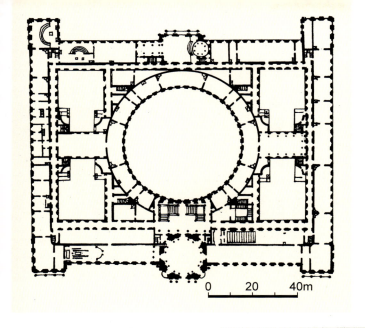

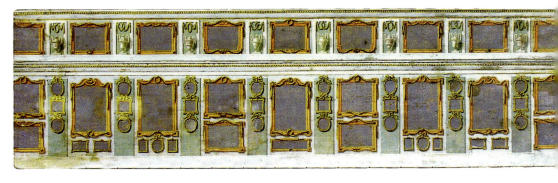

（左上）图6-12圣彼得堡 帝国艺术学院（1765~1789年）。二层平面（取自Академия Стройтельства и Архитестуры СССР:《Всеобщая История Архитестуры》, II, Москва, 1963年）

（右上）图6-13圣彼得堡 帝国艺术学院。模型（细部，1766年，比例1∶38，设计J-B Vallin de la Mothe和A.F.Kokorinov，细木工主持人Simon Sorensen和A.J.Ananyina，参与工作的有35位木工及雕刻师）

（下三幅）图6-14圣彼得堡 帝国艺术学院。模型细部

瓦洛夫宫内）。但在叶卡捷琳娜登位后，舒瓦洛夫被解除了职务，他建新学院的计划也就此搁浅。直到1764年，在伊万·别茨科伊的领导下，学院才获得了新的营造许可证，次年，开始建造位于瓦西里岛涅瓦河堤道的新校舍。

艺术学院设计上占主导地位的法国影响不仅来自在法国和意大利受教育的瓦兰·德拉莫特（1759年他应邀到俄罗斯在学院任教），同时也来自在莫斯科师从科罗博夫和乌赫托姆斯基的亚历山大·科科里诺夫。后者1754年来到彼得堡，在那里完成了伊万·舒瓦洛夫宫的室内工程；1758年，他被任命为学院的第一位建筑学教授。舒瓦洛夫和科科里诺夫均为法国文化的拥趸，学院图书馆早期的藏书也多为法国古典主义先驱的理论著作，如尼古拉-弗朗索瓦·布隆代尔的《建筑教程》（Cours d'Architecture，1675年），达维莱的类似著作（1691年）和雅克-弗朗索瓦·布隆

（上）图6-15圣彼得堡 帝国艺术学院。东南侧全景

（下）图6-16圣彼得堡 帝国艺术学院。滨河立面（南侧）

代尔的《法国建筑》（L'Architecture Française，4卷本，1752~1756年）。

舒瓦洛夫和他的继承者别茨科伊的亲法情结还得到了像德米特里·戈利岑这样一些国务活动家的支持，戈利岑自1761年起担任俄国驻法大使，是两国文化交流的主要中介。他不仅延续了早期俄国外交使节（安季奥赫·坎捷米尔和米哈伊尔·别斯图热夫-留明）的做法，为在外国学习的俄罗斯建筑师提供食宿等保障，同时还安排他们跟随夏尔·德瓦伊和雅克·热尔曼·苏夫洛这样一些法国建筑大师实习，把他们介绍给德尼·狄德罗这样一些启蒙运动的重量级人物。俄罗斯建筑中两位最杰出的人物——瓦西里·巴热诺夫和伊万·斯塔罗夫，就这样在18世纪60年代凭借这些有利条件很快融入充满活力的巴黎文化圈内。

同时，戈利岑本人还是位对艺术极为热心的行家，其著作表明，他对汲取和同化新古典主义的美

（上）图6-17 圣彼得堡 帝国艺术学院。西南侧全景

（下）图6-18 圣彼得堡 帝国艺术学院。西南侧景色（前景圣母领报桥为城市在涅瓦河上的第一座永久桥梁，建于1843-1850年，桥长331米，连接瓦西里岛与市中心，是当时欧洲最长的桥）

学和文化价值有透彻的了解。1766年他寄给艺术学院的随笔《论艺术的效用及荣耀》（On the Usefulness and Glory of the Arts）具有特别的价值，被译成俄文并在学院里广为流传。实际上，他的观点很多是来自狄德罗[1759～1781年狄德罗为巴黎卢浮宫每两年举行一次的"沙龙"（绘画雕塑展览）写过10多篇评论文章，因此被认为是法国艺术评论的奠基人]，他赞赏艺术——特别是建筑——在形成高尚品性和发展古典传统上的巨大作用，认为只有这些古典作品才是真正高尚艺术的源泉。在建筑中，正如古代的希腊人和罗马人所表现的那样，宏伟壮观的品性和华丽的装饰无缘，更多是来自简朴。

和拉斯特列里的作品相比（他设计的冬宫只是在不久前才完工），瓦兰·德拉莫特和科科里诺夫设计的帝国艺术学院最主要的特色就是简洁朴实。主体部分高三层的立面没有精美的雕塑或灰泥装饰，主立面两端以四柱塔司干门廊作为结束，中央部分外出的山墙两边各以两根柱子支撑，在三个主要凸出形体之间为主要楼层的大窗（平面：图6-12；模型：图6-13、6-14；外景：图6-15~6-19；近景及细部：图6-20~6-23）。这种由五部分构成且中央山墙向前凸出的新古典主义立面首见于勒沃、佩罗和勒布兰设计的卢浮宫东立面。但和法国的原型不同，艺术学院在中央和端头柱廊中间采用了更为简朴的壁柱而非柱廊。同时墙体也不是用自然石头建造，而是砖墙抹灰，在底层采用了粗面石形式。

尽管建筑外表抹灰，但并没有像典型的彼得堡建筑那样采用双色立面（通常是在浅色的底面上起白色部件），显然是有意和巴洛克风格划清界限，同时创造一种更接近石构面层的效果。事实上，在18世纪余下的期间，街立面一直没有抹灰。由于造价超标和俄土战争引起的通货膨胀，致使结构工程一拖再拖，官方宣称的所谓1789年"完成"，实际上只是指建筑外壳，其他工程很多直到1810年都没有完工。不过，学院已在这座巨大结构已完成的部分中正常运行（建筑占地125×140米，规模上仅次于冬宫）。其平面包括一系列半封闭的独立单元，它们围绕着四个矩形院落布置，这些院落本身又和结构中央一个巨大的圆形院落相连（见图6-12）。整座建筑不仅立面严格对称，平面亦按几何形式精心设计。

不难看出，艺术学院实际上已成为巴洛克和新古典主义建筑之间的明确分界。其檐部是俄罗斯采用标准柱顶盘的最早实例之一，其上为不施装饰的简朴女儿墙，两者皆标志着向新古典主义风格的迈进。然而，建筑同时保留了某些巴洛克的特征，如中央形体曲线的凸出部分。由于学院施工缓慢，在新古典主义风格的推广上很难说能起到多大作用，只是通过大尺度的木构模型在学院内部传播这种风格上产生了一

本页：
（上）图6-19圣彼得堡 帝国艺术学院。东北侧（背面）景色

（下）图6-20圣彼得堡 帝国艺术学院。南立面中段近景

右页：
（上）图6-21圣彼得堡 帝国艺术学院。中央柱廊近景

（左下）图6-22圣彼得堡 帝国艺术学院。屋顶雕刻

（右下）图6-23圣彼得堡 帝国艺术学院。前方带斯芬克斯雕像的码头（1832~1834年，建筑师托恩设计）

（上）图6-24圣彼得堡 圣叶卡捷琳娜教堂（天主教堂，1762~1783年）。19世纪上半叶景色（绘画，1830年，作者 Делабард）

（下）图6-25圣彼得堡 圣叶卡捷琳娜教堂（天主教堂）。19世纪景色[彩画，作者Карл Иоахим Петрович Беггров（1799~1875年）]

些影响。实际上，在瓦兰·德拉莫特的作品中，老风格的表现仍很明显，如他设计的天主教圣叶卡捷琳娜教堂（建于1762~1783年，位于涅瓦大街上；历史图景：图6-24、6-25；外景及细部：图6-26~6-31；内景：图6-32、6-33），巴洛克风格的部件（诸如椭圆形的窗户、曲线山墙和雕像）和对称布置的科林斯圆柱及壁柱同时并存。当然，就这座教堂而言，巴洛克要素的出现在很大程度上还由于这种风格已成为罗马天主教文化上的象征。

瓦兰·德拉莫特的其他作品，如为存放叶卡捷琳娜大帝艺术收藏品而建的小埃尔米塔日（1764~1775年），新古典主义的表现要更为明晰：柱子的采用更为简洁（多为分开布置而不是形成组群），窗户装饰更为朴实，檐口采用典型的古典部件（三陇板、齿饰

（上）图6-26圣彼得堡圣叶卡捷琳娜教堂（天主教堂）。东南侧（街立面）全景

（下）图6-27圣彼得堡圣叶卡捷琳娜教堂（天主教堂）。立面近景

及滴水饰）。最常用的柱式为多立克及爱奥尼式。除了设计更为简朴外，彼得堡建城以来特有的艳丽色彩也在很大程度上得到了抑制。不过，在这个过渡时期，巴洛克的形式，特别是在窗户设计上，仍继续得到应用，如莫伊卡运河边伊丽莎白的宠臣基里尔·拉祖莫夫斯基的豪华宫殿（始建于1762年，开始阶段建筑师科科里诺夫；完成于1766年，后期建筑师瓦兰·德拉莫特；图6-34~6-36）。在主立面中央部分，一个六柱科林斯门廊围护着递升的系列拱窗、圆形徽章图案和垂花饰。18世纪60年代，瓦兰·德拉莫特为尤苏波夫家族改建前彼得·舒瓦洛夫府邸（同样位于莫伊卡河边）时，新古典主义的设计要表现得更为节

1352·世界建筑史 俄罗斯古代卷

本页及左页：

（左上及中上左）图6-28 圣彼得堡 圣叶卡捷琳娜教堂（天主教堂）。门廊，券面雕塑及入口细部

（左下）图6-29 圣彼得堡 圣叶卡捷琳娜教堂（天主教堂）。屋顶小天使雕像

（中下及右下四幅）图6-30 圣彼得堡 圣叶卡捷琳娜教堂（天主教堂）。屋顶四福音书作者雕像

（中上右）图6-31 圣彼得堡 圣叶卡捷琳娜教堂（天主教堂）。穹顶顶饰

（右上）图6-32 圣彼得堡 圣叶卡捷琳娜教堂（天主教堂）。内景

本页：

（右上及右中）图6-33圣彼得堡 圣叶卡捷琳娜教堂（天主教堂）。室内，柱式及檐部天使雕像

（下）图6-34圣彼得堡 基里尔·拉祖莫夫斯基宫殿（1762~1766年，后改育婴院，现为国立师范大学）。19世纪景色（版画，1870年，原画作者Р.П.Липсберг，版画制作К.П.Вейерман）

（左上）图6-35圣彼得堡 基里尔·拉祖莫夫斯基宫殿。院门现状

右页：

（左上）图6-36圣彼得堡 基里尔·拉祖莫夫斯基宫殿。主立面近景

（右上）图6-37圣彼得堡 尤苏波夫宫（前彼得·舒瓦洛夫府邸，18世纪60年代改建）。现状外景（自莫伊卡河对面望去的情景）

（下）图6-38圣彼得堡 尤苏波夫宫（前彼得·舒瓦洛夫府邸）。摩尔塔尼亚客厅（1760年，异域风格的装修）

1354·世界建筑史 俄罗斯古代卷

制（外景：图6-37；内景：图6-38~6-40）。

瓦兰·德拉莫特的作品中，最宏伟的一个可能是为新荷兰组群设计的拱门，该组群最初是1732~1740年由伊万·科罗博夫主持建造的一个由运河、水池和木构库房组成的海军仓储区。1765年，萨瓦·切瓦金斯基开始用砖改建库房（其为海军贮存木材的功能未变），但人们把设计外立面和通向建筑群主要门道的任务交给了瓦兰·德拉莫特。在18世纪80年代项目停工前已完成的部分——未施抹灰的砖立面由高三层的整体拱廊组成，于盲券内安置窗户，没有其他的装饰细部；这种简单而不失庄重的构图方式和"商人场院"的设计一样，表明新古典主义风格在大型功能建筑的设计中不仅切实可行，而且具有相当的活力。

尺度巨大的宏伟拱门可容船只通过运河进入回旋

本页：
（左上）图6-39圣彼得堡 尤苏波夫宫（前彼得·舒瓦洛夫府邸）。剧院，内景
（右上及下）图6-40圣彼得堡 尤苏波夫宫（前彼得·舒瓦洛夫府邸）。剧院，包厢及舞台

右页：
（左上）图6-41圣彼得堡 新荷兰仓储区。拱门（1765~1780年代），外景（线条画，取自Академия Стройтельства и Архитестуры СССР：《Всеобщая История Архитестуры》，II, Москва, 1963年）
（右上）图6-42圣彼得堡 新荷兰仓储区。拱门，东南侧景色
（下）图6-43圣彼得堡 新荷兰仓储区。拱门，南立面全景

池，拱门两边由灰色花岗岩制作的成对塔司干立柱上承凸出的柱顶盘（图6-41~6-43）。每对柱子之间背后的砖立面上开拱券龛室，其上设圆形花饰。两者之间由一道石构檐口分开，檐口向内延伸，由位于入口拱门两侧较小的塔司干立柱支撑。大小两类柱式就这样联为一体。配高拱券的入口通道在通过虚实对比确定结构比例的协调上起到了重要的作用。拱券上部两侧布置同样由石材制作但形体更为简化的垂花饰；中央及两侧上部为连续的多利克式柱顶盘。虽说在古风的表现上不及卡尔·奥古斯特·埃伦斯韦德[2]约20年后（1785年左右）设计的卡尔斯克鲁纳造船所大门，但新荷兰拱门仍属欧洲新古典主义的力作之一，并预示

了新古典主义几何风格在安德烈扬·扎哈罗夫海军部设计里的完胜（见第八章第一节）。

瓦兰·德拉莫特和科科里诺夫一起，将所谓"帝国古典主义"（imperial classicism）的构图语言引进到俄罗斯建筑里，柱子成为最主要的装饰部件。虽说拉斯特列里也采用柱子，但他的柱子往往被淹没在成批的雕塑及灰泥装饰里。而瓦兰·德拉莫特及随后叶卡捷琳娜时期的建筑师们（费尔滕、里纳尔迪、巴热诺夫、夸伦吉和斯塔罗夫），则是利用圆柱或壁柱作为分割大片立面的主要手段，和拉斯特列里那种华丽的装饰相比，他们的作品在分划交接上要考虑得更为仔细周全。对瓦兰·德拉莫特来说，这种节制有序的做法主要来自18世纪上半叶以法国府邸建筑为代表的后期巴洛克作品。而对他的杰出继承者安东尼奥·里纳尔迪来说，可资比较的范本则是经路易吉·万维泰利诠释的那种意大利的府邸建筑。

第二节 主要建筑师的作品

一、乔治·弗里德里希·费尔滕

事实上，在里纳尔迪之前，乔治·弗里德里希·费尔滕（1730~1801年，图6-44）已在叶卡捷琳娜统治早期发掘、利用和扩展了新古典主义建筑的构图可能性，并在彼得堡城市景观的转换上起到了重要的作用。费尔滕尽管是在彼得堡出生、长大和上学，但在曾任科学院负责职务的父亲去世后，又到德国图宾根去继续自己的学业。通过这样的艺术培训，他对18世纪符腾堡州的建筑杰作有了深入的了解，还参与了斯图加特宫殿的施工。1749年，费尔滕回到彼得堡，在科学和艺术学院（Academy of Sciences and Arts）进一步深造[这座综合性学院1747年已为人所知，一直延续到1757年独立的艺术学院（Academy of Arts）创

本页：

图6-44乔治·弗里德里希·费尔滕（1730~1801年）画像[1797年，作者Степан Семёнович Щукин（1754~1828年）]

右页：

（左上）图6-45圣彼得堡 小埃尔米塔日。北楼，横剖面（瓦兰·德拉莫特设计，制图乔治·弗里德里希·费尔滕，1765年）

（中下）图6-46圣彼得堡 小埃尔米塔日。纵剖面（设计人乔治·弗里德里希·费尔滕，1767年）

（右上）图6-47圣彼得堡 小埃尔米塔日。屋顶花园（向北楼望去的景色，透视图，1773年，图版制作Nikolai Sablin）

（左中上）图6-48圣彼得堡 百万大街。19世纪上半叶景色[彩画，1830年代，作者Василий Семёнович Садовников（1800~1879年），右侧小埃尔米塔日南楼尚未增建上层]

（下）图6-49圣彼得堡 小埃尔米塔日。屋顶花园，平面（作者瓦西里·斯塔索夫，1843年）

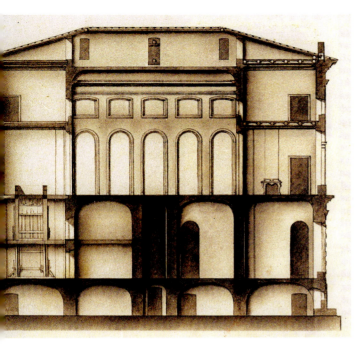
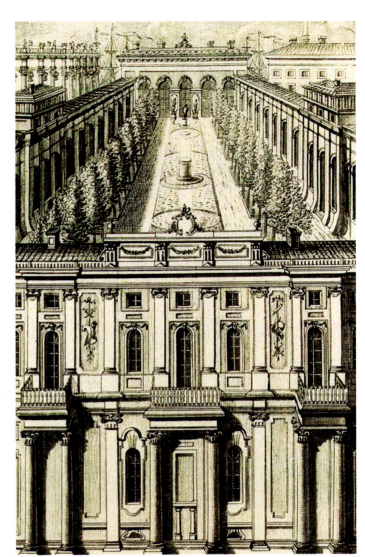

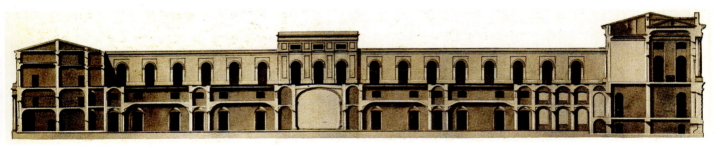
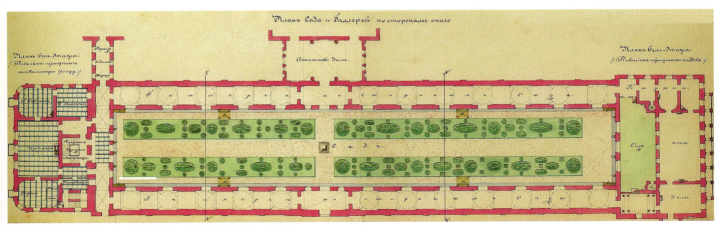

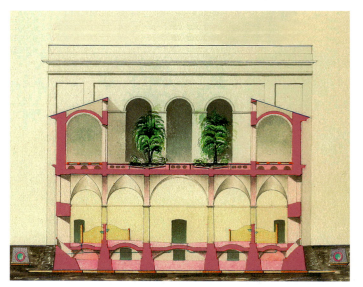
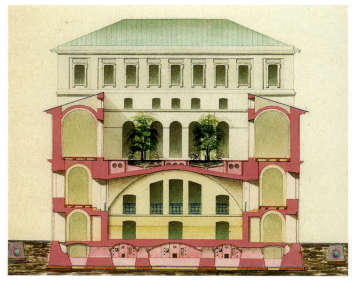

（左上）图6-50圣彼得堡小埃尔米塔日。横剖面（马厩部分，作者瓦西里·斯塔索夫，1843年）

（右上）图6-51圣彼得堡小埃尔米塔日。横剖面（马术训练厅部分，作者瓦西里·斯塔索夫，1843年）

（下）图6-52圣彼得堡 小埃尔米塔日。南楼（1760年代，顶层为瓦西里·斯塔索夫1840年增建），东南侧立面，现状

立之时]。1754年费尔滕被拉斯特列里收为门徒，并在后者被免职后，继续参与冬宫的室内装修工程。

随着拉斯特列里退出舞台，作为当时彼得堡最活跃的建筑师之一，费尔滕成为瓦兰·德拉莫特最强劲的对手。他的第一个重要作品是小埃尔米塔日的扩建设计（1760年代，设计图稿：图6-45～6-47）。费尔滕设计的南楼面对着和宫殿广场相邻的百万大街（历史图景：图6-48），通过一个屋顶花园和瓦兰·德拉莫特建造的涅瓦河堤岸边的埃尔米塔日宫相连。和这位法国建筑师的作品一样，在新古典主义的

（上）图6-53 圣彼得堡 小埃尔米塔日。北楼（瓦兰·德拉莫特设计），现状

（右下）图6-54 圣彼得堡 小埃尔米塔日。屋顶花园（冬季花园），内景（绘画，作者Edward Petrovich Hau，1865年）

（左中及左下）图6-55 圣彼得堡 小埃尔米塔日。屋顶花园（上下两图分别示夏季和冬季景色）

这个阶段，巴洛克风格的痕迹并未完全消除，在窗户边饰和墙面的灰泥装饰上，拉斯特列里的影响亦很明显。在接下来的几十年里，小埃尔米塔日和这座宫殿建筑群的其他部分一样，室内几乎全被更新改造；1840年，在瓦西里·斯塔索夫主持下，小埃尔米塔日这座南楼增建了顶层（fourth floor），最后和北楼一起，形成了现在的组群样式（平面及剖面设计：图6-49~6-51；外景：图6-52、6-53；屋顶花园：图

6-54、6-55；内景：图6-56~6-59）。

在宫殿建筑不断扩建和翻新的同时，将原来涅瓦河畔外观不雅的木构堤岸用砌筑工程加以替换的需求变得越来越突出。对彼得堡的建筑环境具有重大意义的这个项目的发起单位是领导18世纪俄国城市设计最主要的机构之一——圣彼得堡和莫斯科砖石结构建设委员会[Commission for the Stone（masonry）Construction of St.Petersburg and Moscow]，该委员会是参议院

（左上）图6-56圣彼得堡 小埃尔米塔日。东廊厅，内景（作者Edward Petrovich Hau，1861年）

（右上）图6-57圣彼得堡 小埃尔米塔日。圣彼得堡风景廊厅，内景（作者Edward Petrovich Hau，1864年）

（左下）图6-58圣彼得堡 小埃尔米塔日。北书房，内景（作者Edward Petrovich Hau，1865年）

（上两幅）图6-59圣彼得堡 小埃尔米塔日。皇太子尼古拉·亚历山德罗维奇卧室（左）及书房（右），内景（作者Edward Petrovich Hau，1865年）

（右中）图6-60圣彼得堡 上天鹅桥。现状

（左下）图6-61艾蒂安·莫里斯·法尔科内（1716~1791年）画像[作者让-巴蒂斯特·勒莫安（1704~1778年），1741年]

（右下）图6-62圣彼得堡 参议院广场。彼得大帝纪念雕像（"青铜骑士"，1766~1782年），运送雕像基座"雷石"的情景（原画作者费尔滕，版画制作I.F.Schley，1770年；画面左侧可见到场的叶卡捷琳娜二世）

（Senate）属下的代理机构，成立于叶卡捷琳娜统治初期（1762年12月），领导人为伊万·别茨科伊。到1796年叶卡捷琳娜去世，委员会停止活动时，它已设计了300多个新项目，范围遍及大多数俄罗斯城市（尽管并没有全部实施）。在彼得堡，委员会仍然沿

（上）图6-63圣彼得堡参议院广场。彼得大帝纪念雕像，19世纪景色（彩画，作者Карл Петрович Беггров，背景处可看到参议院和宗教圣会堂大楼以及涅瓦河对岸的艺术学院）

（下）图6-64圣彼得堡参议院广场。彼得大帝纪念雕像，冬夜景色（油画，作者Vasily Ivanovich Surikov，背景为圣伊萨克大教堂）

（中）图6-65圣彼得堡参议院广场。彼得大帝纪念雕像，西侧全景

用叶罗普金和泽姆佐夫修订的总平面，特别对新建筑群（如冬宫）周围的城市空间进行了全面的规划。

在沿涅瓦河南岸建造花岗石路堤时，费尔滕主要负责组织和协调工作，包括护墙、人行道、铸铁路灯，以及重新加固和铺砌沿堤岸的街道。主要材料是经粗加工的红色芬兰花岗石，这种材料不仅坚固耐久，同时具有丰富的质感。特别是位于冬宫和夏园之

1364·世界建筑史 俄罗斯古代卷

（上）图6-66 圣彼得堡 参议院广场。彼得大帝纪念雕像，西南侧景观

（下）图6-67 圣彼得堡 参议院广场。彼得大帝纪念雕像，南侧全景

间三条运河上的优雅拱桥,其深入水面的椭圆形曲线效果更是极其突出(如上天鹅桥;图6-60)。堤岸工程一直延续到18世纪80年代,此时城市其他的水道上也用了类似的设计。1770年设计的一道装饰性栏墙(位于夏园堤岸一侧)是宫殿码头扩建工程的一个重要组成部分。在彼得·叶戈托夫(1731年~?)等人协助下于1784年完成的这个项目,由36根上冠装饰性瓮罐的整体花岗石立柱、32块带图案的铸铁栏板及三个

本页:

(左上)图6-68圣彼得堡 参议院广场。彼得大帝纪念雕像,东南侧景色

(下)图6-69圣彼得堡 参议院广场。彼得大帝纪念雕像,东侧剪影

(右上)图6-70圣彼得堡 参议院广场。彼得大帝纪念雕像,东北侧全景

右页:

图6-71圣彼得堡 参议院广场。彼得大帝纪念雕像,西侧近景

大门组成。但只有两个较小的门留存下来。费尔滕还参与了整治宫殿广场及相邻建筑外观的工作,这项工程直到1820年代卡洛·罗西设计的总参谋部完成后才告终结(见第八章第一节)。

费尔滕还和法国雕刻师艾蒂安·莫里斯·法尔科内(1716~1791年;图6-61)合作,完成了彼得堡(实际上也是全俄罗斯)最伟大的一个纪念性雕刻作品——彼得大帝纪念雕像(历史图景:图6-62~6-64;现状外景及细部:图6-65~6-73)。这个通常被称为"青铜骑士"(Bronze Horseman,因普希金的同名叙事诗而名)的雕像位于今圣伊萨克大教堂与涅瓦河之间的参议院广场上[3],是圣彼得堡最著名地标之一,也是欧洲巴洛克雕刻中的极品。在俄罗斯本身,这座雕刻作为国家近代历史和文化的象征具有特别的意义。然而,在创作这座纪念雕像时,由狄德罗向叶卡捷琳娜推荐的雕刻师艾蒂安·法尔科内,和圣彼得堡和莫斯科砖石结构建设委员会领导人伊万·别茨科伊之间的关系却是非常紧张甚至可说是怀有敌意(也有人认为是他和女皇本人之间因误会产生了分歧)。结果是1766年到达彼得堡的法尔科内于1778年,即在雕像就位和1782年8月7日揭幕前4年就离开了俄罗斯。

费尔滕不仅设计了与海军部相邻并在其下游的这部分涅瓦河的堤道,同时还负责运送、安放及雕制雕像下部的整体花岗岩基座[1768年在离芬兰湾6公里处拉赫塔湖附近森林里发现的这块巨大的天然花岗石[所谓"雷石"(Thunder Stone,俄语Гром-Камень),其名来自当地的一则传说,谓该石系雷劈而成]由叶卡捷琳娜大帝亲自选定作为雕像的基座,并由一位曾在维也纳学过工程当时在俄国军队中任中校的希

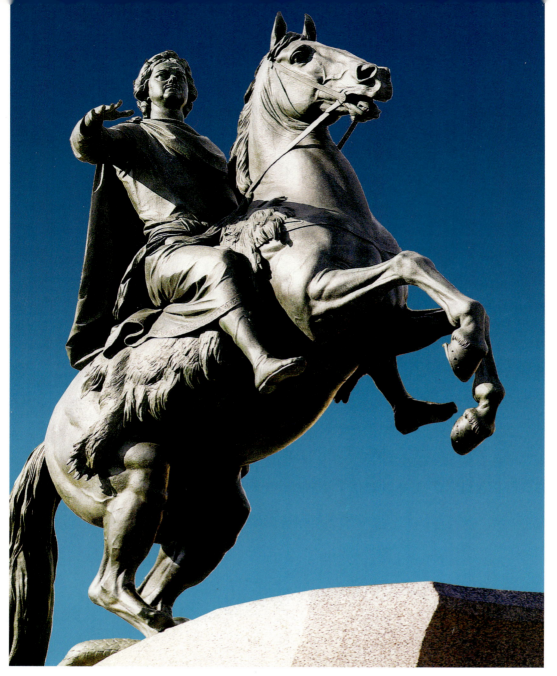

腊人马里诺斯·卡尔布里斯负责,于冬季地面冰冻时将巨石拖到海湾再用木排从水路运到现场(运送时滑轨下装了直径13.5厘米的铜球)。加工前巨石尺寸约为7×14×9米,重约1500吨。是当时人力运送的最大石块[用了400人,在几乎两年后的1770年才运到现场,见图6-62)]。整个纪念碑连基座在内用了12年完成(1770~1782年)。座上刻有"献给彼得一世,叶卡捷琳娜二世,1782年8月"(Петру перьвому Екатерина вторая, лѣта 1782)的字样。这既是对这位前任的赞赏,同时也是对通过政变登上皇位的叶卡捷琳娜二世本人地位合法性的肯定。

法尔科内制作的雕像本身高6米(连基座总高13米左右),重20吨(1775年在叶梅利扬·海洛夫的主持下开始浇铸)。整组构图具有很强的动态,头戴桂冠的彼得大帝骑在前蹄腾起的骏马上,马后蹄踩着一条象征敌对势力(也可能是代表阻止彼得大帝进行

本页及左页:

(左上)图6-72圣彼得堡 参议院广场。彼得大帝纪念雕像,东北侧近景

(左下)图6-73圣彼得堡 参议院广场。彼得大帝纪念雕像,雕像细部

(中上)图6-74玛丽-安妮·科洛(1748~1821年)画像(作者Pierre-Etienne Falconet,1773年)

(右上)图6-75彼得大帝头像(玛丽-安妮·科洛为浇筑青铜骑士雕像而制作的原型,1768~1770年)

改革的旧势力）的毒蛇。彼得的面部系法尔科内的助手、当时年仅18岁的玛丽-安妮·科洛（1748~1821年；图6-74、6-75）的作品，师从法尔科内和让-巴蒂斯特·勒莫安（1704~1778年）的科洛曾被狄德罗称为

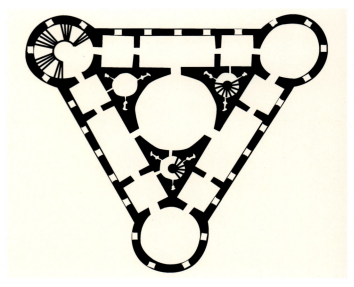

本页：
（左上）图6-76切斯马海战[彩画，作者Ivan Aivazovsky（1817~1900年）]
（右上）图6-77圣彼得堡 切斯马宫（1774~1777年）。平面
（下）图6-78圣彼得堡 切斯马宫。东南侧地段景色
（右中）图6-79圣彼得堡 切斯马宫。东南侧全景

右页：
（左上）图6-80圣彼得堡 切斯马宫。东侧现状
（右上）图6-81圣彼得堡 切斯马宫。东北侧近景
（下）图6-82圣彼得堡 切斯马宫。施洗者约翰教堂（1777~1780年），东侧远景

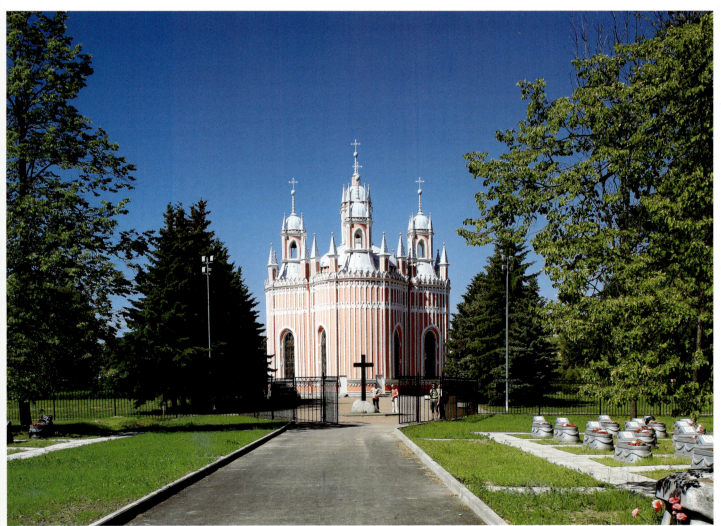

"胜利小姐"（Mademoiselle Victoire），为创作这个头像她复制了彼得大帝的遗容面模并考证了在彼得堡找到的许多相关画像。雕像的右手则是复制了1771年在荷兰福尔堡一个古罗马遗址上发现的青铜雕刻。

18世纪70年代期间，费尔滕还负责改造彼得霍夫主要宫殿内包括御座厅在内的一些重要房间和厅堂，并受命在城市南部建造一座宫殿，以纪念俄罗斯海军在爱琴海的切斯马海湾战胜土耳其人（1770年6月；图6-76）。1774年俄-土战争结束后，费尔滕即着手这项工作，宫殿平面三角形，外形类似一座中世纪城

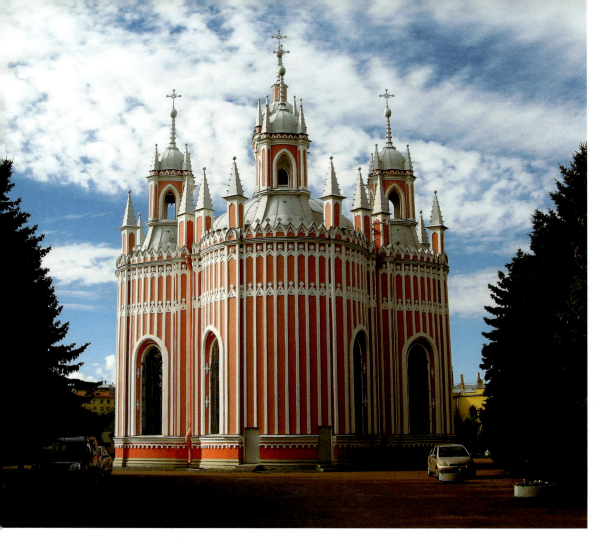

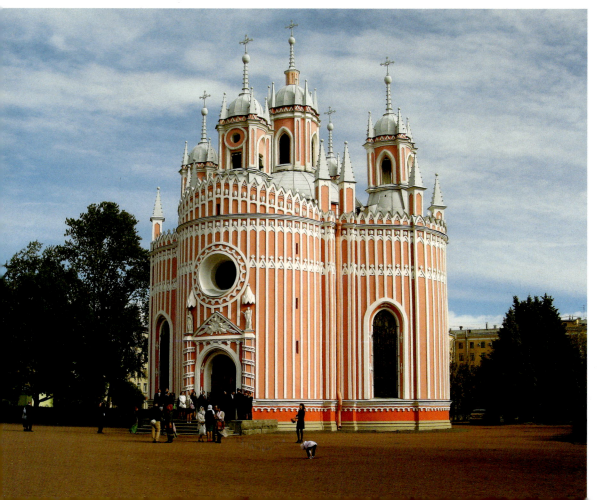

本页：

（上）图6-83圣彼得堡 切斯马宫。施洗者约翰教堂，东侧全景

（下）图6-84圣彼得堡 切斯马宫。施洗者约翰教堂，西南侧全景

右页：

图6-85圣彼得堡 切斯马宫。施洗者约翰教堂，西侧全景

堡，只是没有内院（该处设置了宫殿的主厅）。室外的仿哥特风格不仅使人想起土耳其建筑的异国情调，同时也反映了叶卡捷琳娜的亲英情结，这种倾向对她的宫殿及周围花园的设计都产生了重大的影响。完成于1777年的切斯马宫不仅是重要的帝国宫邸，同时也是宫廷每年自彼得堡迁往郊区皇村宫邸时用作途中休憩的中转站（平面：图6-77；外景：图6-78~6-81）。在这方面，它颇类似马特维·卡扎科夫（1738~1812年）设计的莫斯科北郊仿火焰哥特式风格的中转宫（见第七章）。

（上）图6-86 圣彼得堡 切斯马宫。施洗者约翰教堂，西南侧近景

（下）图6-87 圣彼得堡 切斯马宫。施洗者约翰教堂，东侧近景

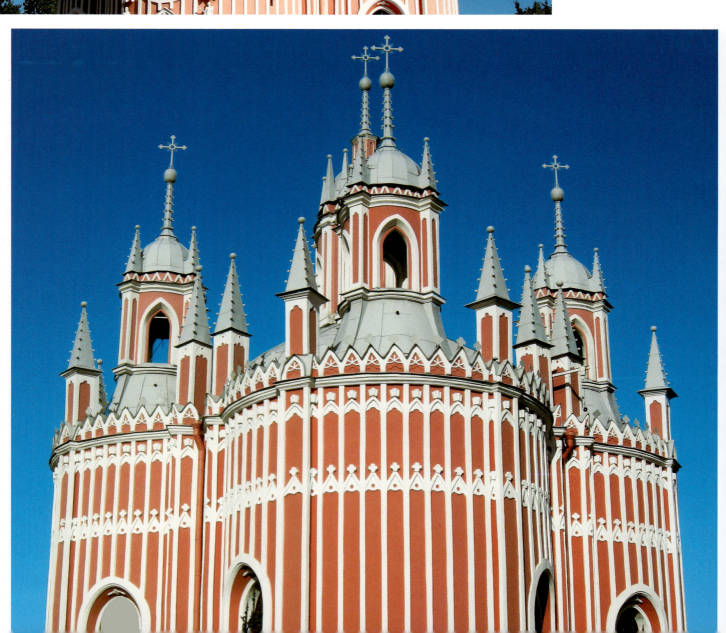

（上两幅）图6-88圣彼得堡 切斯马宫。施洗者约翰教堂，入口处柱墩雕像，细部

（下）图6-89皇村"残迹"楼（1771~1773年）。东北侧景观

（上）图6-90皇村"残迹"楼。西侧景色（南头为人工堆起的小丘）

（下两幅）图6-91皇村"残迹"楼。入口门，外侧及内景

19世纪30年代切斯马宫被改造成一座荣军院,最初城堡状的外貌亦有所变动,只有侧面的主要塔楼和大的尖券窗仍保留原样。而对过的施洗者约翰教堂则更接近其最初的形式,建于1777~1780年的这座教堂风格上类似草莓山哥特式样(Strawberry Hill Gothic;外景:图6-82~6-85;近景及细部:图6-86~6-88)。配置了尖顶饰、小尖塔和尖券窗的四叶形结构类似17世纪后期采用"莫斯科巴洛克"风格的某些地方教堂(如乌博雷的主显圣容教堂)。实际上,叶卡捷琳娜统治时期人们在采用这些不同寻常的教堂形式上的试验可说是反映了社会、特别是上层贵族阶层在18世纪初越来越强化的凡俗化进程。尺度不大的切斯马教堂的全套装饰颇似叶卡捷琳娜时期及以后地方公园里大量出现的那种仿哥特式的楼阁。

事实上,费尔滕也参与了皇村这类阁楼的修建,包括著名的所谓"残迹"楼,其外形为一个破损的巨大多利克柱,上承一个仿哥特式亭阁的残墟(图6-89~6-92)。设计于1771年并于2年后完成的这个"残迹"楼是追念往昔文化的荣光和衰退的所谓寓意建筑的例证,类似同年在法国建造但规模更大的槽柱堂

(左上)图6-92皇村"残迹"楼。顶部(自东南方向望去的景色)

(右上)图6-93雷斯沙地 槽柱堂。剖面

(左下)图6-94雷斯沙地 槽柱堂。现状

本页及左页：

（左上）图6-95皇村 叶卡捷琳娜公园。总平面，图中：1、叶卡捷琳娜宫，2、冷水浴室（玛瑙阁），3、卡梅伦廊道，4、上浴室，5、下浴室，6、埃尔米塔日，7、埃尔米塔日厨房，8、小船首柱，9、战友门，10、洞室，11、海军上将宫邸，12、岛厅，13、切斯马纪念柱，14、大理石桥（帕拉第奥桥），15、土耳其浴室，16、金字塔，17、红瀑布（土耳其瀑布），18、哥特门，19、"残迹"楼，20、奥尔洛夫门，21、花岗石平台，22、持罐少女泉，23、音乐堂，24、残墟厨房

（左下）图6-96皇村 叶卡捷琳娜公园。大池，俯视景色（向东北方向望去的景色，左下为土耳其浴室，池中可见切斯马纪念柱，远处岸边为洞室）

（右中）图6-97皇村 叶卡捷琳娜公园。海军上将宫邸（1773~1777年，建筑师V.I.Neelov），平面及立面

（右下）图6-98皇村 叶卡捷琳娜公园。海军上将宫邸，俯视景色

（中上）图6-99皇村 叶卡捷琳娜公园。土耳其浴室（1850~1852年，建筑师I.A.Monigetti），地段形势（远景处可看到大池对面的洞室）

（右上）图6-100皇村 叶卡捷琳娜公园。土耳其浴室，现状全景

（左上）图6-101皇村叶卡捷琳娜公园。土耳其浴室，内景

（中两幅）图6-102皇村叶卡捷琳娜公园。花岗石平台（1809~1810年，建筑师L.Rusca），现状

（左下）图6-103皇村叶卡捷琳娜公园。大理石桥（帕拉第奥桥，1772~1774年，建筑师V.I.Neelov），西北侧全景

（右上）图6-104皇村叶卡捷琳娜公园。大理石桥，北侧景观

（右下）图6-105皇村叶卡捷琳娜公园。大理石桥，东侧现状

（位于雷斯沙地，设计人为性格古怪的贵族弗朗索瓦·拉辛·德蒙维尔；图6-93、6-94）。

叶卡捷琳娜自诩为文明国家中一个新政权的统治者，再现古代建筑（及其残墟）的魅力不仅在于引导

（左上）图6-106 皇村 叶卡捷琳娜公园。切斯马纪念柱（1774~1776年，建筑师A.Rinaldi），北侧，俯视全景

（左下及右）图6-107 皇村 叶卡捷琳娜公园。切斯马纪念柱，现状全景及柱顶鹰雕

（左上）图6-108皇村 叶卡捷琳娜公园。喷泉雕刻《持水罐的女孩》（1816年，雕刻师P.P.Sokolov）

（左下）图6-109皇村 叶卡捷琳娜公园。中国楼（"吱吱楼"，1778~1786年，建筑师费尔滕），南侧远景

（右上）图6-110皇村 叶卡捷琳娜公园。中国楼，西侧景观

（右下）图6-113皇村 叶卡捷琳娜公园。中国楼，檐头细部

（上）图6-111皇村 叶卡捷琳娜公园。中国楼，西北侧景色

（下）图6-112皇村 叶卡捷琳娜公园。中国楼，东北侧现状

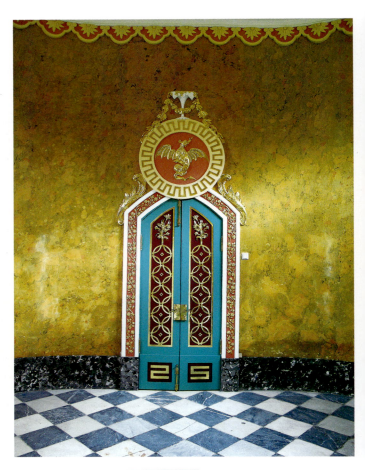

（上两幅）图6-114皇村 叶卡捷琳娜公园。中国楼，内景及门饰细部

（下）图6-115皇村 叶卡捷琳娜公园。上浴室（1777~1779年），西南侧远景

（上下两幅）图6-116皇村叶卡捷琳娜公园。上浴室，临池立面远景

人们缅怀历史，同时也象征俄罗斯承继古代的伟大文明。就"残迹"楼这个特例而言，在柱状塔楼附近一个部分毁坏的墙体上，位于大拱上方的铭文表明，这是纪念在1768~1774年的俄-土战争中大败土耳其帝国的战绩（和切斯马组群一样，具有异域情调的仿哥特风格暗指"艳丽"和"粗俗"的奥斯曼帝国文化）。人们就这样创造了一个精心设计的建筑信息体系，费尔滕这个位于皇村公园内的"残迹"楼，则成为其初始阶段的

例证。除这个象征土耳其人的残墙外,在叶卡捷琳娜公园内,还有采用西方古典时期、中世纪,乃至古埃及风格的各类建筑、桥梁及纪念柱(总平面:图6-95;大池:图6-96;海军上将宫邸:图6-97、6-98;土耳其浴室:图6-99~6-101;花岗石平台:图6-102;大理石桥:图6-103~6-105;切斯马纪念柱:图6-106、6-107;喷泉雕刻:图6-108),这种多元化的情趣,同样是这时期整个欧洲的典型表现。18世纪70年代,又兴起了一股中国热,如费尔滕主持建于

(上及中)图6-117皇村 叶卡捷琳娜公园。上浴室,南侧景色

(下)图6-118皇村 叶卡捷琳娜公园。上浴室,正立面(西南侧)全景

（上）图6-119 皇村 叶卡捷琳娜公园。上浴室，西侧全景

（右下）图6-120 皇村 叶卡捷琳娜公园。上浴室，内景（模仿古罗马时期尼禄金邸的装饰题材和色彩效果）

（左中及左下）图6-121 皇村 大畅想阁（1772~1774年，建筑师V.I.Neelov）。东西两侧立面景色

1778~1786年的中国楼[又称"吱吱楼"（'Squeaky' Pavilion），因其风标的响声而得名]，它位于叶卡捷琳娜公园风景优美的两个水池边（外景：图6-109~6-113；内景：图6-114）。18世纪后半叶监管叶卡捷琳

第六章 彼得堡的新古典主义建筑：叶卡捷琳娜大帝时期·1387

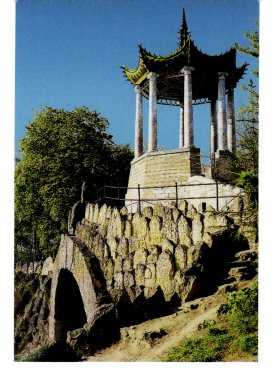

（左上）图6-122皇村大畅想阁。近景

（中）图6-123皇村 亚历山大公园。"中国村"（1782~1798年，建筑师瓦西里·涅洛夫、安东尼奥·里纳尔迪及查理·卡梅伦；1817~1822年，建筑师瓦西里·斯塔索夫），院落组群，西北侧俯视景色

（右上）图6-124皇村 亚历山大公园。"中国村"，西南组群，俯视近景

（下）图6-125皇村 亚历山大公园。"中国村"，院落组群，东南侧外景

（左上）图6-126 皇村 亚历山大公园。"中国村"，院落组群，主楼景观

（右上）图6-127 皇村 亚历山大公园。"中国村"，院落组群，建筑近景

（下）图6-128 皇村 叶卡捷琳娜宫。祖博夫翼（南翼，18世纪70年代后期），外侧（西南立面）景色

（左中）图6-129 皇村 皇村中学（1788~1792年）。东南侧远景（左侧为宫殿教堂翼，两座建筑之间以位于三券上的廊道相连）

（上）图6-130皇村 皇村中学。北面全景（左为圣母圣像教堂，右为和宫殿相连的拱券上的廊道）

（下）图6-131皇村 皇村中学。南侧景观（左为和宫殿相连的拱券上的廊道）

娜公园大部分扩建工程的瓦西里·涅洛夫（1722~1782年）和伊利亚·涅洛夫（1745~1793年）父子也设计了一些采用中国风格和仿哥特样式的类似作品（如皇村的上浴室；外景：图6-115~6-119；内景：图6-120）。1772~1774年，瓦西里·涅洛夫建造的大畅想阁为一人工堆砌的石山，顶上设一中国式楼阁，

（左上）图6-132皇村 皇村中学。大厅内景

（右上）图6-133年方15岁的普希金于1815年1月8日皇村中学考试期间，在年迈的著名诗人加甫里尔·杰尔查文面前吟诵自己创作的诗篇（油画，列宾绘，1911年）

（下）图6-134皇村 皇村中学。普希金铜像（1900年，雕刻师P.P.Bach）

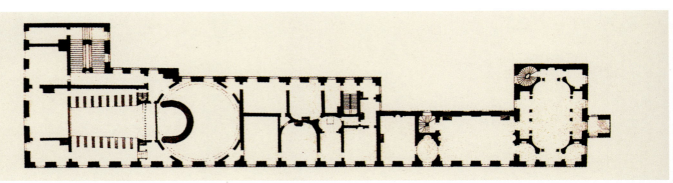

（上）图6-135圣彼得堡 大（老）埃尔米塔日。平面设计（二层，作者乔治·弗里德里希·费尔滕，1777年）

（下）图6-136圣彼得堡 大（老）埃尔米塔日。19世纪上半叶景色[彩画，1826年，作者Карл Петрович Беггров（1799~1875年）]

（中）图6-137圣彼得堡 大（老）埃尔米塔日。朝涅瓦河的立面，全景

并有通道通向宫殿的主要道路（图6-121、6-122）。与此同时，瓦西里·涅洛夫还在相邻的亚历山大公园里，兴建了一个"中国村"（先后参与工作的尚有安东尼奥·里纳尔迪及查理·卡梅伦；图6-123~6-127）。很可能，对中国事物的迷恋反映了再次兴起的向中国进行商业和政治扩张的兴趣，然而，这种人工环境的创造同样意味着一种改造现实和自然的愿望，这也是自彼得一世时代以来帝国体制特有的一种表现。

18世纪70年代后期，费尔滕和伊利亚·涅洛夫共同主持了皇村主要宫殿的扩建工程，在建筑两端加了向院落延伸的平行翼。南翼（随后被称为祖博夫翼）设计人为费尔滕，原先拉斯特列里建造的大楼梯被拆除，代之以卡梅伦设计的一个位于宫殿中部的新楼梯。北翼为涅洛夫的作品，从宫廷教堂处向外伸展。涅洛夫的设计沿用了最初结构的一些巴洛克部件，而费尔滕的祖博夫翼则采用了新古典主义风格（图

6-128）。1788~1792年，即在10年后，伊利亚·涅洛夫又建了一个和他的教堂翼平行的大翼，两者之间用一个位于三个拱券上的高架通道相连。尽管风格不尽相同，但下面两层仿粗面石结构的墙体及水平线条的明确划分使整个宫殿建筑群仍然保持了和谐的外貌。建筑本打算作为大公们的生活区，1811年改造后供新成立的皇村中学使用（外景：图6-129~6-131；内

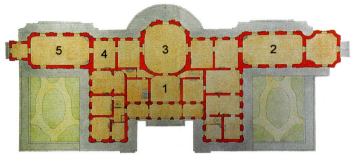

（左上）图6-138路易吉·万维泰利雕像（位于意大利卡塞塔）

（右上）图6-139奥拉宁鲍姆"中国宫"（1762~1768年，19世纪40年代扩建）。平面，图中：1、前厅，2、音乐厅，3、大厅，4、小中国厅，5、大中国厅

（右中）图6-140奥拉宁鲍姆"中国宫"。俯视复原图（作者А.Сент-Илера，1760~1770年代）

（下）图6-141奥拉宁鲍姆"中国宫"。自南侧池面望去的远景

（上）图6-142奥拉宁鲍姆"中国宫"。南立面全景

（下）图6-143奥拉宁鲍姆"中国宫"。南立面山墙近景

景：图6-132）。该校第一批学生中就有俄罗斯最著名的诗人亚历山大·普希金（图6-133、6-134）。他在那里度过了6年的快乐时光（1811~1817年），对这里深有感情。作为其文学生涯的摇篮，这片充满灵性的土地沐浴着诗人，赋予他源源不绝的创作灵感，被他称为令人心驰神往的迷人地方：

在那里的树林里，我情窦初开，坠入爱河，
在那里，我从少年成长为初谙世事的青年，
在那里，我得到大自然和幻象的抚养，

（左上）图6-144奥拉宁鲍姆"中国宫"。南立面东翼（前景为上花园雕刻：《持弓的丘比特》）

（下）图6-145奥拉宁鲍姆"中国宫"。花园面全景

（中两幅）图6-146奥拉宁鲍姆"中国宫"。室内装修设计（水彩，1900年左右）

第六章 彼得堡的新古典主义建筑：叶卡捷琳娜大帝时期 · 1395

（上）图6-147奥拉宁鲍姆 "中国宫"。室内装饰细部

（左下）图6-148奥拉宁鲍姆 "中国宫"。音乐厅北墙壁画：《埃拉托》（希腊神话中九缪斯之一，司抒情诗的女神），作者斯特凡诺·托雷利（1712~1784年）

（右下）图6-149奥拉宁鲍姆 滑雪山阁（1762~1774年）。平面及立面（取自William Craft Brumfield：《A History of Russian Architecture》，Cambridge University Press，1997年）

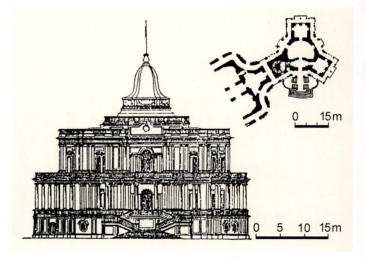

懂得了诗歌、欢乐和安详。

——普希金《皇村》

1937年诗人逝世100周年之际，皇村改称为普希金城。

1764年，费尔滕受命建造与斯莫尔尼修道院相邻的一所学院，其培训对象是非贵族出身的女孩（后被称为亚历山德罗夫学院，学生大部来自富裕的商人家庭。建筑在某些方面使人想起彼得时期的巴洛克风格，带有仿粗面石的底层及窗户下的凹进嵌板。但由于立面没有采用双色分划，柱式体系的应用更为准确

(上）图6-150奥拉宁鲍姆 滑雪山阁。景观图

(下）图6-151奥拉宁鲍姆 滑雪山阁。西南侧远景

精细，在新古典主义的诠释和表现上更接近艺术学院。尽管室外细部比较节制，但三层高的学院平面比较复杂：主要部分为矩形，内含三个院落，与之相连的一个半圆形结构护卫着中央入口。具有讽刺意味的是，这座虽简朴但蔚为壮观的结构实际上花销不菲（其施工时间要比预期长得多，自1765年开始直到1775年才结束），乃至推迟了斯莫尔尼修道院耶稣复活大教堂室内洛可可风格装修的完成（在拉斯特列里离开后，该项目由费尔滕接手）。

费尔滕为冬宫叶卡捷琳娜时期埃尔米塔日的扩建所做的设计要更为节制。这部分随后被称为大（或老）埃尔米塔日宫（平面设计：图6-135；历史图景：图6-136；外景：图6-137），工程分两个阶段：第一阶段朝涅瓦河（1771~1776年），接下来朝冬运河方向扩展；整个项目直到1787年才完成。其简朴的立面刚好反衬出涅瓦河堤道边宫殿的丰富细部，这也

（上）图6-152奥拉宁鲍姆 滑雪山阁。东南侧（正面），地段形势

（下）图6-153奥拉宁鲍姆 滑雪山阁。东南侧全景

（左上）图6-154 奥拉宁鲍姆 滑雪山阁。西侧全景

（右上）图6-155 奥拉宁鲍姆 滑雪山阁。东侧景观

（下）图6-156 奥拉宁鲍姆 滑雪山阁。东南侧，入口近景

本页：

（上）图6-157奥拉宁鲍姆 滑雪山阁。东南侧，窗饰及栏杆

（左下）图6-158奥拉宁鲍姆 滑雪山阁。柱廊细部

（右下）图6-159奥拉宁鲍姆 滑雪山阁。圆堂，内景

右页：

（上）图6-160格里戈里·格里戈里耶维奇·奥尔洛夫（1734~1783年）画像（作者Fyodor Rokotov）

（下）图6-161加特契纳 宫殿（1766~1781年，侧翼1780年代拓展）。立面图（1947年复制品，原图作者Яков Васильев，1781年）

是费尔滕大多数作品的特点：注重功能、坚实、质朴，正是这些品性构成了彼得堡城市扩展的基调。

二、安东尼奥·里纳尔迪

拉斯特列里离开帝国宫廷后，下一阶段主持彼得堡及其郊区宏伟宫殿建设的是一位来自意大利的建筑师安东尼奥·里纳尔迪（1710？~1794年）。里纳尔迪1754年来到彼得堡，对此前他的经历人们所知甚少，只知他是路易吉·万维泰利（图6-138）的学生，可能曾协助其导师建造卡塞塔王宫（始建于1751年，为意大利最后一个大型巴洛克宫殿）。里纳尔迪在俄罗斯的作品显然受到这个杰作的影响。尽管他在俄罗斯建筑中发展了新古典主义的语言，但这种风格的根源仍可追溯到以万维泰利和萨沃伊（Savoy）宫廷建筑师菲利波·尤瓦拉为代表的意大利后期巴洛克作品，后

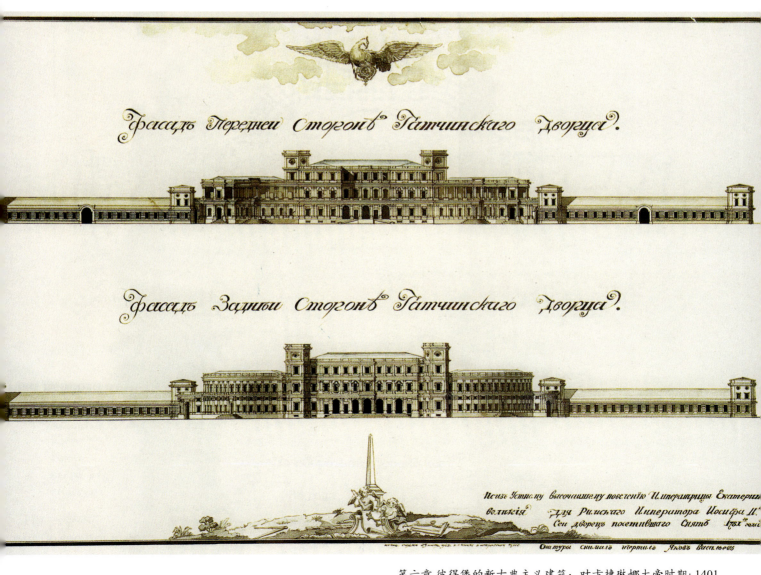

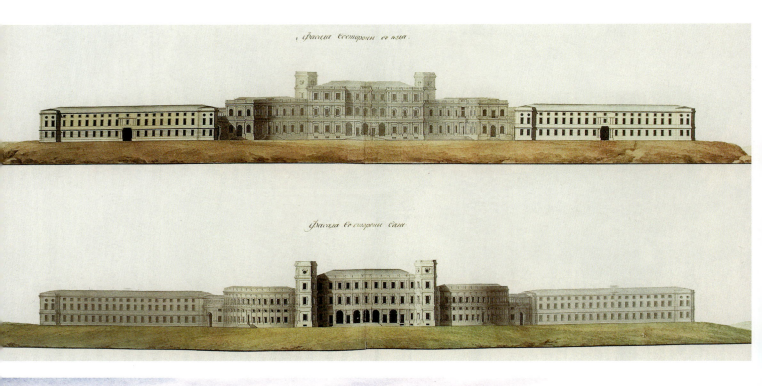

（上）图6-162加特契纳 宫殿。立面图（1790年代，作者不明）

（中）图6-163加特契纳 宫殿。19世纪后半叶景观（彩陶画，作者不明）

（下）图6-164加特契纳 宫殿。地段卫星图

者设计的都灵宫邸（18世纪早期）在综合华美的装饰和质朴的纪念品性上已成为里纳尔迪宫殿作品的先声。

里纳尔迪第一个重要的作品位于奥拉宁鲍姆，在那里，他于1756~1761年为当时的王位继承人、随后很快当上皇帝并死掉的彼得三世建造了一个规模不大的宫邸组群。在奥拉宁鲍姆，规模更大的建筑活动始于叶卡捷琳娜统治时期，1762年，她下令在那里建造一座"私人别墅"，组群内包括一座宫殿和滑雪山阁。尽管以皇家的标准来看规模不大，但两者均属洛可可和新古典主义的杰作。单层的宫殿[1762~1768年，19世纪40年代在安德烈·施塔肯施奈德（1802~1865年）主持下进行了扩建]因其内部丰富的中国式装修被称

（上）图6-165加特契纳 宫殿。西南立面，修复前状态（老照片，摄于1972年）

（中）图6-166加特契纳 宫殿。西南侧（主立面），全景展开图

（下）图6-167加特契纳 宫殿。西南侧，中央主楼全景

为"中国宫"，但其洛可可装饰亦毫不逊色（平面及俯视复原图：图6-139、6-140；外景：图6-141~6-145；内景及设计：图6-146、6-147）。参与室内设计的人中囊括了18世纪中叶彼得堡装饰艺术的主要大师：天顶画作者为乔瓦尼·巴蒂斯塔·提埃坡罗（最杰出的威尼斯装饰画派代表人物）及其他威尼斯艺术家；蛋彩壁画出自波伦亚来的斯特凡诺·托雷利之手（图6-148）；大理石浮雕为玛丽-安妮·科洛（即法尔科内

（上）图6-168 加特契纳宫殿。中央主楼，现状

（中）图6-169 加特契纳宫殿。西翼，东北侧俯视景色

（下）图6-170 加特契纳宫殿。西翼，南侧景观

（上）图6-171加特契纳 宫殿。主楼，西北侧景色（朝花园的立面）

（下）图6-172加特契纳 宫殿。主楼及东翼，东北侧（花园面）景色

制作"青铜骑士"雕刻时的那位女助手）的作品；精美的镶木地板由里纳尔迪本人设计。当然，这里列出的仅是除俄罗斯匠师外参与室内工程的少数外国艺术家和装饰师（主要来自意大利和法国）。

同样充满洛可可情调的是为冬季滑雪和其他季节玩过山车（轨道长逾半公里）而建的滑雪山阁（建

左页：

（上）图6-173加特契纳 宫殿。东翼，东侧景观

（下）图6-174加特契纳 宫殿。主楼，西南侧近景

本页：

图6-175加特契纳 宫殿。主楼，入口及露台近景

于1762~1774年；平面及立面：图6-149；景观图：图6-150；外景：图6-151~6-158；内景：图6-159）。这是个采用集中式平面的结构，自上置钟形穹顶的中央圆堂处伸出三个臂翼，使人想起拉斯特列里和切瓦金斯基设计的皇村楼阁；室外布置了一个精心设计的台地式楼梯，于浅蓝色的底面上起白色的结构及装饰部件。尽管采用了巴洛克的要素，但在台地上的柱廊和立面柱式体系的理解上，新古典主义的印记仍很明

第六章 彼得堡的新古典主义建筑：叶卡捷琳娜大帝时期·1407

本页：

（上）图6-176加特契纳 宫殿。主楼，入口坡道上的智慧女神雕像

（下）图6-177加特契纳 宫殿。东翼，西北角穹顶，东侧景色

右页：
（左两幅）图6-178加特契纳 宫殿。宫前广场上的保罗一世纪念碑

（右上）图6-179加特契纳 宫殿。保罗一世雕像，细部

显。山阁结构部分到1769年已完成，但内部装修又用了5年多，并和中国宫一样，采用了中国和洛可可风格的要素。和宫殿一样，这座楼阁也见证了里纳尔迪在这个过渡时期为协调巴洛克和新古典主义风格而作的努力。

在彼得堡附近最南端的国家领地加特契纳，里纳尔迪为叶卡捷琳娜建造了一个更简朴和更宏伟的建筑组群。在彼得大帝统治时期，这个村落属这位沙皇的妹妹纳塔莉亚·阿列克谢耶芙娜所有，在她1716年去世后，领地几易其手。1765年，叶卡捷琳娜大帝将它赠予她的宠臣和情夫格里戈里·格里戈里耶维奇·奥尔洛夫（1734~1783年；图6-160），后者随即委托里纳尔迪在那里建造宫殿和花园。这座宏伟的宫殿始建于1766年，但直到1781年才完成。主体部分高三层，两侧单层的方形附属翼房内安置厨房和畜舍，通过曲线柱廊和主体结构相连。和通常的做法不同，里纳尔迪以附近普多斯特河边的一种石灰石作为建筑的面层（这也是形成其简朴宏伟外观的因素之一）。主要宫殿侧面的塔楼及有节制的建筑细部（主要由

第六章 彼得堡的新古典主义建筑：叶卡捷琳娜大帝时期·1409

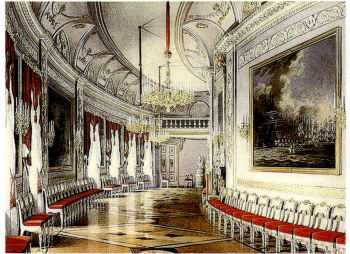

（全七幅）图6-180加特契纳 宫殿。内景（彩图，作者Edward Petrovich Hau，绘于1862~1877年间）；左排（自上至下）：1、皇后玛丽亚·亚历山德罗芙娜客厅，2、保罗一世下御座厅，3、保罗一世椭圆厅；右排（自上至下）：4、尼古拉一世战事堂（大堂），5、切斯马廊厅，6、教堂，7、奥尔洛夫伯爵更衣室（室内大部分装修均毁于纳粹占领期间）

1410·世界建筑史 俄罗斯古代卷

窗间壁柱组成）使这座建筑看上去好似城堡（立面图：图6-161、6-162；历史图景：图6-163；卫星图：图6-164；外景：图6-165~6-173；近景及细部：图6-174~6-177；保罗一世纪念碑：图6-178、6-179；内景：图6-180~6-182）。

在奥尔洛夫于1783年去世后，叶卡捷琳娜将这块地产赠予她的儿子和皇位继承人保罗，后者委托温琴佐·布伦纳大大扩展了侧翼部分（参与工作的还有安德烈扬·扎哈罗夫）。但宫殿的主要风格已由里纳尔迪确定。尽管室内的灰泥装饰尚存洛可可的痕迹，里纳尔迪还为一些房间设计了华丽的镶花地板，但整个建筑已明确转向新古典主义风格。里纳尔迪还扩展了加特契纳公园，树立了纪念俄罗斯舰队在切斯马取胜的方尖碑（图6-183、6-184）。立碑的准确日期已不可考，但作为表彰其兄弟、在切斯马战役中任俄军总司令的阿列克谢·奥尔洛夫的纪念碑，奥尔洛夫的项目委托想必不会晚于18世纪70年代早期。

在宫殿设计方面，里纳尔迪最后也是最重要的作品是在彼得堡为格里戈里·奥尔洛夫建造的另一座宫殿。这位建筑师发掘和利用天然石材造型效果的才干，在皇村的奥尔洛夫门上已有所表现，在这座被名副其实地称为大理石宫的建筑里进一步达到了巨大的规模。宫殿室内装修始于1768年，但直到1785年才完成，此时叶卡捷琳娜大帝已从尚在世的奥尔洛夫兄弟那里将这座建筑连同加特契纳领地一并赎回。施工期限如此之长不仅是因为室内装饰做工精细，同时也因

（左上）图6-181加特契纳宫殿。白厅，内景

（右上）图6-182加特契纳宫殿。礼拜堂，内景

（下）图6-183加特契纳宫殿。公园，切斯马方尖碑，地段全景

本页:
图6-184加特契纳 宫殿。公园,切斯马方尖碑,近景

右页:
(上)图6-185圣彼得堡 大理石宫(奥尔洛夫宫,1768~1785年)。平面(取自William Craft Brumfield:《A History of Russian Architecture》,Cambridge University Press,1997年)

(中)图6-186圣彼得堡 大理石宫(奥尔洛夫宫)。19世纪景色[版画,1860年,作者Joseph-Maria Charlemagne-Baudet(1824~1870年)]

(下)图6-187圣彼得堡 大理石宫(奥尔洛夫宫)。北立面远景(朝宫殿滨河路一侧,自彼得-保罗城堡处望去的景色)

为外墙材料来之不易。在俄罗斯,只是到18世纪下半叶,才在乌拉尔山和卡累利阿发现了可用于建筑的大理石,但由于距离遥远、运输手段落后,只有极少数财大气粗又有耐心的业主才敢使用。

具有意大利背景的里纳尔迪在使用天然石材上自然是驾轻就熟,在奥尔洛夫宫(大理石宫),他充分利用了这种材料的构图可能,和冬宫一样,建筑外观上分为两层,顶上以檐口和女儿墙作为结束(平面:图6-185;历史景图:图6-186;外景:图6-187~6-192;凹院及骑像:图6-193~6-197;内景:图6-198~6-203)。底层立面采用质地粗糙的红色芬兰花岗石,和上两层的灰色花岗石墙面及各种大理石

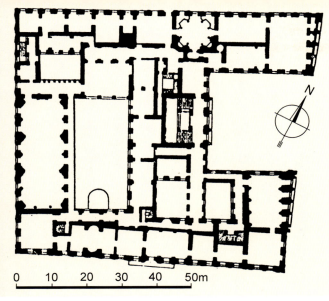

制作的建筑细部形成鲜明的对比。分划立面上部的科林斯壁柱高两层，由磨光的粉红色卡累利阿大理石制作；柱头及第二和第三层之间的垂花饰采用白色的乌拉尔大理石；垂花饰底面的嵌板用了乌拉尔带纹理的蓝灰色大理石；女儿墙檐壁以卡累利阿大理石制作，其上为雷瓦尔白云石的装饰性瓶罐（雷瓦尔现称塔林，石料来自城市附近的采石场）。

大理石宫的立面采用严格的对称形制，但由于结构平面为梯形（见图6-185），因此每面用了不同的组合方式。三个立面均为矩形体量，仅第四面为一凹进院落，内置由白色大理石附墙柱标示的主要入口。

（上）图6-188圣彼得堡 大理石宫（奥尔洛夫宫）。北立面全景

（下）图6-189圣彼得堡 大理石宫（奥尔洛夫宫）。西北侧景色

虽说奥尔洛夫无法支配足够的资源令室内装修和皇宫媲美，但采用自然石材制作的主要楼梯（用了意大利文艺复兴风格）和精心塑造的灰泥装饰均表明他具有皇室的背景和后台。宫殿大部分于1844~1851年在亚历山大·布留洛夫（1798~1877年）主持下再次进行了装修，但部分主要空间仍保留了里纳尔迪的设计。

里纳尔迪为彼得堡留下了这样一个采用意大利新风格的建筑杰作后，于18世纪90年代早期默默离开了

（上）图6-190圣彼得堡 大理石宫（奥尔洛夫宫）。东北侧现状

（下）图6-191圣彼得堡 大理石宫（奥尔洛夫宫）。东南侧景观

俄国（其去世日期和他的大部分生平一样，都不太清楚）。大理石宫作为18世纪后期彼得堡建造的最宏伟宫邸，当属这座城市自巴洛克风格向新古典主义过渡的最后阶段，并集中体现了这一时期的特征。

三、伊万·斯塔罗夫

在这个过渡时期，最有影响力的建筑师是1762年以优异成绩自艺术学院毕业的伊万·斯塔罗夫

本页：

（上）图6-192圣彼得堡 大理石宫（奥尔洛夫宫）。南立面（朝百万大街立面）

（下）图6-193圣彼得堡 大理石宫（奥尔洛夫宫）。东部凹院，北翼东南侧景色，前景为亚历山大三世骑像（作者Paolo Troubetzkoy）

右页：

（左上）图6-194圣彼得堡 大理石宫（奥尔洛夫宫）。凹院，东侧全景

（左中）图6-195圣彼得堡 大理石宫（奥尔洛夫宫）。凹院，东北侧景色

（左下）图6-196圣彼得堡 大理石宫（奥尔洛夫宫）。凹院，东立面近景（钟楼两边的雕像分别寓意"忠诚"和"慷慨"）

（右）图6-197圣彼得堡 大理石宫（奥尔洛夫宫）。亚历山大三世骑像，近景

（1745~1808年）。在艺术学院，他师从科科里诺夫和瓦兰·德拉莫特，随后在巴黎夏尔·德瓦伊的工作室里干了4年；1766~1768年再去意大利漫游。回到彼得堡后，受聘在艺术学院任教，并于18世纪70年代早期，设计了一些位于彼得堡和莫斯科郊区的乡村宅邸，其中最著名的是叶卡捷琳娜委托建造的博布里基和图拉附近博戈罗季茨克的新古典主义宫殿（平面及立面：图6-204；历史图景：图6-205；外景：图6-206~6-209），以及稍后建造的莫斯科附近的尼科尔斯克-加加林诺庄园（图6-210~6-212）。1772年，斯塔罗夫成为权力甚大的圣彼得堡和莫斯科砖石结构建设委员会的成员，在这个机构的支持下，他制定了包括沃罗涅日和普斯科夫在内的一些俄罗斯城市的新平面。

在彼得堡本身，斯塔罗夫设计的第一个重要工程是亚历山大·涅夫斯基修道院的三一大教堂。这是个颇为棘手的项目，在施韦特费格未完成的结构被拆除后（见第五章第一节），许多重建的方案均被否决。1776年，叶卡捷琳娜审查和批准了斯塔罗夫的方案，这个采用罗马会堂形制并具有宏伟古典外貌的设计给她留下了深刻的印象（平面、立面及模型：图6-213~6-216；外景：图6-217~6-219；近景及细部：图6-220~6-222；内景：图6-223、6-224）。巨大的肋

券拱顶坐落在主要十字交叉处带科林斯附墙柱的圆堂上,和拉斯特列里设计的斯莫尔尼大教堂那种耸立在内接十字形结构中央造型复杂的巴洛克穹顶(见图5-548)形成了鲜明的对比。三一大教堂的穹顶矢高较低但更为丰满,使人想起苏夫洛的作品,特别是他的圣热纳维耶芙教堂(先贤祠,1755~1792年,斯塔罗夫在逗留巴黎期间想必见过这一设计)。和巴洛克盛期的许多建筑师(包括拉斯特列里在内)一样,苏夫洛用的也是集中式的十字形平面。

斯塔罗夫就这样,在保留会堂式设计的同时,继续沿用了经特雷齐尼扩展和施韦特费格进一步细化的修道院初始平面,只是按前任那个被拆除的建筑廓线,建造了一个新的更坚固的基础。但在特雷齐尼及

(左上)图6-198圣彼得堡 大理石宫(奥尔洛夫宫)。大楼梯,近景

(右)图6-199圣彼得堡 大理石宫(奥尔洛夫宫)。楼梯间雕刻(作者Fedot Shubin)

(左中)图6-200圣彼得堡 大理石宫(奥尔洛夫宫)。楼梯间仰视,天顶画《帕里斯的裁决》(Judgement of Paris)

(左下)图6-201圣彼得堡 大理石宫(奥尔洛夫宫)。大理石厅,东墙

（上）图6-202圣彼得堡 大理石宫（奥尔洛夫宫）。大理石厅，北墙

（下）图6-203圣彼得堡 大理石宫（奥尔洛夫宫）。大理石厅，天顶画《丘比特和普绪喀之婚》（Marriage of Cupid & Psyche，作者Stefano Torelli）

施韦特费格的早期巴洛克设计和斯塔罗夫的新古典主义殿堂之间，风格上则是大相径庭；后者由于十字形交叉部分靠近东墙，基本没有打断矩形平面的格局（见图6-213）。在对着宽阔的修道院广场的西面，斯塔罗夫布置了一个塔司干-多利克式六柱门廊，将主要入口围括在内，门廊两边为两个以科林斯壁柱分

第六章 彼得堡的新古典主义建筑：叶卡捷琳娜大帝时期·1419

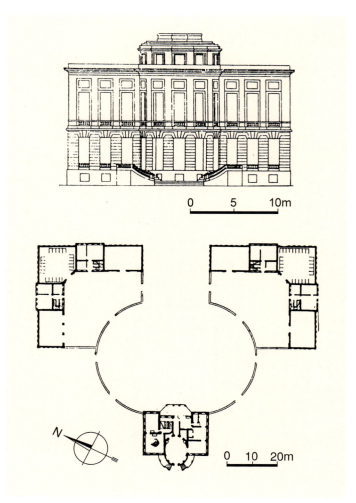

划的方形钟楼（见图6-214）。这种主要形体的均衡布局为嵌板雕刻提供了明确划分的表面；以圣经题材为主的浮雕出自当时主要的俄罗斯雕刻师之一费多特·舒宾（1740～1805年）之手：西立面表现上帝在燃烧的荆棘丛中向摩西显现以及摩西和十诫的典故；南北入口上表现三位天使在亚伯拉罕面前显现和浪子回头的故事；西面主要门廊上为所罗门王在神殿奉献仪式上献祭和基督进入耶路撒冷。

这些嵌板是在1786年结构完成后于80年代后期制作，它们的出现在俄罗斯新古典主义圣像制作中具有里程碑的意义。自从特雷齐尼在夏宫设计中采用了施

（左上）图6-204博戈罗季茨克（图拉附近）宫殿（1771年）。平面及立面（取自William Craft Brumfield：《A History of Russian Architecture》，Cambridge University Press，1997年）

（右上）图6-205博戈罗季茨克 宫殿。18世纪末景色（彩画，1786年）

（下）图6-206博戈罗季茨克 宫殿。东北侧立面

（上）图6-207博戈罗季茨克 宫殿。南侧景观

（左下）图6-208博戈罗季茨克 宫殿。西侧景色

（右中及右下）图6-209博戈罗季茨克 宫殿。西南侧全景

吕特隐喻俄国海军力量的嵌板以来，还没有哪个彼得堡建筑直接用图像表现信仰和意识形态的内容。巴洛克的立面装饰固然缓解了人们对采用浮雕形象的反感，但只是到叶卡捷琳娜统治后期，古典雕像才真正取代了已失传的中世纪圣像艺术，为建筑提供了新的

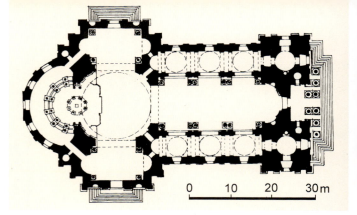

（左上）图6-210莫斯科 尼科尔斯克-加加林诺庄园（1773~1776年）。总平面及宫邸外景（取自Академия Стройтельства и Архитестуры СССР：《Всеобщая История Архитестуры》, II, Москва, 1963年）

（左中）图6-211莫斯科 尼科尔斯克-加加林诺庄园。宫邸，立面近景

（左下）图6-212莫斯科 尼科尔斯克-加加林诺庄园。宫邸，北面现状

（右上）图6-213彼得堡 亚历山大·涅夫斯基修道院。三一大教堂（1776~1790年），平面（取自George Heard Hamilton：《The Art and Architecture of Russia》, Yale University Press, 1983年）

（右下）图6-214彼得堡 亚历山大·涅夫斯基修道院。三一大教堂，西立面（据A.Shelkovnikov）

（左上）图6-215彼得堡 亚历山大·涅夫斯基修道院。三一大教堂，模型（早期，1720~1732年，建筑师Domenico Tressini和Theodor Schwertfeger）

（右上）图6-216彼得堡 亚历山大·涅夫斯基修道院。三一大教堂，模型（后期，木制，1776年，建筑师I.E.Starov）

（下）图6-217彼得堡 亚历山大·涅夫斯基修道院。三一大教堂，西北侧外景

造像体系。随后的实践证明，类似的古典手法不仅可表现古代的历史或神话传说，用于道德说教或颂扬民族往昔的荣光，同样可用来表现《圣经》旧约和新约全书的内容。三一大教堂无论在建筑还是装饰上，都标志着新古典主义已成为城市建筑的主角。

斯塔罗夫采用塔司干柱式的另一个作品同样产

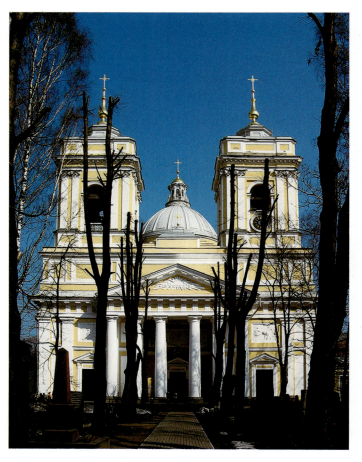

（左上）图6-218彼得堡亚历山大·涅夫斯基修道院。三一大教堂，西立面全景

（下）图6-219彼得堡亚历山大·涅夫斯基修道院。三一大教堂，东南侧现状

（右上）图6-220彼得堡亚历山大·涅夫斯基修道院。三一大教堂，钟楼近景

（上）图6-221彼得堡 亚历山大·涅夫斯基修道院。三一大教堂，穹顶近景

（下两幅）图6-222彼得堡 亚历山大·涅夫斯基修道院。三一大教堂，西立面，浮雕嵌板

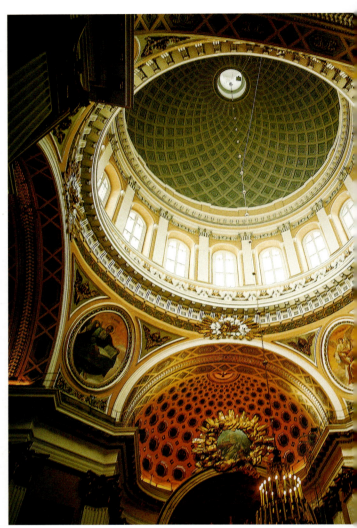
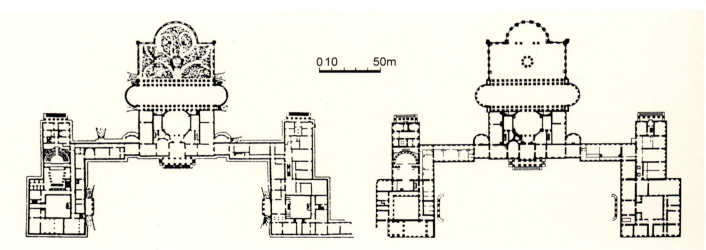

生了很大的影响，这座陶里德宫（1783~1789年；平面：图6-225、6-226；历史图景：图6-227；外景：图6-228、6-229）系叶卡捷琳娜大帝为她的另一个宠臣和情夫、陶里斯公爵格里戈里·波将金（1739~1791年）建造。宫殿为新古典主义简朴风格的范例，在地方宫邸的设计中一度被广泛效法。实际上，由于它位于斯莫尔尼修道院附近一块尚没有完全开发的城市地段上，在很大程度上具有乡间宫邸的氛围（周围的花园由英国园林大师威廉·古尔德设计）。宫殿前方设塔司干六柱门廊，后为一个带低穹顶的圆堂；立面最引人注目的是几乎没有装饰，仅有一条由三陇板和小间壁组成的檐壁。两边侧翼围合成院落（见图

本页及左页：

（左上）图6-223彼得堡 亚历山大·涅夫斯基修道院。三一大教堂，室内，柱式及拱券细部

（中上）图6-224彼得堡 亚历山大·涅夫斯基修道院。三一大教堂，室内，穹顶仰视效果

（左下）图6-225彼得堡 陶里德宫（1783~1789年）。平面（左图据A.Shelkovnikov；右图取自Академия Строительства и Архитестуры СССР：《Всеобщая История Архитестуры》，II，Москва，1963年）

（中下）图6-226彼得堡 陶里德宫。主楼平面（据Rzyanin）

（右下）图6-227彼得堡 陶里德宫。18世纪末景色[从花园一侧望去的情景，油画，作者Benjamin Patersen（1750~1815年），绘于1797年前]

（右上）图6-228彼得堡 陶里德宫。立面全景

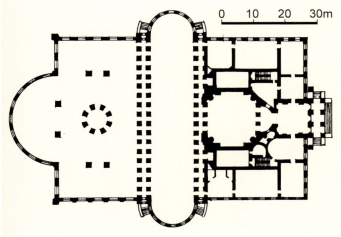

6-225），每翼均有一个四柱多利克门廊。各翼背立面（花园立面）采用爱奥尼柱式。室外虽然建筑装饰很少，但室内装修却非常丰富，无论在何处，新古典主义特有的优雅和节制都是主要的基调。

陶里德宫的室内并没有按原样留存下来。保罗一世登位后，急于和母亲叶卡捷琳娜二世划清界限，消除对叶卡捷琳娜及其支持者的记忆，下令将这座建筑改造成皇家骑兵卫队的马厩，大部分装饰遂遭破坏。尽管1802~1804年期间，在路易吉·鲁斯卡（1758~1822年）主持下进行了修复，但斯塔罗夫的设计在很大程度上已被变更；现室内大部分墙面和天棚装饰是杰出的意大利装饰设计师乔瓦尼-巴蒂斯

（上）图6-229彼得堡陶里德宫。柱廊近景

（左下）图6-230皇村叶卡捷琳娜宫。里昂沙龙，内景，壁炉及屏栏装饰

（右下）图6-231皇村叶卡捷琳娜宫。里昂沙龙，天青石和镀金的装饰细部

塔·斯科蒂（1776~1830年）于1819年按新古典主义后期帝国风格重新绘制的。

四、查理·卡梅伦

在叶卡捷琳娜大帝统治时期新古典主义的各种

（上）图6-232 皇村 叶卡捷琳娜宫。中国蓝厅，内景

（下）图6-233 皇村 叶卡捷琳娜宫。绿餐厅（1780~1783年），墙面装修设计图（淡彩，作者卡梅伦，1780年代，原稿49×65.5厘米，现存Hermitage Museum）

（中）图6-234 皇村 叶卡捷琳娜宫。绿餐厅，内景

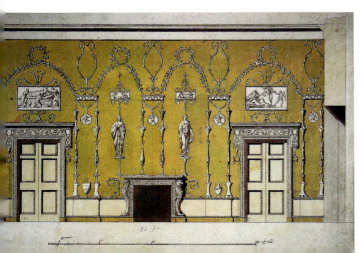

表现中，最富有成效的是由查理·卡梅伦（1743~1812年）和贾科莫·夸伦吉引进到俄罗斯的帕拉第奥风格（Palladianism）。可能由德尼·狄德罗推荐给女皇的卡梅伦是苏格兰人，一个小有资产的伦敦建筑承包商的儿子，他放弃了在父亲那里的工作到罗马去了几年，研究古典建筑和帕拉第奥的作品。根据这些研究，1772年他在伦敦出版了自己的专著：《罗马浴室说明及图解，帕拉第奥的修复，校正及改进》（The

Baths of the Romans Explained and Illustrated, with the Restorations of Palladio Corrected and Improved），从而奠定了他作为评论家的名声，并由此确定了日后为俄罗斯雇主服务时在建筑和室内设计上采用的风格。

卡梅伦约于1779年抵达彼得堡，此后在俄罗斯工作了20余年。他为叶卡捷琳娜完成的第一件工作是重新装修皇村宫殿的一些房间（此时为这位女皇的夏季宫邸）。这位女皇显然对结果很满意，1781年她给其顾问弗里德里希·梅尔希奥·格林的信中写道："在这里，我请了一位叫卡梅伦的建筑师，他自幼就是一名詹姆斯党人[4]的同情者，并在罗马受教育。他因一部论述古罗马浴场的书而闻名；此人聪明、想象力丰富，很欣赏夏尔-路易·克莱里索[5]的作品，在装修我这里的新套房时后者的画作将对他有所帮助，这些套房是绝妙的杰作。至今只完成了两个房间，人们都急着跑来观赏……"[6]

实际上，卡梅伦最后只完成了三套房间：位于宫

左页：

（左上及右）图6-235皇村 叶卡捷琳娜宫。绿餐厅，墙面及壁炉装饰细部

（下）图6-236皇村 叶卡捷琳娜宫。大公套房，卧室，内景

本页：

图6-237皇村 叶卡捷琳娜宫。大公套房，卧室，陶柱等装修细部

殿一侧与祖博夫翼相邻的两套供叶卡捷琳娜使用，位于宫殿另侧（即教堂一侧）的一套供保罗大公和他的妻子玛丽亚·费奥多罗芙娜使用。叶卡捷琳娜套房的奢华可从里昂沙龙中看出来，其墙面装饰着来自里昂的天青石和锦缎丝绸，镶花地板上嵌着珍珠母（图6-230、6-231）。女皇卧室的墙面由乳色玻璃制作，配有细长的紫色玻璃柱（取自罗马壁画的一种构图题材）和由杰出的新古典主义艺术家约翰·弗拉克斯曼设计的韦奇伍德陶瓷圆花饰[7]。由于在墙面上布置了大片镜子，彩色玻璃装饰在效果上显得极为突出。

保罗的套间虽然尺度略小，天棚也比叶卡捷琳娜的主要套间为低，但可圈可点处甚多，在墙面装饰、镶花地面和天顶画上堪称杰作。每个房间都有其独特的风格，整个套房内，色彩和材料的过渡均精心处置。在中国蓝厅的墙面上，中国风格占支配地位；但主导思想仍是来自在18世纪上半叶英国著名建筑师

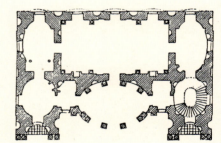

(左上及左中)图6-238皇村 叶卡捷琳娜宫。大公套房,侍者房间,内景

(右上)图6-239皇村 叶卡捷琳娜宫。大公套房,侍者房间,墙面装修细部

(右中及下)图6-240皇村 冷水浴室(玛瑙阁,1784~1787年)。平面及大厅剖面(取自William Craft Brumfield:《A History of Russian Architecture》,Cambridge University Press,1997年)

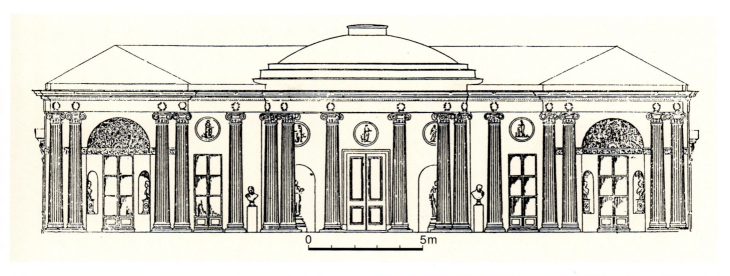

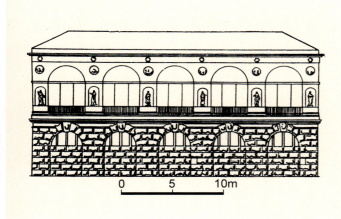

（上）图6-241 皇村 冷水浴室（玛瑙阁）。西南立面（取自William Craft Brumfield：《A History of Russian Architecture》，Cambridge University Press，1997年）

（左中）图6-242 皇村 冷水浴室（玛瑙阁）。东北立面（取自Академия Строительства и Архитестуры СССР：《Всеобщая История Архитестуры》，II, Москва, 1963年）

（下）图6-243 皇村 冷水浴室（玛瑙阁）。东南侧景色

（右中）图6-244 皇村 冷水浴室（玛瑙阁）。西南立面，现状

和室内设计师科伦·坎贝尔[英文版维特鲁威（《Vitruvius Britannicus》）的编纂人]、理查德·博伊尔（伯林顿勋爵）和威廉·肯特的作品里已确立的古典传统（图6-232）。英国帕拉第奥风格在18世纪下半叶的延续更清楚地表明，存在着一种为夏尔-路易·克莱里索、罗伯特·亚当和查理·卡梅伦共同承继的欧洲新古典主义风格。

在皇村大公套房内采用的，正是这种风格，其中充满了来自庞贝和罗马古迹壁画的题材。尽管装饰材料没有叶卡捷琳娜套房里采用的贵重，但在绿餐厅（装修设计图：图6-233；内景：图6-234、6-235）和卧室里，以灰泥制作的浮雕及其他装饰创造了类似的新古典主义氛围（绿餐厅用了韦奇伍德风格的灰泥浮雕，卧室处以同样粗细的陶柱取代了叶卡捷琳娜卧室的玻璃柱；图6-236、6-237）。在保罗套间，像柱子和壁柱这样一些建筑部件则成为分划室内空间和确

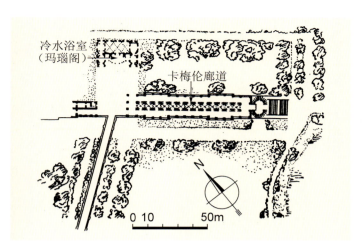

左页：

（左上）图6-245皇村 冷水浴室（玛瑙阁）。西南侧近景

（左下）图6-246皇村 冷水浴室（玛瑙阁）。西南面，北翼景色

（右上）图6-247皇村 冷水浴室（玛瑙阁）。内景[彩画，1859年，作者Luigi Premazzi（1814~1891年）]

（右下）图6-248皇村 冷水浴室（玛瑙阁）。大厅，内景

本页：

（左上）图6-249皇村 卡梅伦廊道（1780~1786年）。地段总平面（取自Академия Строительства и Архитестуры СССР：《Всеобщая История Архитектуры》，II，Москва，1963年）

（右上）图6-250皇村 卡梅伦廊道。19世纪早期景色（自大池方向望去的情景，右侧为洞室，版画，作者不明）

（右中）图6-251皇村 卡梅伦廊道。19世纪早期景色（自花园方向望去的情景，彩画，1814年，作者A.E.Martinov）

（右下）图6-252皇村 卡梅伦廊道。19世纪中叶景色[西南立面及缓坡通道，背景为叶卡捷琳娜宫祖博夫翼；水彩画，作者Luigi Premazzi（1814~1891年）]

（左下）图6-253皇村 卡梅伦廊道。南侧俯视全景[背景处可看到冷水浴室（玛瑙阁）和叶卡捷琳娜宫]

立墙面之间比例关系的主要手段（参见侍者房间；图6-238、6-239）。

1780年，即在完成皇村套间装修后不久，卡梅伦开始设计位于拉斯特列里宫殿南侧的冷水浴室（又称

本页：

（上）图6-254皇村 卡梅伦廊道。东侧俯视景色

（下）图6-255皇村 卡梅伦廊道。东北侧远景

右页：

（上）图6-256皇村 卡梅伦廊道。东侧全景[右侧可看到冷水浴室（玛瑙阁）]

（下）图6-257皇村 卡梅伦廊道。东侧近景

玛瑙阁）和柱廊（随后改名为卡梅伦廊道）。最靠近宫殿的浴室是个高两层的结构，沉重的粗面石底层内置洗浴设施（包括冷水浴室及温水浴室），采用文艺复兴府邸风格并带雕像龛室的上层由被称作玛瑙阁的系列房间组成（平面、立面及大厅剖面：图6-240~6-242；外景：图6-243~6-246；内景：图6-247、6-248）。房间的平面由复杂的几何图形（形成对比效果的矩形和椭圆形）构成，最奢华的是所谓

碧玉书房和玛瑙书房,后者的名称实际上并不准确,因为两个房间的墙面装饰嵌板均由取自乌拉尔的磨光碧玉制作,只是类型不同而已。相邻的大厅墙面由粉红色人工大理石制作,配有科林斯柱子和表现神话题材的圆形浮雕板块,最后以精心制作的藻井天棚作为结束(见图6-240)。楼阁内大部分复杂的镶花地面和若干门本来是费尔滕为叶卡捷琳娜的另一个宠臣A.D.兰斯科伊将军的宫邸设计和制作的。在这位将军1784年死后,叶卡捷琳娜下令将费尔滕的作品从位于冬宫对面未完工的兰斯科伊府邸中移出,安置到玛瑙阁内。卡梅伦虽不情愿但仍然出色地完成了任务。事实上,这位女皇已恩准了他在这座小建筑上的几乎所有其他要求,当1787年完工时,其花费已超过了463000卢布。

相邻的卡梅伦廊道通过花园台地与玛瑙阁相连,是18世纪俄罗斯建筑中构思最轻快活泼的实例之一,底层如浴室那样用沉重的普多斯特粗面石砌筑,上部为44根爱奥尼柱构成的优雅围柱廊(地段总平面:图6-249;历史图景:图6-250~6-252;俯视景色:图

6-253、6-254;外景及细部:图6-255~6-266;柱廊内景:图6-267、6-268)。作为最初设计的扩建部分,卡梅伦充分利用了朝向大池的地形坡度,于1786年在东立面创建了一个宏伟的入口:一跑普多斯特石砌筑的大台阶通向底层平台,再通过两跑平面呈椭圆形的台阶通达上层。东立面的主要建筑要素(底层的拱券

(上)图6-258皇村 卡梅伦廊道。东南侧远景

(下)图6-259皇村 卡梅伦廊道。东南侧全景

（上）图6-260 皇村 卡梅伦廊道。南侧全景

（下）图6-261 皇村 卡梅伦廊道。西北侧，平台上景色

入口和上层的四柱爱奥尼门廊），在纵长的侧立面（南北立面）上再次重复（底层为拱廊，上层为两个向外凸出的四柱门廊）。上层宽度方向上分为三个相等的跨间，中间一个用宽大的法国式窗户围括，通过窗户可看到18世纪70年代围绕大池创建的自然风景园。外廊不仅可观赏自然风光，还可通过布置在廊道里的50多尊古代哲学家、诗人和统治者的青铜胸像欣赏古代的文明，并由此了解叶卡捷琳娜统治时期汲取

古代文化的路径和新古典主义建筑在俄罗斯得到发展的意识形态背景。在1787年廊道完成后，又在西南角开了一片具有乡村风味的缓坡及通道（1792~1794年），使年迈的女皇能更容易抵达花园。

在皇村的扩展上，卡梅伦起到了重要的作用，

1782年，他参与了中国村的设计（最初主持人为瓦西里·涅洛夫，里纳尔迪可能也参与了工作，见前文）。早在1777年，里纳尔迪就为规整的新花园设计了一个中国剧场（位于宫殿主要院落前，随后被纳入到亚历山大公园内，现仅留残迹；图

左页：

（上）图6-262皇村 卡梅伦廊道。南侧近景

（左下）图6-263皇村 卡梅伦廊道。入口台阶栏墙，东南侧景观

（右下）图6-264皇村 卡梅伦廊道。自入口台阶栏墙上望大池景色（前方建筑为洞室）

本页：

（上）图6-265皇村 卡梅伦廊道。东南侧近景

（右下）图6-266皇村 卡梅伦廊道。台阶及栏杆细部

（左下）图6-267皇村 卡梅伦廊道。柱廊内景（老照片，1890~1900年）

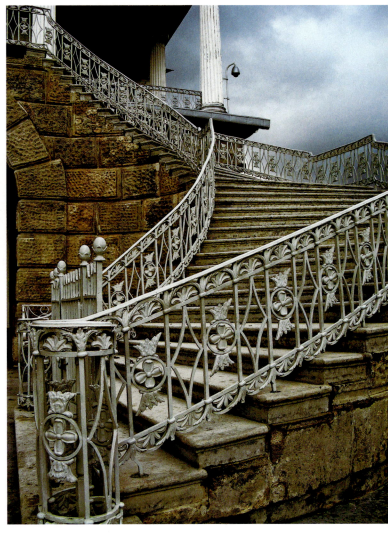

6-269、6-270）。剧场于2年后在伊利亚·涅洛夫主持下完成，他和他的父亲瓦西里一道，另在新花园的一条运河上建造了一座中国风格的大型"十字桥"（1776~1779年；图6-271~6-273）。卡梅伦同样在新花园的运河上建造了一批带铸铁部件、极其优美的中国式桥梁[统称小中国桥，1782~1788年；小中国桥（一）：图6-274~6-277；小中国桥（二）：图6-278]。

和皇村的这些工作同时，卡梅伦还致力于扩建附近保罗大公不久前刚获得的巴甫洛夫斯克领地（总平

第六章 彼得堡的新古典主义建筑：叶卡捷琳娜大帝时期·1441

（左上及左中）图6-268皇村 卡梅伦廊道。柱廊内景

（右上）图6-269皇村 亚历山大公园。中国剧场（1778~1779年，毁于1941年），20世纪初景色（绘画，1903年，作者Mstislav Dobuzhinsky）

（右中）图6-270皇村 亚历山大公园。中国剧场，残迹现状

（下）图6-271皇村 亚历山大公园。"十字桥"（1776~1779年），远景

（上）图6-272皇村 亚历山大公园。"十字桥"，秋景

（下）图6-273皇村 亚历山大公园。"十字桥"，近景

（上）图6-274皇村 亚历山大公园。小中国桥（一），地段形势

（下）图6-275皇村 亚历山大公园。小中国桥（一），立面全景

面及地段卫星图：图6-279）。卡梅伦在那里的首批作品大都集中在公园内（图6-280）。这是俄罗斯最优美的园林作品，其设计显然是借鉴了英国的风景园林艺术；作为新古典主义建筑的重要组成部分，在这种园林艺术的发展上做出重要贡献的包括威廉·肯特（斯托园林）、威廉·钱伯斯（基尤园林）、朗瑟洛·"潜力"布朗、汉弗莱·雷普顿和德国诗人C.C.希施费尔德 [后者为很有影响的《园林艺术理论》（Teorie de l'Art des Jardins）一书的作者，该书曾于18世纪80年代在俄罗斯部分发表]。在巴甫洛夫斯克公园里，卡梅伦建造了一系列亭阁，其中第一个，也是留存下来的主要杰作是被称为友谊殿的圆堂（1780~1782年；立面：图6-281；外景及细部：图6-282~6-285；内景：图6-286）。这本是保罗一世和皇后玛丽亚向

叶卡捷琳娜表示敬重的作品,墙面上部灰泥制作的圆形徽章图案内表现有关友谊的寓言典故(从最终结果看,建筑的名称倒是颇具讽刺意味)。柱身带沟槽的立柱和柱顶盘是俄罗斯最早采用标准希腊多利克柱式的例证,到19世纪初,它再次出现在安德烈·沃罗尼欣的作品里。柱顶盘的小间壁同样纳入了友谊的象征图案:交替布置缠绕在一起的海豚和花环。圆堂内部用于举办小型音乐会和郊游小憩,其内布置的密涅瓦[8]雕像显然是暗指叶卡捷琳娜。

在巴甫洛夫斯克,卡梅伦最后的作品是美惠三神亭(1800~1801年),它实际上只是为安置保罗·特里斯科尔尼(1757~1833年)以整块大理石刻制的美惠

(左上)图6-276皇村 亚历山大公园。小中国桥(一),桥头近景

(右上)图6-277皇村 亚历山大公园。小中国桥(一),花饰细部

(下)图6-278皇村 亚历山大公园。小中国桥(二),全景

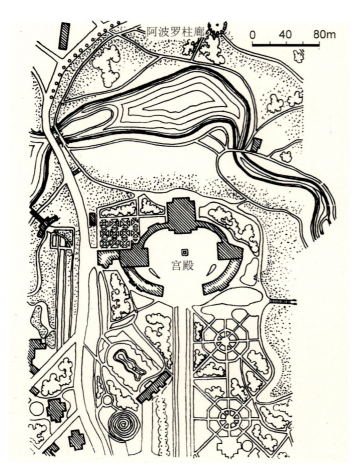

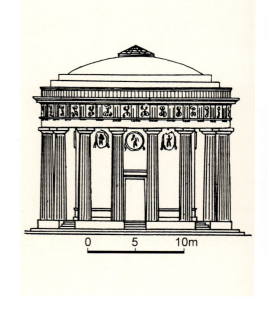

三女神雕像而建的凉亭（立面：图6-287；外景及细部：图6-288~6-291；雕像：图6-292）。优雅的爱奥尼式围柱廊立在普多斯特粗面石的基座上，再次表现出卡梅伦在运用材料质地和新古典主义部件对比效果上的技巧，但和他的早期作品相比，这个亭阁更具有手法主义的特色，对装饰效果给予了更多的关注。

在巴甫洛夫斯克，卡梅伦和罗西建造的其他小品建筑尚有阿波罗柱廊（卡梅伦设计，1782~1783年；图6-293、6-294）、尼古拉门（罗西设计，铁门；图6-295、6-296）及玛丽亚·费奥多罗芙娜纪念亭（系1914年根据罗西1816年的设计建成；图6-297）。

在俄罗斯，采用帕拉第奥风格的最大单体建筑

可能即卡梅伦在巴甫洛夫斯克为保罗大公建造的宫殿（1782~1786年；平面、立面及剖面：图6-298~6-300；历史图景：图6-301；外景：图6-302~6-313；保罗一世雕像：图6-314、6-315）。尽管宫殿并没有完全按建筑师的设想完成，他和保罗及玛丽亚·费奥多罗芙娜时有不和乃至争执（这两位掌握的资源自然无法和叶卡捷琳娜相比），但中央结构部分仍能大体满足卡梅伦建造一栋帕拉第奥式建筑的需求。面对院落的立面于基层上立高两层的成对科林斯立柱（见图6-304），最初两边有单层的廊道，通向两侧的附属翼房。不过，给人印象更为深刻的是朝向花园的另一个立面，它同样采用了科林斯门廊，但以双柱和单柱

左页：

（上两幅）图6-279巴甫洛夫斯克 宫殿及公园。总平面及地段卫星图（总平面取自Академия Стройтельства и Архитестуры СССР：《Всеобщая История Архитестуры》，II，Москва，1963年）

（左下）图6-280巴甫洛夫斯克 公园。18世纪末景色（版画，约1795年，作者S.F.Shchedrin）

（右下）图6-281巴甫洛夫斯克 友谊殿（1780~1782年）。立面（取自Академия Стройтельства и Архитестуры СССР：《Всеобщая История Архитестуры》，II，Москва，1963年）

本页：

（上）图6-282巴甫洛夫斯克 友谊殿。东南侧地段形势

（中及下）图6-283巴甫洛夫斯克 友谊殿。远景（上下两图分别示从东南侧和西侧望去的情景）

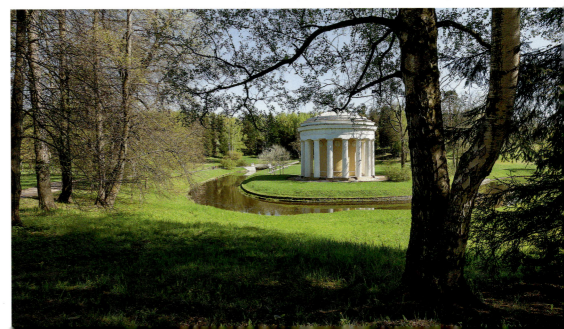

（上）图6-284巴甫洛夫斯克 友谊殿。近景

（下）图6-285巴甫洛夫斯克 友谊殿。柱式细部

（左上）图6-286 巴甫洛夫斯克 友谊殿。内景，穹顶仰视

（右上）图6-287 巴甫洛夫斯克 美惠三神亭（1800~1801年）。立面（取自Академия Строительства и Архитестуры СССР:《Всеобщая История Архитестуры》, II, Москва, 1963年）

（下）图6-288 巴甫洛夫斯克 美惠三神亭。西南侧全景（背景为宫殿南翼）

支撑山墙（见图6-313）。由于建筑位于一个高出斯拉维扬卡河面的缓坡山丘上，从这个角度望去，周围的树丛掩盖了温琴佐·布伦纳后期的增建部分（见下文），因而人们可以更清楚地欣赏上置圆堂和柱廊的卡梅伦的设计。从细部和基址上看，这座宫殿颇似帕拉第奥设计的梅莱多的特里西诺别墅。

主要宫殿的室内设计基本按卡梅伦的构思，但由于建筑师和大公及其夫人之间关系越来越紧张，建筑师仅成功地完成了帝王套间的少数主要房间：白餐厅、台球室、老客厅及舞厅（这些厅堂均位于底层，俯视着花园）。每个设计上都表现出独特的风格和技巧，但在大胆创新上不如他设计的皇村房间。此外，卡梅伦还设计了从院落通向宫殿的主要入口——埃及前厅，内有伊万·普罗科菲耶夫制作的古埃及雕像的复制品和表现黄道十二宫的圆形灰泥图案（图6-316~6-319）。特别值得注意的是卡洛·斯科蒂制作的表现四季的天顶浮雕（中央有表现透视幻觉的建筑造型，见图6-317）。到1787年，保罗和玛丽亚·费奥多罗芙娜更喜欢卡梅伦的助手温琴佐·布伦纳的设计，后者在室内设计上的地位遂逐步上升，到1789

第六章 彼得堡的新古典主义建筑：叶卡捷琳娜大帝时期·1449

(上)图6-289巴甫洛夫斯克美惠三神亭。东南侧全景

(下)图6-290巴甫洛夫斯克美惠三神亭。东南侧近景

（上）图6-291巴甫洛夫斯克美惠三神亭。柱头及山墙雕刻细部

（下）图6-292巴甫洛夫斯克美惠三神亭。美惠三女神雕像

年，布伦纳实际上已成为宫殿的建筑师。

随着保罗于1796年登基，卡梅伦也从巴甫洛夫斯克的工作中解脱出来，只是在1800年，曾为处理一些特定项目（如美惠三神亭）回去过。虽说他接受的皇室委托有所减少，但创作活动并未消停，据信自1799年开始，他为基里尔·格里戈里耶维奇·拉祖莫夫斯基伯爵（1728~1803年；图6-320）在切尔尼希夫东面的巴图林领地上建造了一栋大型宫邸。1750年，作为乌克兰最后一任统领，基里尔·拉祖莫夫斯基获得了巴图林这块领地，他希望生前将它改造成权力中心并建造一栋合乎身份的宫邸（拉祖莫夫斯基宫）。卡梅伦拟定的建筑总平面及周围花园类似巴甫洛夫斯克宫，但主立面上配置了一排爱奥尼附墙柱的宫邸在设计上和他早期的帕拉第奥模式相去甚远（立面：图6-321；外景：图6-322~6-325；内景：图6-326）。当1803年拉祖莫夫斯基去世后，巴图林组群其他工程随即停顿。

五、温琴佐·布伦纳

温琴佐·布伦纳（1747~1820年；图6-327）是一

（上）图6-293 巴甫洛夫斯克 阿波罗柱廊（1782~1783年）。现状全景

（下）图6-294 巴甫洛夫斯克 阿波罗柱廊。内景

（上两幅）图6-295巴甫洛夫斯克 尼古拉（铁）门。现状全景

（下）图6-296巴甫洛夫斯克 尼古拉（铁）门。顶饰细部

位来自意大利的建筑师及画家，很快得到保罗一世的赏识并于1781年被保罗及其妻子玛丽亚·费奥多罗芙娜聘为室内装修师，至18世纪80年代末成为这对夫妇的主要建筑师。无论是卡梅伦还是布伦纳，其娴熟的设计技巧及能力在很大程度上都是来自对古罗马遗迹的透彻研究（特别是罗马提图斯浴场的壁画、精美的阿拉伯装饰花纹和怪异风格的图案）。1776年，布伦纳发表了浴场的画册，这是包括其作品在内的几卷著述中的第一卷。在接下来的一年里，他受斯坦尼斯瓦夫·波托茨基伯爵之托重建位于劳伦图姆的小普林尼别墅。在对这一古迹进行了透彻的研究之后，布伦纳于1780年去波兰，在那里他主要以宫殿及乡间府邸的室内设计师而闻名。1783年，在保罗大公和波兰国王斯坦尼斯瓦夫·波尼亚托夫斯基会见期间，波托茨基把布伦纳推荐给这位俄国大公，后者遂自1784年开始，聘用他参与巴甫洛夫斯克的工作。

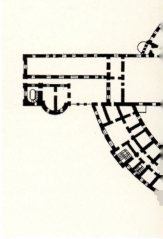

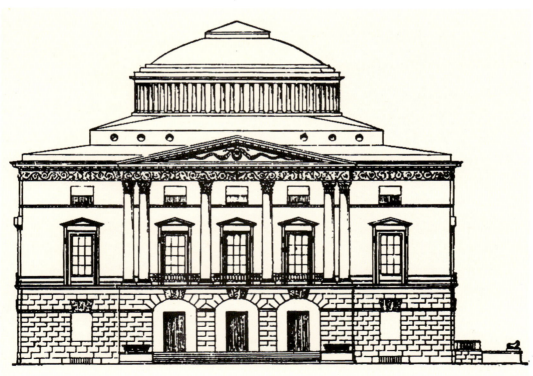

本页及右页：

（左上）图6-297巴甫洛夫斯克玛丽亚·费奥多罗芙娜纪念亭（设计1816年，建筑师罗西，1914年建成）。现状全景

（右上）图6-298巴甫洛夫斯克宫殿（1782~1786年，建筑师卡梅伦；1787~1800年增建侧翼，建筑师Vincenzo Brenna）。平面

（左下）图6-299巴甫洛夫斯克宫殿。主体结构，立面

（中下）图6-300巴甫洛夫斯克宫殿。主体结构，剖面（据A.Kharlamova）

（右下）图6-301巴甫洛夫斯克宫殿。19世纪下半叶景色（版画，1872年，作者不明）

布伦纳在卡梅伦已确定的巴甫洛夫斯克宫殿平面框架内主持主要楼层（二楼）一些重要房间的室内装修，包括由大前厅组成的中央部分（设置了来自下方埃及前厅的楼梯；大前厅内景：图6-328），位于圆堂下的意大利大厅和俯瞰着花园的希腊厅（意大利大厅：图6-329~6-331；希腊厅：图6-332）。布伦纳以

1454·世界建筑史 俄罗斯古代卷

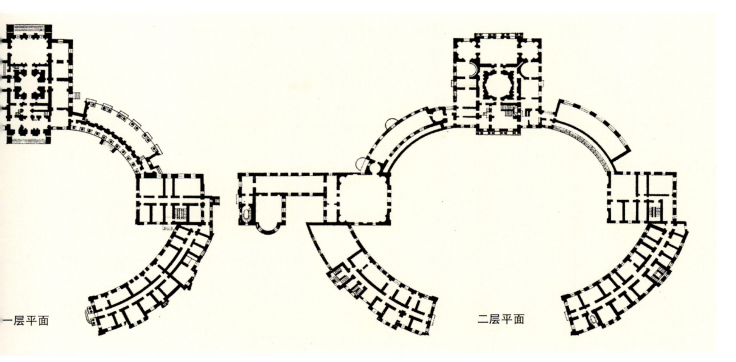

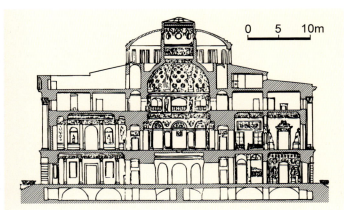

罗马古典主义的豪华气派装饰这些用于重要礼仪接待和宴会的厅堂，特别突出军事的作用，颂扬彼得·鲁缅采夫[9]和亚历山大·苏沃洛夫[10]战胜土耳其人的业绩。在布伦纳设计的这些房间中，给人印象最深刻的是希腊厅，在矩形厅堂内部用16根科林斯立柱围合成一个类似院落的空间（两边各6根，端头4根）。柱身以绿色人工大理石制作，柱础和柱头为白色。和卡梅伦一样，布伦纳在内部空间的分划上主要倚赖古典柱式。

从端头大窗可俯视大片花园景色的希腊厅构成了中央空间的高潮，由此可通向两侧的系列房间，北侧和南侧分别供保罗和玛丽亚·费奥多罗芙娜使用。两组系列房间按对应原则布局：如保罗系列以战争厅起始，玛丽亚·费奥多罗芙娜系列以和平厅开头（图6-333）。每个系列均设图书室和更衣室（保罗一世图书室：图6-334；玛丽亚·费奥多罗芙娜图书室：图6-335）。有的通过装饰题材强调房间的名称（如战争厅和和平厅），有的则是以主要装饰特色为房间命名，如保罗套房内的绣帷书房（图6-336）。玛丽亚·费奥多罗芙娜套房的装饰效果最为奢华，特别是采用法国巴洛克风格的主卧室（图6-337）。

1794年这些房间完成后，由于叶卡捷琳娜仍然赏识卡梅伦的作品，布伦纳并没有获得正式任命。只是在这位女皇于1796年去世后，巴甫洛夫斯克宫殿作为新的帝王宫邸进行大规模扩建时，布伦纳才成为这一项目的主持建筑师。他在主要结构两侧的廊道上加了第二层作为维修服务房间；后者通过半圆形的服务廊道进一步扩展，将中央院落大部围合在内（见图6-298）。南翼成为布伦纳工作的重点，在卡梅伦最初设计的曲线廊道上建造了画廊（图6-338），由此

通向大大扩展的南楼,其中包括新的大御座厅(宴会厅;图6-339),一个管乐室和宫廷教堂(图6-340、6-341)。

在这些厅堂中,最富丽堂皇的是御座厅。房间最初系作为主要餐厅,但天棚太矮,和面积400平方米的厅堂完全不成比例;熟悉舞台布景的布伦纳遂在顶上采用了表现建筑空间的巨大幻景画(所谓trompe l'oeil),以透视画法表现柱廊和带藻井的圆堂,上面为彩绘的天空。擅长这类工作的大师彼得罗·贡扎戈(1751~1831年)提供了草图设计,但由于1801年保罗一世被害去世,项目遂被搁置。现在的天顶画是战后修复工作者按贡扎戈的构图设计绘制的。

尽管到1799年,布伦纳在巴甫洛夫斯克的任务已大部分完成,但宫殿工程并没有完全结束,仍然有一些最杰出的俄国新古典主义艺术家在那里工作。1800年,贾科莫·夸伦吉在布伦纳扩展的南翼生活区设计了一些新房间。在保罗被害后,夸伦吉的工作仍在继续,其时不愿待在彼得堡的玛丽亚·费奥多罗芙娜

左页:

图6-302 巴甫洛夫斯克 宫殿。东侧俯视全景

本页:

(上下两幅) 图6-303 巴甫洛夫斯克宫殿。主楼, 东立面全景

将巴甫洛夫斯克当成了她的主要宫邸。1803年的一场大火毁坏了中央结构的大部分，玛丽亚·费奥多罗芙娜遂委托安德烈·沃罗尼欣尽可能按原设计修复室内（见第八章）。沃罗尼欣在这项工作中不仅表现出对前任工作的深刻理解，同时也展现出他自己在掌控新古典主义风格上的杰出天分。到1820年代，曾在巴

甫洛夫斯克师从布伦纳的卡洛·罗西1822年又回到宫殿,设计了位于北翼贡扎戈廊道上面一个开敞平台处的大图书馆,其墙面有贡扎戈绘制的带透视幻觉的建筑组群。

布伦纳在18世纪末的主要工作是建造彼得堡的米哈伊洛夫城堡(宫殿,又称圣米迦勒城堡,工程师城堡),这座准备取代冬宫的坚固宫堡系1796年末由保罗下令修建。当年父亲彼得三世的被害一直是保罗心中挥之不去的噩梦,同时也导致他对母亲叶卡捷琳娜的深深疑惧,因而决定建造一个能保护自身安全的坚固城堡。米哈伊洛夫城堡的设计最初系委托俄罗斯杰出的建筑师瓦西里·巴热诺夫设计(见第七章)。具体说法有多个版本,有人认为,很可能是1792年已为这位大公服务的巴热诺夫拟定了这座复杂结构的基本设计,布伦纳主持实施并做了某些修改。还有人认为,宫堡的最初构思来自保罗本人(他曾听过有关建筑的课程),而平面的最后形式是布伦纳(而不是巴热诺夫)确定。总之,不论项目的最初作者是谁,到1797年3月,保罗任命布伦纳为负责宫堡的建筑师后已非他莫属。

建造宫堡的基址上原有拉斯特列里设计的夏宫(建于1741~1745年,见图5-326),由于年久失修到保罗统治初期这栋木构即被拆除。新的宫堡遂和夏宫一样,三面与运河接界,第四面挖了一道壕沟。宫堡的最后平面为方形,内置八角形院落,由此产生了极

左页:

(上)图6-304 巴甫洛夫斯克 宫殿。主楼,东立面近景

(左下)图6-305 巴甫洛夫斯克 宫殿。北配楼,南立面

(右下)图6-306 巴甫洛夫斯克 宫殿。北翼端头

本页:

(上)图6-307 巴甫洛夫斯克 宫殿。南翼全景

(下)图6-308 巴甫洛夫斯克 宫殿。西南侧(背面)远景

第六章 彼得堡的新古典主义建筑:叶卡捷琳娜大帝时期·1459

其多样的房间形式：除了各种矩形的组合外，还有椭圆形、三角形、圆形等（平面：图6-342；历史图景：图6-343~6-346；俯视全景：图6-347；外景：图6-348~6-358；内院：图6-359~6-362）。在多边形院落产生的楔角内，各个套房均处于相对独立的状态，建筑各个套房之间的联系并不方便。同时，由于施工

本页：

（上）图6-309巴甫洛夫斯克 宫殿。西侧远景

（下）图6-310巴甫洛夫斯克 宫殿。西北侧远景

右页：

图6-311巴甫洛夫斯克 宫殿。主楼，西北侧景色（前景带半人半马雕像的桥建于1799年，亦为卡梅伦的作品）

（上）图6-312巴甫洛夫斯克宫殿。主楼，西北侧全景

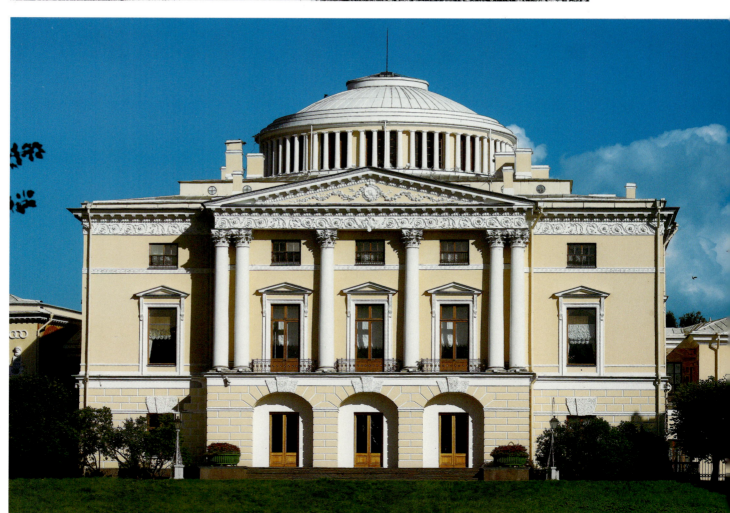

（下）图6-313巴甫洛夫斯克宫殿。主楼，西立面全景

进度要求很急,不仅建筑材料,很多情况下还包括已制备的建筑部件,都是从其他的建筑工地征得,如宏伟的大理石入口立面(见图6-357),就是用了原为里纳尔迪设计的达尔马提亚圣伊萨克大教堂准备的材料。

米哈伊洛夫城堡就这样,在某种程度上成为一个拼凑起来的作品,每个立面都具有不同的外貌。越过莫伊卡运河朝夏园的立面(图6-349)配有系列窗户和装饰性的檐口,更具有本土的特色。侧立面细部比较简单,仅配置了宫廷教堂的西立面延伸部分具有华丽的装饰。教堂的镀金尖塔和双色形制一样[后者由深橙色立面和灰泥(或石料)制备的装饰部件构成],标志着向彼得时期巴洛克特色的回归。甚至是宫堡平面复杂的几何形式也使人想起18世纪初城堡的设计。但其意大利式的立面则属一种具有极强装饰效果的新古典主义形式,它不仅见于布伦纳的作品,同样也是巴热诺夫和里纳尔迪设计的特色,如呈粗面石状的南侧大理石入口,边上布置的方尖碑和展示俄罗

(上)图6-314巴甫洛夫斯克宫殿。保罗一世雕像,全景

(下)图6-315巴甫洛夫斯克宫殿。保罗一世雕像,近景

斯光辉历史的山墙及檐壁板块雕刻。

以南立面为背景，耸立着卡洛·拉斯特列里创作的彼得大帝铜像，铸模在这位皇帝生前已经完成，但直到1745~1747年才浇铸。其安放位置几经选择后，由保罗最后拍板立在宫堡前一个简单的基座上（图6-363~6-365）。通向雕像和建筑入口的大道起始处立两座对称布置的楼阁（建于1798~1800年，供卫队使用；平面：图6-366；外景：图6-367、6-368）。不

（左上）图6-316巴甫洛夫斯克 宫殿。埃及前厅，内景
（中上）图6-317巴甫洛夫斯克 宫殿。埃及前厅，内景仰视（天顶浮雕作者Carlo Scotti）
（右上）图6-318巴甫洛夫斯克 宫殿。埃及前厅，楼梯口近景
（下两幅）图6-319巴甫洛夫斯克 宫殿。埃及前厅，雕刻细部

1464·世界建筑史 俄罗斯古代卷

论是出自巴热诺夫还是布伦纳之手,这两个卫队楼均可视为将古典部件(表现古典神话题材的雕刻板块和位于底层粗面石墙体上的爱奥尼式敞廊)和巴洛克式的复杂结构相结合的例证(南北两面立面成曲线向外鼓出,对角线端头另出四个凸出形体,即所谓圣安德烈十字造型(St.Andrews Cross)。

从米哈伊洛夫城堡的唯一入口可通向一个呈文艺复兴厅堂形式的柱廊通道,从八角形院落进入宫堡主体的入口可达四个主要楼梯,包括用各种色彩的西伯利亚大理石作为饰面的大楼梯(由此可通向皇帝举行国务活动的厅堂和宫堡南部的复活堂;图6-369)。在宫堡西面,另一个楼梯通向宫廷教堂(大天使圣米迦勒教堂;图6-370),在祭坛屏栏上方为带藻井的穹顶,中央是卡洛·斯科蒂表现三位一体的绘画。玛丽亚·费奥多罗芙娜的礼仪厅堂位于教堂北面,包括她的小御座厅(内有精美的灰泥装饰)和拉斐尔廊厅(内有根据拉斐尔的梵蒂冈壁画制作的挂毯)。画廊内还包括雅各布·梅滕雷特(1750~1825年)绘制的三幅天顶画(他经常和布伦纳在帝王的宫殿工程中合作)。这些寓意画中最大的一个《密涅瓦神殿》(Temple of Minerva)内有布伦纳和艺术家本人的画

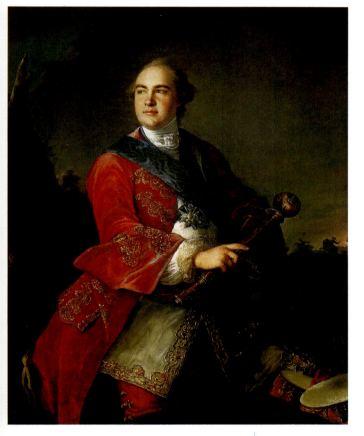

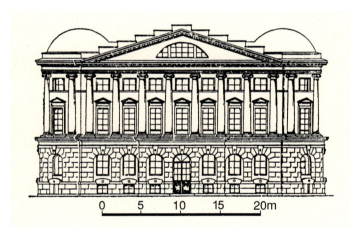

(左上)图6-320基里尔·格里戈里耶维奇·拉祖莫夫斯基伯爵(1728~1803年)画像(原作Louis Tocqué,1758年)
(右上)图6-321巴图林 拉祖莫夫斯基宫。立面(据V.Taleporovskii)
(下)图6-322巴图林 拉祖莫夫斯基宫。地段全景

（上）图6-323巴图林拉祖莫夫斯基宫。现状外景

（下）图6-324巴图林拉祖莫夫斯基宫。正面全景

像（分别作为建筑和绘画的代表人物；图6-371）。

米哈伊洛夫城堡的总造价超过610万卢布。下面两个数字可提供一个大致概念，宫堡教堂购置的一幅鲁本斯的绘画《圣塞巴斯蒂安》（Saint Sebastian）花了1500卢布；1800年12月4日为纪念项目按时完工约4000建筑工人每人获得了1卢布的奖赏。布伦纳和他的前任拉斯特列里和巴热诺夫一样，所得薪酬相当于少将一级。1800年12月，为庆祝宫堡落成，以冬宫为起点举行了盛大的游行。然而由于工期紧迫，出现了许多预想不到的问题，特别是在湿冷的冬天。当年的一位目击者指出，由于室内灰泥未干，在这次活动中向公众开放的接待厅堂里，尽管点了几千支蜡烛，

（上）图6-325巴图林 拉祖莫夫斯基宫。背面景色

（右下）图6-326巴图林 拉祖莫夫斯基宫。内景

（左下）图6-327温琴佐·布伦纳（1747~1820年）画像（1790年代）

还是弥漫着一层薄雾。当皇室1801年2月1日迁入宫堡时，建筑内仍然潮湿阴冷，根据保罗的命令，建筑周围以屏障蓄水并加强了保卫措施。不幸的是，这个家族在宫堡里仅生活了40天，3月11日夜间，在军中高级军官和朝中大臣的合谋下，保罗在自己的寝宫里被

左页：

（上两幅）图6-328 巴甫洛夫斯克宫殿。大前厅（上前厅），室内拱券及天棚细部

（左下）图6-329 巴甫洛夫斯克宫殿。意大利大厅，内景

（右下）图6-330 巴甫洛夫斯克宫殿。意大利大厅，龛室细部

本页：

（上）图6-331 巴甫洛夫斯克宫殿。意大利大厅，檐口及穹顶仰视

（下）图6-332 巴甫洛夫斯克宫殿。希腊厅（1789年），内景

害身亡。

米哈伊洛夫城堡最后划拨给1820年创建的工程学校（Engineering School）。在19世纪20年代期间，曾在这个项目上充当布伦纳助手的卡洛·罗西重新设计了宫堡周围的大部分地区，通过填塞周边的两条运河

（左上及左中）图6-333巴甫洛夫斯克 宫殿。战争厅（上）与和平厅（下），仰视内景（采用了基本相同的构图形式，仅细部题材上有所区别）

（左下）图6-334巴甫洛夫斯克 宫殿。保罗一世图书室，内景

（中上）图6-335巴甫洛夫斯克 宫殿。玛丽亚·费奥多罗芙娜图书室，内景

（中下左）图6-336巴甫洛夫斯克 宫殿。绣帷书房，内景

（中下右及右下）图6-337巴甫洛夫斯克 宫殿。玛丽亚·费奥多罗芙娜主卧室，装修细部

第六章 彼得堡的新古典主义建筑：叶卡捷琳娜大帝时期 · 1471

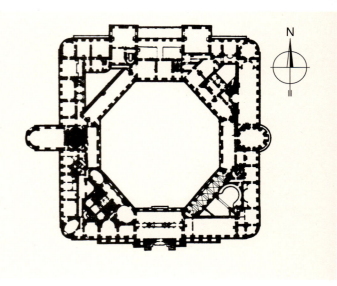

（左上）图6-338巴甫洛夫斯克 宫殿。画廊，内景（油画，作者Leonid Borisovich Yanush）

（左中）图6-339巴甫洛夫斯克 宫殿。大御座厅（宴会厅），内景（Vincenzo Brenna设计，天顶画设计人Pietro Gonzago）

（左下）图6-340巴甫洛夫斯克 宫殿。宫廷教堂，内景

（右上）图6-341巴甫洛夫斯克 宫殿。宫廷教堂，天顶画

（右下）图6-342彼得堡 米哈伊洛夫城堡（宫殿，1797～1800年）。平面（据Carlo Rossi）

（左上）图6-343彼得堡 米哈伊洛夫城堡（宫殿）。19世纪初景色[彩画，1800年，作者Ф.Алексеев（1753~1824年）]

（左中）图6-344彼得堡 米哈伊洛夫城堡（宫殿）。19世纪初景色（彩画，1801年，作者G.Quarenghi）

（下）图6-345彼得堡 米哈伊洛夫城堡（宫殿）。19世纪景色（彩画，作者joseph-Maria Charlemagne-Baudet）

（右上）图6-346彼得堡 米哈伊洛夫城堡（宫殿）。20世纪初景色（彩画，Alexandre Benois绘，表现1907年沙皇保罗在城堡前阅兵的场景）

（右中）图6-347彼得堡 米哈伊洛夫城堡（宫殿）。东北侧俯视全景

第六章 彼得堡的新古典主义建筑：叶卡捷琳娜大帝时期·1473

（上）图6-348彼得堡米哈伊洛夫城堡（宫殿）。北侧远景（自莫伊卡河北面夏园水池处望去的景色）

（中）图6-349彼得堡米哈伊洛夫城堡（宫殿）。西北侧全景

（下）图6-350彼得堡米哈伊洛夫城堡（宫殿）。西立面景观

（上下两幅）图6-351彼得堡 米哈伊洛夫城堡（宫殿）。西南侧全景

（上）图6-352彼得堡 米哈伊洛夫城堡（宫殿）。南立面全景

（中及下）图6-353彼得堡 米哈伊洛夫城堡（宫殿）。东南侧景色

提高了建筑的可达性。布伦纳1802年离开俄罗斯（还带了罗西去欧洲旅游，考察建筑），他最初在法国还享有可靠的退休待遇，但拿破仑战争的变故使他的境遇急转直下，1818年左右，他在德累斯顿默默无闻地离世。

（上）图6-354彼得堡 米哈伊洛夫城堡（宫殿）。南立面，主入口全景

（下）图6-355彼得堡 米哈伊洛夫城堡（宫殿）。南立面，主入口，西南侧景观

六、贾科莫·夸伦吉

俄罗斯建筑中另一个采用帕拉第奥风格的大师贾科莫·夸伦吉（1744~1817年；图6-372）的生平及工作和布伦纳及卡梅伦有密切的关联。夸伦吉于1762年自意大利北部城市贝加莫到罗马后不久，即开始跟随画家安东·拉斐尔·门斯（1728~1779年）学习，但由于后者很快去马德里，夸伦吉只得另寻导师，一开始找的是斯特凡诺·波齐（1699~1768年），正是在他的工作室里夸伦吉结识了布伦纳。在这段时期，他和布伦纳及卡梅伦一样，绘制了大量的罗马古迹画，同

本页：

（上）图6-356彼得堡 米哈伊洛夫城堡（宫殿）。南立面，主入口，东南侧景观

（下）图6-358彼得堡 米哈伊洛夫城堡（宫殿）。西立面，教堂近景

右页：

图6-357彼得堡 米哈伊洛夫城堡（宫殿）。南立面，主入口近景

第六章 彼得堡的新古典主义建筑：叶卡捷琳娜大帝时期·1479

（左上）图6-359彼得堡 米哈伊洛夫城堡（宫殿）。内院，南侧（入口面）景色

（下）图6-360彼得堡 米哈伊洛夫城堡（宫殿）。内院，北望全景

（右上）图6-361彼得堡 米哈伊洛夫城堡（宫殿）。内院，东侧景色

时断断续续地跟随尼科洛·詹西莫尼这样一些大师学习建筑,但只是在研读了帕拉第奥的《建筑四书》(Four Books)后,他才相信,有可能重新诠释古典建筑。1772和1775年的意大利巡游(特别是在威尼托地区的考察)进一步加深和丰富了他对古典遗产的认知。18世纪70年代,来罗马参观的英国富人常请他当城市导游,并就在英国和苏格兰建造乡间宅邸的问题征询这位帕拉第奥建筑专家的意见。在意大利,他承接的一个主要项目是改建苏比亚科本笃会修道院圣斯科拉斯蒂卡教堂的室内。夸伦吉在这里采用了优美典雅的古典柱式体系(1770~1776年,二战后再次改建)。由于在意大利工作机会很少,夸伦吉遂接受了报酬丰厚的合同赴俄罗斯发展,于1779年末,举家搬迁到彼得堡。

他在俄罗斯工作了很长时间,硕果累累,创造了造型极为简朴的彼得堡罗马古典主义形式,其中包括他为叶卡捷琳娜设计的第一个重要项目——彼得霍夫的英国宫(1780~1794年,现仅存残迹;图6-373、6-374)。在二战中遭到破坏的这座宫殿原在英国花园内,位于彼得霍夫主要公园西南方向的这座花园系

(上)图6-362彼得堡米哈伊洛夫城堡(宫殿)。内院,西侧现状

(下)图6-363彼得堡米哈伊洛夫城堡(宫殿)。宫堡入口及彼得大帝雕像,西南侧景色

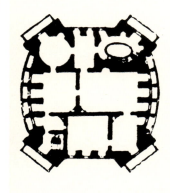

（上）图6-364彼得堡米哈伊洛夫城堡（宫殿）。宫堡入口及彼得大帝雕像，南侧景色

（左中）图6-365彼得堡米哈伊洛夫城堡（宫殿）。彼得大帝雕像，东侧景观

（右中）图6-366彼得堡米哈伊洛夫城堡（宫殿）。卫队楼（1798~1800年），平面（取自William Craft Brumfield:《A History of Russian Architecture》, Cambridge University Press，1997年）

（下）图6-367彼得堡米哈伊洛夫城堡（宫殿）。卫队楼，地段形势

（上）图6-368 彼得堡 米哈伊洛夫城堡（宫殿）。卫队楼，全景

（下两幅）图6-369 彼得堡 米哈伊洛夫城堡（宫殿）。大楼梯，内景

1779年作为"自然"风格的完美实例由园林设计师詹姆斯·米德规划建造。无论是环境还是宫殿的风格，都和拉斯特列里在彼得霍夫设计的巴洛克宫殿和规整的花园异趣。这座极为简洁的宫殿使人想起詹姆斯·佩因1759年设计的英国凯德尔斯顿府邸的北立面（图6-375），而不是罗伯特·亚当设计得更为精心的南立面[凯德尔斯顿府邸是被列入英文版《维特鲁威》（Vitruvius Britannicus）内的建筑，尽管夸伦吉可能更为熟悉帕拉第奥的住宅作品]。俯视着池水的英国宫主立面于宽阔的台阶端头立一个科林斯式八柱门廊。最初的设计还要求在低矮的山墙上立三个雕像，夸伦吉想必在其他地方用过这种帕拉第奥式母题。和室外的朴实严谨相反，按帕拉第奥风格装饰的室内堪与叶卡捷琳娜及其宠臣阿列克谢·祖博夫的奢华宫邸媲美。但由于夸伦吉在采用材料上相对俭省，项目的造价（略超过30万卢布）仅有卡梅伦设计的皇村玛瑙阁的一半。

夸伦吉在俄罗斯的事业一帆风顺，他承接了大

第六章 彼得堡的新古典主义建筑：叶卡捷琳娜大帝时期 · 1483

（左上）图6-370彼得堡 米哈伊洛夫城堡（宫殿）。宫廷教堂（大天使圣米迦勒教堂），内景

（左下）图6-371彼得堡 米哈伊洛夫城堡（宫殿）。拉斐尔廊厅，天顶画（《密涅瓦神殿》，局部，1800年，作者И.Я.Меттенлейтер，画面上有布伦纳的画像）

（右两幅）图6-372贾科莫·夸伦吉（1744~1817年）画像[漫画像作者Alexander Orlovsky（1777~1832年）]

（上）图6-373彼得霍夫 英国宫（1780~1794年，毁于二战）。外景（老照片）

（下）图6-374彼得霍夫 英国宫。遗址现状

（中）图6-375凯德尔斯顿 府邸。北立面（1759年，詹姆斯·佩因设计）

量的皇家工程项目，从教堂到医院和收容所，全都采用了古典柱式体系。1761~1769年建成的彼得堡弗拉基米尔圣母圣像大教堂采用了科林斯双柱门廊，五个穹顶的高鼓座上亦用轻薄的壁柱进行分划（图6-376）。1783年，他受托为彼得堡科学院建造新楼。建筑与博物馆相邻，位于瓦西里岛早期巴洛克建筑的环境内；夸伦吉的新古典主义建筑在体量和基本造型上均考虑到和它们协调（图6-377~6-381）。建筑底层构成花岗石基座，上部两层之间以束带分开，立面中部配八柱爱奥尼式门廊，山墙内未施雕刻。门廊由七跨间组成（各跨窗户同样没有装饰），两侧各三个开窗跨间，建筑两端立面凸出部分为五跨，由此确立了立面的对称递进构图。中央及两侧凸出形体上

（上）图6-376彼得堡 弗拉基米尔圣母圣像大教堂（1761~1769年，钟楼1783年）。外景

（中）图6-377彼得堡 瓦西里岛。科学院（1783~1789年），东南侧远景（自涅瓦河上望去的情景）

（下）图6-378彼得堡 瓦西里岛。科学院，主立面（临河立面），全景

(上下两幅）图6-379彼得堡瓦西里岛。科学院，西南侧景观（右侧可看到博物馆、瓦西里岛端头的船首纪念柱和远处的彼得-保罗城堡）

均设坡度和缓（15°）的山墙或坡顶。

实际上，夸伦吉作品风格上最突出的特色即帕拉第奥式的柱廊。他在俄罗斯的所有作品，从彼得霍夫的英国宫到为培训年轻的贵族女子而建的斯莫尔尼学院（1806~1808年），全都采用这类柱列门廊作为组织结构形体的构图手段，即便建筑具有相当体量，细部也都非常简单。门廊大都由八根爱奥尼柱组成，山墙廓线以齿饰加以强调。他不仅对柱子高度、柱间距和山墙倾斜角度之间的空间联系有深刻的了解，同时也能很好地把控门廊和建筑其他部分的比例关系，其构图明确的作品已成为俄罗斯古典风格建筑中成熟期的代表作。

（上）图6-380彼得堡 瓦西里岛。科学院，中央柱廊，西南侧近景

（左中）图6-381彼得堡 瓦西里岛。科学院，西侧景观

（右中及下）图6-382彼得堡 国家银行（1783~1789年）。平面及立面（取自William Craft Brumfield：《A History of Russian Architecture》，Cambridge University Press，1997年）

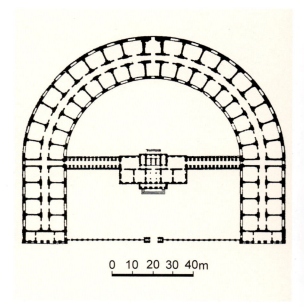

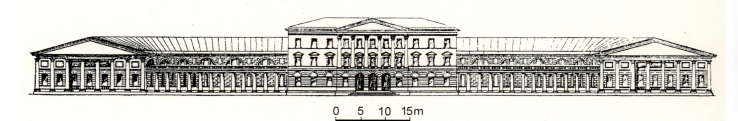

1488·世界建筑史 俄罗斯古代卷

（左上）图6-383彼得堡 国家银行。19世纪初景色（彩画，1807年，作者B.Patersen）

（左下）图6-384彼得堡 国家银行。西北侧，俯视全景

（右上及右中）图6-385彼得堡 国家银行。西北侧景色，前景为格里博耶多夫运河（现称叶卡捷琳娜运河）

（右下）图6-386彼得堡 国家银行。主楼，东南侧景色

　　1783年，夸伦吉开始建造位于瓦西里岛东端的交易所。虽说结构主体已于1787年完成，但和大多数其他的帝国建筑一样，由于俄国、土耳其和瑞典之间战事再起（史称第五次俄-土战争），工程于该年停顿下来。结果夜长梦多，1805年，亚历山大一世批准了岛尖地区新的综合规划，夸伦吉这个未完成的结构遂被拆除，这成了他职业生涯行将结束之际的一大憾事。交易所随后重新委托年轻的法国建筑师让-弗朗索瓦·托马斯·德·托蒙（1760~1813年）设计，这座完全采用围柱廊的新结构现已成为彼得堡最彻底的柱式建筑（见第八章第一节）。

　　不过，在夸伦吉的职业生涯中，这种命运逆转的事所幸不多。在同一时期，他还完成了一些重要的国家建筑，包括花园大街上的国家银行（1783~1789年；平面及立面：图6-382；历史图景：图6-383；俯视全景：图6-384；外景：图6-385、6-386）。这是一栋三层高的帕拉第奥式建筑，底层主要入口上立六柱科林斯门廊，两边通过开敞廊道和一个巨大的马蹄形结构相连（用作银行的保险库），后者端立面直达街道红线。这种独特的平面固然在一定程度上是来自银行的特殊要求，但俄罗斯建筑中的翼房在夸伦吉这里显然已具有了新的意义。类似的设计另见于他建造的

（上）图6-387彼得堡 埃尔米塔日剧场（1783~1787年）。观众厅剖面（设计图，1783年，作者贾科莫·夸伦吉）

（下）图6-388彼得堡 埃尔米塔日剧场。19世纪上半叶景色（彩画，1824年，作者Karl Beggrov；画面表现宫廷滨河路景观，右侧前景为老埃尔米塔日）

（中）图6-389彼得堡 埃尔米塔日剧场。滨河立面（自西北方向望去的景色）

莫斯科舍列梅捷夫朝圣者（流浪者）收容所（见第七章第二节）。

在俄罗斯新古典主义建筑的发展上具有更深远意义的是他对辅助建筑立面的处理，包括沉重的粗面石墙体，底层以上布置的大型浴室窗（半圆形窗，带两根竖梃，如此称呼是因为这种形式来自罗马的戴克里先浴场，并且多次为帕拉第奥所用）。新古典主义的价值在于它能适应于各种需求，而夸伦吉则不仅在彼得堡和莫斯科，也在整个俄罗斯帝国，确立了创造性地把实用建筑（营房、仓库、商场）和这种纪念性风

（上）图6-390彼得堡 埃尔米塔日剧场。西侧景观

（左下）图6-391彼得堡 埃尔米塔日剧场。观众厅，内景

（右下）图6-392彼得堡 冬运河廊桥（连接左侧的埃尔米塔日剧场和右侧的老埃尔米塔日）

（中）图6-393彼得堡 新埃尔米塔日。拉斐尔廊厅（1780年代），内景

第六章 彼得堡的新古典主义建筑：叶卡捷琳娜大帝时期 · 1491

本页：
（上及右下）图6-394彼得堡 新埃尔米塔日。拉斐尔廊厅，拱顶仰视

（左下）图6-395彼得堡 新埃尔米塔日。拉斐尔廊厅，壁画细部

格相结合的先例。

夸伦吉不仅在自己设计的商业结构里展示出俄罗斯新古典主义风格的所有美学品性，同样他也没有忽视像埃尔米塔日剧场（1783~1787年；剖面：

图6-396彼得堡 新埃尔米塔日。拉斐尔廊厅，拱顶画细部

图6-387；历史图景：图6-388；外景：图6-389、6-390；内景：图6-391）这样一些帝国建筑的功能需求。这座建筑通过位于冬运河上的带顶拱券通道（廊桥；图6-392）与费尔滕设计的老埃尔米塔日相连，面向涅瓦河的立面一反夸伦吉通常的简朴作风，窗户上配有山墙，墙面装饰性龛室内布置希腊诗人的雕像和胸像。背立面突出一个巨大的半圆形体，其内观众席布置颇似圆剧场，曲线形式尤为引人注目。轻快的面石状砌体构成上两层科林斯柱列的基座，通过柱子和窗户的配置达到整体协调的效果。

夸伦吉和费尔滕的合作一直延伸到老埃尔米塔日。1783年，叶卡捷琳娜委托夸伦吉建造与费尔滕设计的埃尔米塔日北侧相连的廊道（拉斐尔廊厅；图6-393~6-396）。结构内打算安放拉斐尔制作的梵蒂冈宫内部装饰的复制品（装饰嵌板——亚麻布上的蛋彩画——为1778年克里斯托弗·翁特贝格尔制作，当时夸伦吉还在意大利）。拉斐尔廊厅第二层里还纳入了伏尔泰图书馆。在冬宫本身，夸伦吉重新装修了自约旦楼梯开始沿涅瓦河立面延伸的系列礼仪厅堂，包括方形的前厅（图6-397），62米长的大廊厅（内设人工大理石的科林斯附墙柱；图6-398）和与前厅同样尺寸的音乐厅（图6-399）。这些室内设计均在1837年的大火中遭到破坏，不过瓦西里·斯塔索夫的修复继承了夸伦吉的总体设计，在音乐厅里，大部分细部都得到保留。

在18世纪80年代，夸伦吉的事业如日中天，得到了当时权贵阶层要求改造府邸的大量订单。无论规模大小，所有这些城市府邸都展现了夸伦吉特有的那种

左页：

（上）图6-397彼得堡 冬宫。前厅，内景（彩图，作者Константин Андреевич Ухтомский，1861年）

（下）图6-398彼得堡 冬宫。大廊厅（尼古拉厅），内景（彩图，作者Константин Андреевич Ухтомский，1866年）

本页：

（上）图6-399彼得堡 冬宫。音乐厅，内景（彩图，作者Константин Андреевич Ухтомский，1860年代）

（下）图6-400彼得堡 斯莫尔尼学院（1806~1808年）。街立面及外墙平面（设计图，作者贾科莫·夸伦吉，约1806年）

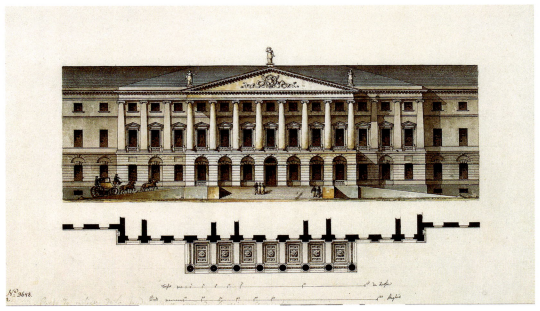

立面部件之间的微妙平衡，大部分均于主要入口上设置山墙。特别值得注意的是，这些建筑最后都成了公共机构并一直按这样的功能得到使用，这一事实再次证实了18世纪后期新古典主义建筑的通用性质。

夸伦吉自己最欣赏的作品是斯莫尔尼学院（街立面及外墙平面：图6-400；外景：图6-401~6-404）；叶卡捷琳娜于1764年为培养贵族出身的年轻女子而创建的这个机构最初位于拉斯特列里设计的耶稣复活修道院内。学院的设计（1806~1808年）可视为来自早先项目（如叶卡捷琳娜学院和利泰内大街马林斯卡娅医院；图6-405~6-407）的要素和带齿饰的山墙（类似科学院那种）相结合的产物。只是斯莫尔尼学院要更大更复杂。门廊的八根爱奥尼柱与中央建筑整个立面的十四根同样柱式的壁柱互相呼应，从主要结构向外延伸的侧翼配六根爱奥尼附墙柱。南翼（右翼）内高两层的礼仪大厅以人造大理石制作的科林斯立柱分

划，素净、明亮，为夸伦吉室内设计的精品。

实际上，夸伦吉的大部分作品，都和带侧翼的斯莫尔尼学院平面一样，于中央结构两侧配置对称的建筑，这种构图模式在新古典主义的地方宅邸中得到进一步的发展。斯塔罗夫是第一位在陶里德宫这样的作品中发展了这一理念的建筑师，在莫斯科及其

左页：

（上）图6-401彼得堡 斯莫尔尼学院。外景（自大门处望去的情景）

（下）图6-402彼得堡 斯莫尔尼学院。立面现状（自栏墙外望去的景色）

本页：

（上）图6-403彼得堡 斯莫尔尼学院。栏墙入口近景

（下）图6-404彼得堡 斯莫尔尼学院。立面全景

第六章 彼得堡的新古典主义建筑：叶卡捷琳娜大帝时期·1497

本页：
（上）图6-405彼得堡 马林斯卡娅医院（利泰内医院）。现状外景

（下）图6-406彼得堡 马林斯卡娅医院（利泰内医院）。入口柱廊

右页：
（左上）图6-407彼得堡 马林斯卡娅医院（利泰内医院）。山墙细部

（右上及下）图6-408彼得堡 骑兵卫队驯马厅（1804~1807年）。立面设计（作者 贾科莫·夸伦吉）

周围地区，这种做法更得到了广泛的应用。在这方面，夸伦吉的作品不仅为俄罗斯贵族阶层创造了一个物质环境，同样也确立了他们享用古典遗产的特殊地位。甚至连骑兵卫队（这类军事组织的成员很多都来自贵族子弟）的驯马厅（1804~1807年；立面设计：图6-408；外景及细部：图6-409~6-413；内景：图6-414）都配置了形式简洁但不失优雅的塔司干门廊，外形宛如古典时期的神殿。

从更直接的效益上看，夸伦吉采用的这种带侧翼的中央结构可在庄园府邸的设计上达到前所未有的巨

大规模，特别在帝国南部新吞并地区的大片领地上，这点更具有特殊的现实意义。在前切尔尼希夫（现布良斯克）省P.V.扎沃茨基伯爵的领地利亚利奇，夸伦吉于1780年代建造了一栋帕拉第奥式的结构（扎沃茨基庄园府邸），带有高起的六柱科林斯式门廊和位于中央的穹顶圆堂。单层的翼房通过曲线廊道和主要结构相连，如卡梅伦在巴甫洛夫斯克的设计。在室内，穹顶下的空间称意大利厅（这种做法同样令人想起巴甫洛夫斯克的帕拉第奥模式），围绕它布置两层房间

(上)图6-409彼得堡骑兵卫队驯马厅。俯视全景(自圣伊萨克大教堂上望去的景色)

(下)图6-410彼得堡骑兵卫队驯马厅。东北侧全景

(平面及立面:图6-415)。装饰包括复杂的灰泥线脚、藻井天棚(在大厅内)和阿拉伯式花纹。尽管有各种变化,但这些领地宅邸设计上值得注意的特色并不是很多,可能是因为夸伦吉获得的委托数量过多,同时也表明设计已开始标准化。

在彼得堡,同样可看到夸伦吉的别墅设计,如他于1783~1784年间承接的别兹博罗德科郊区别墅的扩建工程。建筑位于涅瓦河右岸,与斯莫尔尼组群隔河

（上）图6-411彼得堡 骑兵卫队驯马厅。入口柱廊，自北面望去的景色

（下）图6-412彼得堡 骑兵卫队驯马厅。南侧景观（侧立面及背立面）

相对，最初系由瓦西里·巴热诺夫建于1773~1777年，为一栋仿哥特风格的宫堡，有些类似他同时期设计的莫斯科附近帝国领地察里津诺上的作品。夸伦吉重新设计了带齿饰山墙的主要立面，设置了以曲线廊道与主体结构相连的端翼（平面及立面：图6-416；外景：图6-417~6-419）。同时还创建了一个建有亭阁的风景园林，其中包括一个古典"残墟"，成为俄罗斯文化中浪漫主义的先兆。

新近有人提出，彼得堡北面石岛上保罗王子宫殿的主要设计理念也是来自夸伦吉。如果是这样的话，石岛宫殿就是夸伦吉1779年末抵达俄罗斯后最早承接的工作之一。因1777年的洪水而中断的最初工作的主持人显然是费尔滕（直到主要结构1781年完成，他一直是该项目的监管建筑师）。宫殿南北两立面均设塔司干-多利克式门廊（南立面俯视着小涅夫卡河；历史图景：图6-420、6-421；外景：图6-422）。平屋顶上设栏杆则是夸伦吉设计宫殿时的典型做法。室内业经改建，但中央两层高的大厅和廊道内的大部分灰泥装饰（特别是表现神话题材的圆形雕饰）均得到保留。室内装饰中，最值得注意的是于贝尔·罗贝尔于

（上两幅）图6-413彼得堡 骑兵卫队驯马厅。大门两侧雕刻

（下）图6-414彼得堡骑兵卫队驯马厅。内景（版画，19世纪末）

（右上）图6-415利亚利奇（切尔尼希夫省） 扎沃茨基庄园府邸（1780年代）。平面及立面（取自William Craft Brumfield：《A History of Russian Architecture》，Cambridge University Press，1997年）

（右中两幅）图6-416彼得堡 别兹博罗德科郊区别墅（1773~1777年，1783~1784年扩建）。平面及立面（取自William Craft Brumfield：《A History of Russian Architecture》，Cambridge University Press，1997年）

（左中）图6-417彼得堡 别兹博罗德科郊区别墅。现状外景

（左下）图6-418彼得堡 别兹博罗德科郊区别墅。主楼立面

（右下）图6-419彼得堡 别兹博罗德科郊区别墅。门廊及山墙近景

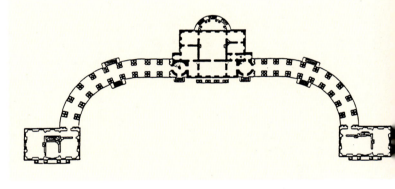

1784~1785年创作的四幅古典题材的帆布油画嵌板。到该世纪80年代末，保罗和玛丽亚·费奥多罗芙娜迁往巴甫洛夫斯克，被弃置的宫殿由布伦纳加以改造供被废黜的波兰国王斯坦尼斯瓦夫·波尼亚托夫斯基使用。

18世纪中叶建造的丰坦卡河边的尤苏波夫宫更接近城市的环境，至该世纪90年代建筑被改造成一个带风景园林的别墅（平面及立面：图6-423；外景：图6-424~6-428）。夸伦吉将最初建筑长长的水平立面加以改造，在朝花园的立面上加了爱奥尼柱廊；朝院落一面则以塔司干-多利克式敞廊连接中央门廊和侧

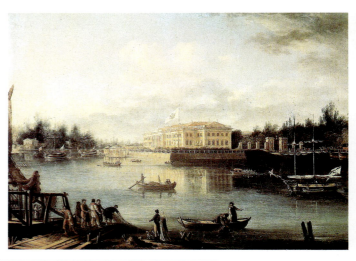

（上）图6-420彼得堡石岛。宫殿（1776~1785年），19世纪初景色（油画，1803年，作者Semyon Shchedrin）

（中）图6-421彼得堡石岛。宫殿，19世纪中叶景色（彩画，1847年，Василий Семёнович Садовников绘）

（下）图6-422彼得堡石岛。宫殿，南立面现状

翼，侧翼的山墙和中央结构的山墙相互呼应。院落用一个无窗的半圆形结构封闭，其中纳入了服务建筑并通向一拱券入口门道。入口两侧沿不久前刚完成的丰坦卡河花岗石堤道布置两层翼房。这一平面保持了夸伦吉作品特有的均衡和对称的特色，尽管事实上，宫殿的立面和丰坦卡河堤道并不平行。

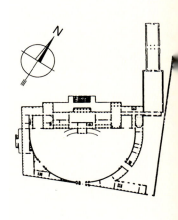

（上两幅）图6-423彼得堡 尤苏波夫宫（丰坦卡河边，1790年代）。平面及立面（取自William Craft Brumfield:《A History of Russian Architecture》，Cambridge University Press，1997年）
（左中）图6-424彼得堡 尤苏波夫宫（丰坦卡河边）。大院，南立面全景
（下）图6-425彼得堡 尤苏波夫宫（丰坦卡河边）。主立面，东南侧全景
（右中）图6-426彼得堡 尤苏波夫宫（丰坦卡河边）。主立面，近景

第六章 彼得堡的新古典主义建筑：叶卡捷琳娜大帝时期·1505

在夸伦吉的彼得堡宫殿改造工程中，最富有创意的是将原先沃龙佐夫宫的一部分改造为教堂。帝王保罗要求在宫中建两个教堂（分别供东正教和罗马天主教会使用），以体现他重新统一天主教和东正教的理想（他自认是救世主的化身，将在这方面起到重要作用）。东正教教堂布置在宫殿内部；在建造天主教的马耳他礼拜堂时（1798~1800年），夸伦吉将宫殿方院后部拆除（见图5-466），建了一个会堂式教堂，立面通过涡卷和拉斯特列里结构的侧翼相连（立面及剖面：图6-429；外景：图6-430；内景：图6-431）。不大的入口通过设计创造出宏伟的纪念效果：立面门廊两侧成对的科林斯立柱之间以垂花饰相连，入口本

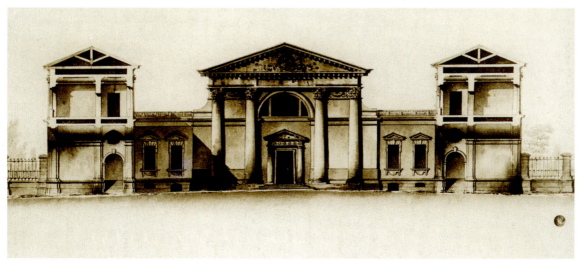

本页及左页：

（左上）图6-427彼得堡 尤苏波夫宫（丰坦卡河边）。花园面，远景

（左中）图6-428彼得堡 尤苏波夫宫（丰坦卡河边）。花园面，西北侧近景

（左下）图6-429彼得堡 沃龙佐夫宫。天主教马耳他礼拜堂（1798~1800年），立面及剖面（作者贾科莫·夸伦吉）

（右两幅）图6-430彼得堡 沃龙佐夫宫。天主教马耳他礼拜堂，立面及山墙细部

（中上）图6-431彼得堡 沃龙佐夫宫。天主教马耳他礼拜堂，内景

（中下）图6-432皇村 叶卡捷琳娜公园。音乐堂（1782~1786年），西北侧（柱廊面）景色

第六章 彼得堡的新古典主义建筑：叶卡捷琳娜大帝时期·1507

1508·世界建筑史 俄罗斯古代卷

身两边立多利克柱，上承小山墙（见图6-429）。立面上部带齿饰的山墙为夸伦吉最喜爱的母题之一，山墙内置圆形的花环和流畅的饰带，中间为马耳他十字徽记。室内上覆带装饰的筒拱顶，本堂由黄色人造大理石制作的成排科林斯立柱分划，细部丰富，线条明晰。柱子后面墙上出白色壁柱，于2/3高度处支撑廊道，有效地避免了对柱列总体效果的干扰。

夸伦吉的工作范围虽然很广，雇主也多，但他主

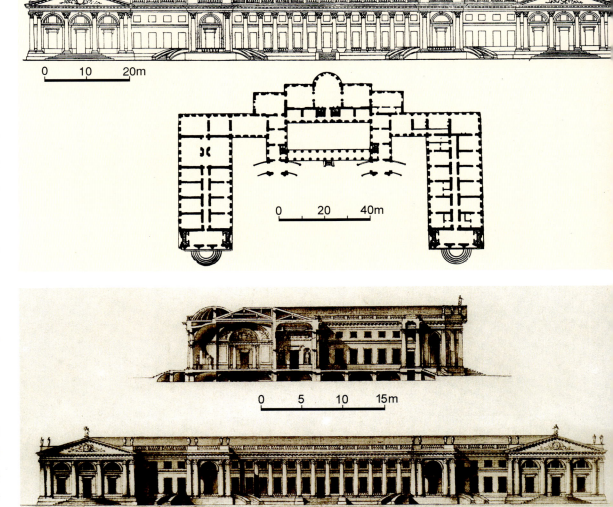

本页：

（上）图6-437皇村 亚历山大宫（1792~1796年）。平面及北立面（图版）

（中）图6-438皇村 亚历山大宫。平面及立面（取自Академия Строительства и Архитестуры СССР：《Всеобщая История Архитестуры》，II，Москва，1963年）

（下）图6-439皇村 亚历山大宫。立面及剖面（图版，作者贾科莫·夸伦吉，原稿现存埃尔米塔日国家博物馆）

左页：

（上两幅）图6-433皇村 叶卡捷琳娜公园。音乐堂，东南侧（圆堂面）现状

（左中）图6-434皇村 叶卡捷琳娜公园。音乐堂，内景

（左下）图6-435皇村 叶卡捷琳娜公园。音乐堂，天棚仰视

（右中及右下）图6-436皇村 叶卡捷琳娜公园。音乐堂，地面，罗马马赛克装饰（《欧罗巴的梦魇》）及花边细部

（上）图6-440皇村 亚历山大宫。19世纪中叶景色[彩画，1847年，作者Алексей Максимович Горностаев（1808~1862年），属《圣彼得堡和莫斯科风景》（Views of St Petersburg and Moscow）系列作品，并作为即位10周年的礼品赠予英国维多利亚女王]

（下四幅）图6-441皇村 亚历山大宫。20世纪30年代景色[老照片，Branson De Cou（1892~1941年）摄于1931年]

要还是一位皇宫建筑师。他在俄罗斯的职业生涯始自彼得霍夫的英国宫，在同一时期，他还参与了皇村叶卡捷琳娜公园亭阁的建设工作。其中最值得注意的是1782~1786年建造的音乐堂，1785年，他给路易吉·马尔凯西的信中说道，这是"一个配有大音乐厅和两个演练室的楼阁，一个祭祀刻瑞斯女神的开敞神

殿……"楼阁的两个主要立面中,俯视池塘的一面配有带山墙的塔司干门廊(外景:图6-432、6-433;内景:图6-434~6-436),相对一侧为圆堂,同样采用塔司干-多利克柱式,系作为刻瑞斯神殿。檐壁上雕

(上)图6-442皇村 亚历山大宫。东侧俯视全景

(中)图6-443皇村 亚历山大宫。东北侧,主立面全景

(下)图6-444皇村 亚历山大宫。中央柱廊及北翼,自东南方向望去的景色

本页及右页：

（左上）图6-445皇村 亚历山大宫。中央柱廊，全景

（中上）图6-446皇村 亚历山大宫。柱廊近景

（左下）图6-447皇村 亚历山大宫。柱头细部

（右上、中下及右下）图6-449皇村 亚历山大宫。柱廊入口雕像及细部

1512·世界建筑史 俄罗斯古代卷

垂花饰和牛的头盖骨，墙面上和刻瑞斯相联系的浮雕出自俄罗斯雕刻家米哈伊尔·伊万诺维奇·科兹洛夫斯基（1753~1802年）之手。室内有灰泥和人造大理石的装饰，以及罗马风格的壁画。主要厅堂的地面上有2世纪末至3世纪初的罗马马赛克装饰，表现《欧罗巴的梦魇》（The Rape of Europa）。

夸伦吉设计的皇室工程中最重要的一个是皇村的亚历山大宫，这是彼得堡南部皇室领地上最后一批大型宫殿中的一个，系叶卡捷琳娜为她的孙子亚历山大建造（平面、立面及剖面：图6-437~6-439；历史图景：图6-440、6-441；外景：图6-442~6-445；近景及细部：图6-446~6-449；内景：图6-450~6-453）。工程始于1792年，不仅在理解和诠释帕拉第奥及罗马风格上有独到之处，在吸收和提炼这类题材上也有新

意。建筑位于通向叶卡捷琳娜宫殿的主要入口东面，但夸伦吉设计的这座宫殿和体量大得多的拉斯特列里的结构之间通过一个布局规则的花园（新花园）和一个风景园林（亚历山大公园）分开。和英国宫一样，夸伦吉令主要立面朝向池塘（见图6-441、6-442）；但由于建筑最初打算建在彼得堡，平面总体布局上保留了许多夸伦吉城市作品的特色，如形成主要入口院落的垂直侧翼（见图6-438）。在城市里，院落一般均由一道沿街道红线的柱廊封闭；而在皇村，夸伦吉得以将两翼向前延伸，端头设一对科林斯门廊，最后通过两排白色科林斯柱组成的主要柱廊形成封闭的入口院落。

尽管到1796年亚历山大宫已可入住，但灰泥工程一直拖到1800年。此时建筑已有了日后的面貌，黄色的底面衬托出白色的建筑部件和细部，亮丽的光影、空间和造型均显现出来。外部墙面的设计沿袭了斯塔罗夫在陶里德宫里确立的先例（分划简洁，没有窗边饰，仅层间设滴水线脚）。但结构各个关键部

本页及左页：

（中上）图6-448皇村 亚历山大宫。入口近景

（左上及左下）图6-450皇村 亚历山大宫。半圆厅（圆堂），内景及装饰细部

（右中）图6-451皇村 亚历山大宫。尼古拉二世书房，内景

（中中）图6-452皇村 亚历山大宫。皇后亚历山德拉·费奥多罗芙娜客厅，内景

（右下）图6-453皇村 亚历山大宫。肖像厅，内景

（中下）图6-454库伯瓦 圣彼得和圣保罗教堂（1789年，路易·勒马松设计）。外景

位（如两翼端立面，柱廊）的细部仍很丰富（见图6-439）。带齿饰的建筑檐口上设栏杆。宫殿里夸伦吉设计的室内装修由于经常改造保存下来的很少；不过大厅堂内的空间格局基本未变。

在经历了叶卡捷琳娜和保罗两任帝王后，夸伦吉在亚历山大一世统治期间继续担任皇家建筑师。在巴甫洛夫斯克，他改造了南翼和主体建筑下层的一些房间（主要是玛丽亚·费奥多罗芙娜的生活区）。不过，在这时期，他最著名的作品还是在公共建筑方面，如斯莫尔尼学院和阿尼奇科夫柱廊，这些作品构成了自18世纪的罗马古典主义到19世纪20年代卡洛·罗西那些宏伟建筑群的过渡。事实上，作为后拿破仑时期开始之际俄罗斯新古典主义的最后阶段，夸伦吉的职业生涯已告结束，他1814年设计的纳尔瓦门可视为这一过渡的标志，这座模仿罗马胜利纪念碑的凯旋门（最初为木构）是用来纪念抗击拿破仑战争中俄罗斯近卫军团的业绩。

在1812年拿破仑大军自俄罗斯败退后，亚历山大

一世为纪念在战争中俄罗斯的牺牲和奉献决定创建一座"神殿-纪念堂",为此举行了一次设计竞赛。建筑最初打算建在俯瞰莫斯科的麻雀山上,设计几经周折,最后建在莫斯科河的另一个基址上(1837~1883年,称救世主基督教堂,见第九章)。这些建筑方案本身已构成了俄罗斯建筑史上的一段插曲,夸伦吉于1815年提出的两个设计皆属最早的方案。两者均包括一个类似罗马万神殿的大型圆堂,一个在前面立六柱塔司干门廊,类似法国建筑师路易·勒马松1789年设计的库伯瓦的圣彼得和圣保罗教堂(图6-454);另一个带有更高的穹顶,于相对两面立八柱科林斯门廊。

夸伦吉在整合各种古典柱式上的做法构成了19世纪折中主义的先兆,而他在处置外部形体和柱子时表现出来的节制和明晰则为俄罗斯确立了一种独特的新古典主义美学观念(室内则往往带有豪华的罗马式装饰)。当然,也应该看到,在意大利、英国和法国建筑中类似的先例并不少见,他的许多作品即使放在同时期的美国也未尝不可。但由于其作品数量甚多,虽说还不像托马斯·德·托蒙、安德烈扬·扎哈罗夫和卡洛·罗西那样引人注目,但在确立叶卡捷琳娜统治后期(这也是俄罗斯建筑最繁荣的一段时期)彼得堡和俄罗斯特有的建筑环境和城市肌理上仍起到了重大的作用。

第六章注释:

[1]见Hugh Honour:《Neo-Classicism》,Baltimore,1975年。

[2]卡尔·奥古斯特·埃伦斯韦德(Carl August Ehrensvärd,1745~1800年),瑞典海军军官、伯爵、画家、作家及新古典主义建筑师。

[3]广场辟于1834年,1925年前称彼得广场(Peter's Square,Петрова площадь),1925年为纪念100年前(1825年12月)在这里发生的十二月党人起义改名为十二月党人广场(Decembrists' Square,Площадь Декабристов),苏联解体后,2008年再次改名,称参议院广场[Senate Square,Сенатская площадь(以广场西侧著名建筑师罗西于1829~1834年修建的参议院而名)]。

[4]詹姆斯党人(Jacobite),指1688~1689年在英国"光荣革命"中被推翻的詹姆斯二世的支持者。卡梅伦曾表示他和詹姆斯党人有联系,只是尚无证据对此加以证实,很可能此举只是为了投合叶卡捷琳娜女皇的政治倾向。

[5]夏尔-路易·克莱里索(Charles-Louis Clérisseau,1721~1820年),法国艺术家和古物鉴赏家,擅长建筑(特别是古迹)画,对18世纪下半叶新古典主义的诞生起到了推动的作用。

[6]转引自William Craft Brumfield:《A History of Russian Architecture》,1997年。

[7]韦奇伍德陶器,为英国最著名的陶瓷品牌,由出身陶工世家的乔赛亚·韦奇伍德(Josiah Wedgwood,1730~1795年)创立于1759年,至今已有250余年历史,为英国传统陶瓷艺术的象征,因其品质优良、设计精美,一直是英国皇室御用瓷器的供应商。

[8]密涅瓦(Minerva),古罗马信奉的"智慧、技术及工艺女神"。

[9]彼得·亚历山德罗维奇·鲁缅采夫-扎杜奈斯基(Pyotr Alexandrovich Rumyantsev-Zadunaisky,1725年~1796年),俄罗斯帝国陆军元帅,出身将门。18岁时参加俄瑞战争,1748年参加奥地利王位继承战争,在1757年七年战争大耶格尔斯多夫战役中反败为胜,一战成名。在1768~1774年俄土战争中,任集团军司令,1770年晋升元帅,数次以少胜多大败土军。其军事思想对后世的亚历山大·苏沃洛夫、米哈伊尔·库图佐夫等俄国将领均有重大影响,主要著作有《指南》、《军规》和《意见书》等。

[10]亚历山大·瓦西里耶维奇·苏沃洛夫(Алекса́ндр Васи́льевич Суво́ров,1729~1800年),俄国大元帅,神圣罗马帝国伯爵、雷姆尼克伯爵、意大利亲王,为俄国史上常胜将军之一,在1768~1774和1787~1792年两次俄-土战争期间均有出色表现。著有军事学名著《制胜的科学》。